建筑工程施工质量问答丛书

建筑防水工程施工质量问答

张文华　项桦太　编著

中国建筑工业出版社

图书在版编目(CIP)数据

建筑防水工程施工质量问答/张文华,项桦太编著.—北京:中国建筑工业出版社,2004
(建筑工程施工质量问答丛书)
ISBN 7-112-06355-8

Ⅰ.建... Ⅱ.①张... ②项... Ⅲ.建筑防水-工程施工-工程质量-问答 Ⅳ.TU761.1-44

中国版本图书馆 CIP 数据核字(2004)第 013829 号

建筑工程施工质量问答丛书
建筑防水工程施工质量问答
张文华 项桦太 编著

*

中国建筑工业出版社出版、发行(北京西郊百万庄)
新 华 书 店 经 销
北京市兴顺印刷厂印刷

*

开本:850×1168毫米 1/32 印张:9½ 字数:250千字
2004 年 4 月第一版 2004 年 4 月第一次印刷
印数:1—5,000 册 定价:**18.00** 元
ISBN 7-112-06355-8
TU·5610 (12369)
版权所有 翻印必究
如有印装质量问题,可寄本社退换
(邮政编码 100037)

本社网址:http://www.china-abp.com.cn
网上书店:http://www.china-building.com.cn

本书是《建筑工程施工质量问答丛书》之一,是有关建筑防水方面的普及性读物。它以一问一答的形式,针对建筑防水工程中一些基本知识和常遇到的问题,用科学和通俗的语言来解答。书中将建筑防水工程主要的技术法规、规范和新技术、新工艺,通过对问题的解答,详细而严谨地表达出来,充分体现该书的先进性、科学性、针对性和实用性。

本书既可作为解决工程质量问题的普及型用书,也可作为防水工程技术培训的参考用书。

* * *

责任编辑 胡永旭 郦锁林
责任设计 彭路路
责任校对 黄 燕

《建筑工程施工质量问答丛书》
编 委 会

主 编　卫　明　吴松勤

编 委　徐天平　彭尚银　侯兆欣
　　　　张昌叙　李爱新　项桦太
　　　　宋　波　张耀良　钱大治
　　　　杨南方

出版说明

为了认真贯彻实施《建设工程质量管理条例》、《工程建设标准强制性条文》、《建筑工程施工质量验收统一标准》等有关工程质量法规体系,加强建设行业管理人员和施工技术人员建筑工程质量意识和知识的普及,提高工程建设施工质量,由我社组织有关质检专家、研究人员、高级工程标准化技术专家和教授等编写《建筑工程施工质量问答丛书》。丛书共分11册,它们分别是:《建筑工程施工质量总论问答》、地基与基础工程施工质量问答》、《混凝土结构工程施工质量问答》、《钢结构工程施工质量问答》、《砌体工程施工质量问答》、《建筑装饰装修工程施工质量问答》、《建筑防水工程施工质量问答》、《建筑给水排水与采暖工程施工质量问答》、《通风与空调工程施工质量问答》、《建筑电气工程施工质量问答》和《智能建筑工程施工质量问答》。

1. 本丛书是首次推出的有关建筑工程质量方面的一套普及性读物,它以一问一答的形式,针对建筑工程施工质量中一些基本知识和常遇到的问题,用科学和通俗的语言来解答。将建筑工程重要的技术法规、新的技术采用通俗浅显的语言表达出来。充分体现出丛书的权威性、科学性、针对性、实用性,同时要反映我国建筑施工质量管理水平和国家有关政策、法规要求。

2. 近年来,我国先后对建筑材料、建筑结构设计、建筑工程施工质量验收规范进行了全面修订并实施,丛书内容紧密结合相应规范,符合新规范要求,既可作为解决建筑工程施工中质量问题的可操作性强的普及型用书,也可作为建筑工程施工质量验收规范实施的培训参考用书。

3. 丛书反映了建设部重点推广的新技术、新工艺、新材料的质量标准、施工质量验收要求,尽量使其与施工质量管理的质量监督、质量保证和质量评价相呼应。

丛书主要以建筑分部工程划分,重点介绍地基与基础工程、混凝土结构工程、钢结构工程、砌体工程、建筑装饰装修工程、建筑防水工程、建筑给水排水与采暖工程、通风与空调工程、建筑电气工程(含电梯工程)和智能建筑等各分部工程施工中的质量问题,主要内容包括:工程质量管理基础知识、项目具体划分、各分项工程施工原材料质量要求、施工质量控制要点、质量控制措施、检验批质量检验的抽样方案要求、涉及建筑工程安全和主要使用功能的见证取样及抽样检测要求、工程质量控制资料要求、施工质量验收要求,同时介绍经常出现的质量问题和正确的处理方法。

丛书以问答的形式,先提出问题,再用科学道理和通俗的语言来解答,使基层工程技术人员和质量管理人员,既知道应该如何控制施工质量,又懂得为什么要控制质量、如何确保工程质量的道理。丛书可供建筑工程施工技术人员、质量管理人员、质检站质量监督人员及建设监理人员参考使用。

前　言

　　本书是《建筑工程施工质量问答丛书》之一。本书的作者是《屋面工程质量验收规范》GB 50207—2002 和《地下防水工程质量验收规范》GB 50208—2002 的主要参编人员。为了认真贯彻实施《建设工程质量管理条例》、《工程建设标准强制性条文》、《建筑工程施工质量验收统一标准》等有关工程质量法规，加强建设行业管理人员和施工技术人员的工程质量意识和知识的普及，提高建筑工程质量，本书采用一问一答的形式，用科学和通俗的语言来回答建筑防水工程中一些基本知识和常遇问题，将建筑防水工程的新规范、新材料、新技术、新工艺表达出来。

　　本书紧密结合相关的建筑防水工程新规范，既可作为解决工程质量问题的可操作性强的普及型用书，也可作为防水工程技术培训的参考用书。

　　本书由浙江工业大学建筑工程学院组织编写。参加本书编写的还有：浙江鲁班建筑防水有限公司项晓睿、深圳新兴防水工程有限公司易举和朱红、中山市青龙防水补强工程有限公司宋郭青、广东科顺精细化工有限公司阮宜萍等，在此一并表示感谢。

　　由于我们技术水平有限，谬误之处在所难免，敬请读者批评指正，以资改进。

目 录

1 建筑防水材料 ································· 1
- 1.1 我国建筑防水标准有哪些？ ················· 1
- 1.2 什么是防水卷材？有哪些品种及特征？ ········· 6
- 1.3 什么是沥青胶结剂，什么是玛碲脂？ ··········· 7
- 1.4 怎样调制沥青胶？ ························· 9
- 1.5 如何控制玛碲脂熬制、使用温度才能保证质量？ ··· 12
- 1.6 怎么检验玛碲脂的质量？ ··················· 13
- 1.7 什么是冷底子油？为什么防水层施工前要打冷底子油？如何配制？ ···················· 14
- 1.8 什么是沥青？什么是改性沥青？什么是高聚物改性沥青？ ····························· 15
- 1.9 什么是沥青油毡？沥青油毡品种、性能指标及特性？ ······························· 16
- 1.10 什么叫 SBS 改性沥青？什么叫 APP 改性沥青？ ································· 18
- 1.11 什么是 SBS 改性沥青防水卷材？怎样控制 SBS 改性沥青防水卷材的质量？ ············· 19
- 1.12 什么是 APP 改性沥青防水卷材？怎样控制 APP 改性沥青防水卷材的质量？ ············· 22
- 1.13 什么是自粘橡胶沥青防水卷材？ ············· 24
- 1.14 什么是合成高分子防水卷材，其性能和特点有哪些？ ······························ 26
- 1.15 合成高分子防水卷材的粘结材料有哪些？ ······· 27

1.16	什么是三元乙丙橡胶防水卷材？	28
1.17	什么是聚氯乙烯防水卷材？	30
1.18	什么是氯化聚乙烯防水卷材？	33
1.19	什么是氯化聚乙烯—橡胶共混防水卷材？	36
1.20	什么是热塑性聚烯烃(TPO)防水卷材？	38
1.21	什么是再生橡胶改性沥青防水卷材？	39
1.22	什么是 LYX-603 氯化聚乙烯橡胶防水卷材？其规格、性能各有什么要求？	40
1.23	氯磺化聚乙烯防水卷材及其特点是什么？	41
1.24	什么是聚乙烯防水卷材？其性能特点是什么？	43
1.25	聚乙烯丙纶双面复合卷材有什么特点？	44
1.26	什么是避拉层，其作用机理和材料要求如何？	45
1.27	什么是蠕变性自粘防水卷材？	46
1.28	什么是膨润土防水毯？	47
1.29	什么是金属防水卷材？	48
1.30	防水卷材的包装、贮运和保管有哪些要求？	49
1.31	进场的防水卷材怎样进行合格检验？	50
1.32	什么是防水涂料？	51
1.33	涂膜防水工程是由哪些材料组成的？它们各起什么作用？	55
1.34	防水涂料的基本特点有哪些？	56
1.35	什么是沥青基防水涂料？其性能、特点是什么？	56
1.36	什么是改性沥青防水涂料？其性能、特点是什么？	57
1.37	什么是水乳型再生橡胶改性沥青防水涂料？	58
1.38	什么是溶剂型再生橡胶改性沥青防水涂料？	59
1.39	什么是水乳型 SBS 改性沥青防水涂料？	60
1.40	什么是热熔改性沥青防水涂料？	61
1.41	什么是合成高分子防水涂料？	62

1.42 聚氨酯(PU)防水涂料有哪些种类？性能
特点如何？ ……………………………………… 64
1.43 什么是焦油聚氨酯防水涂料？ ………………… 65
1.44 什么是非焦油聚氨酯防水涂料？其性能、特点
是什么？ ………………………………………… 65
1.45 什么是聚合物水泥防水涂料？ ………………… 66
1.46 什么是聚合物乳液建筑防水涂料？ …………… 68
1.47 什么是水乳型三元乙丙橡胶防水涂料？ ……… 69
1.48 涂膜防水层厚度是根据什么来定的？ ………… 70
1.49 涂膜防水层加设胎体增强材料有什么好处？ … 71
1.50 涂膜胎体增强材料的品种、质量有哪些要求？ … 72
1.51 涂料现场抽检方法及工程抽检项目有哪些？ … 73
1.52 防水涂料的包装、运输与贮存各有哪些要求？ … 74
1.53 什么是防水密封材料，有哪些品种，该材料的
适用性如何？ …………………………………… 75
1.54 密封材料应具备什么特性？ …………………… 77
1.55 为什么沥青不能单独作为密封材料使用？ …… 79
1.56 什么是改性沥青密封材料？ …………………… 80
1.57 为什么塑料油膏、聚氯乙烯胶泥被淘汰？ …… 81
1.58 什么是高分子密封材料？ ……………………… 81
1.59 什么是丁基密封材料？性能、特点和适用性
如何？ …………………………………………… 82
1.60 什么是硅酮密封材料？其性能特点和适用性
如何？ …………………………………………… 83
1.61 什么是聚氨酯密封材料？其性能特点和适用性
如何？ …………………………………………… 85
1.62 什么是聚硫密封材料？其性能特点和适用性
如何？ …………………………………………… 86
1.63 什么是丙烯酸酯密封材料？其适用范围、性能
有什么要求？ …………………………………… 88

11

1.64 什么是氯磺化聚乙烯密封材料？其适用范围、
性能有什么要求？ ………………………………… 89
1.65 什么是建筑定型密封材料？ …………………… 91
1.66 止水带的种类和质量要求有哪些？ …………… 91
1.67 塑料止水带的特点和性能指标要求有哪些？ …… 92
1.68 橡胶止水带的特点和性能指标要求有哪些？ …… 93
1.69 什么是金属止水带？ …………………………… 97
1.70 钢边橡胶止水带的特点是什么？ ……………… 98
1.71 遇水膨胀橡胶条的特点和防水作用是什么？ …… 99
1.72 什么是背衬材料？有何作用？ ………………… 101

2 地下防水 ……………………………………… 103

2.1 地下工程防水包括哪些范围？ ………………… 103
2.2 地下防水工程设计应遵循什么原则？ ………… 103
2.3 地下工程防水设计需收集的资料和设计
内容有哪些？ …………………………………… 104
2.4 什么叫防水等级？地下工程防水分为几级？
各级标准和适用范围如何？ …………………… 105
2.5 地下工程有哪些防水设防要求？ ……………… 106
2.6 地下工程防水设防高度的含义是什么？ ……… 107
2.7 地下防水工程子分部工程的分项工程怎样
划分？ …………………………………………… 108
2.8 怎样划分地下工程的刚性防水层和柔性
防水层？ ………………………………………… 109
2.9 地下工程钢筋混凝土结构，为什么要采用防水
混凝土？ ………………………………………… 109
2.10 处于侵蚀性介质中的工程，对结构混凝土和
防水材料有哪些要求？ ………………………… 109
2.11 结构刚度较差或受振动的防水工程，应采取
什么防水设防措施？ …………………………… 110

2.12 地下工程防水混凝土抗渗等级是怎么确定的？ …… 110
2.13 为什么防水混凝土施工配合比设计的抗渗等级要比设计等级提高一级？ …… 111
2.14 防水混凝土为什么不能在高于80℃环境采用？ …… 111
2.15 什么是混凝土耐侵蚀系数，规范作何规定？ …… 111
2.16 防水混凝土结构底板的混凝土垫层厚度和强度为什么要提高？ …… 112
2.17 为什么将防水混凝土结构裂缝宽度和钢筋保护层厚度规定作为强制性条文？ …… 112
2.18 防水混凝土、水泥砂浆适宜的施工温度是多少？ …… 113
2.19 防水混凝土对采用的水泥有什么要求？ …… 114
2.20 防水混凝土的外加剂为什么有等级要求？ …… 115
2.21 为防止地下工程防水混凝土的开裂，应采取什么方法？ …… 115
2.22 防水混凝土的配合比设计应符合什么规定？ …… 116
2.23 为什么要控制引气剂混凝土中的含气量？ …… 117
2.24 预拌防水混凝土对缓凝时间有何要求？ …… 117
2.25 怎样控制好防水混凝土的计量和搅拌？ …… 118
2.26 混凝土发生离析怎么办？为什么将它列为强制条文？ …… 119
2.27 防水混凝土对振捣有何要求？ …… 120
2.28 地下防水混凝土施工缝应怎么留置？ …… 121
2.29 地下室施工缝留置形式为什么以平缝为主？ …… 122
2.30 地下室垂直施工缝应如何留置？ …… 124
2.31 防水施工缝处理方法，为什么列为强制条文？ …… 124
2.32 什么是混凝土界面处理剂？ …… 125
2.33 大体积防水混凝土施工，应采取什么措施？ …… 126

2.34 大体积防水混凝土养护的重要性有哪些？ ……… 127
2.35 防水混凝土冬期施工的要求有哪些？ ………… 128
2.36 穿过防水混凝土的固定模板用螺栓应怎么
     处理？ ……………………………………………… 129
2.37 防水混凝土抗渗试件怎么留置、制作和养护？ … 129
2.38 防水混凝土施工质量检验数量是怎么
     规定的？ …………………………………………… 129
2.39 防水混凝土质量检验主控项目有哪些？哪些是
     强制条文？ ………………………………………… 130
2.40 防水混凝土质量检验一般项目有哪些？ ……… 131
2.41 什么是水泥砂浆防水层？适用范围如何？ …… 132
2.42 水泥砂浆防水层为什么可用于背水面防水？ … 133
2.43 水泥砂浆防水层单层厚度以多大为宜？ ……… 134
2.44 水泥砂浆防水层对原材料有什么要求？ ……… 134
2.45 水泥砂浆防水层对基层有什么要求？ ………… 135
2.46 聚合物改性后的水泥砂浆有什么特点？ ……… 136
2.47 水泥砂浆防水层可分层施工吗？有什么
     要求？ ……………………………………………… 136
2.48 防水砂浆施工后怎么养护？ …………………… 137
2.49 水泥砂浆防水层质量检验的数量是怎么
     规定的？ …………………………………………… 138
2.50 水泥砂浆防水层质量检验的主控项目有哪些？
     哪条是强制性条文？ ……………………………… 138
2.51 水泥砂浆防水层质量检验的一般项目
     有哪些？ …………………………………………… 139
2.52 地下工程卷材防水层的性能有什么要求？ …… 139
2.53 迎水面防水和背水面防水的基本概念
     是什么？ …………………………………………… 140
2.54 用于背水面的防水材料应具有什么性能？ …… 140
2.55 卷材防水层为什么要设在主体结构混凝土

	迎水面？	141
2.56	地下防水工程采用卷材时应使用多厚卷材？	141
2.57	卷材怎么才能成为封闭防水层？	141
2.58	地下防水工程中转角处应作何处理？	142
2.59	用于地下防水工程的合成高分子防水卷材应具有什么指标？	143
2.60	用于地下防水工程的高聚物改性沥青防水卷材应具有什么指标？	143
2.61	卷材的胶粘剂有何要求？	145
2.62	地下工程防水层的材料为什么要重视耐腐蚀、耐霉菌性能？	146
2.63	卷材防水层对基层有什么要求？	147
2.64	基层处理剂有哪些种类？其作用是什么？配制与施工有什么规定？	148
2.65	地下室侧墙立面卷材铺贴时，应采取什么措施防止卷材下滑？	148
2.66	地下防水工程卷材搭接宽度有何规定？	148
2.67	卷材搭接缝怎么做才能严密？	149
2.68	地下室底板、顶板侧墙防水层应作什么保护层？	149
2.69	卷材搭接缝为什么不宜留在转角处？	150
2.70	地下工程卷材防水层的施工质量应符合哪些要求？	150
2.71	地下工程卷材防水层的施工质量检验数量是多少？	151
2.72	地下工程卷材防水层施工质量检验的主控项目有哪些？	151
2.73	卷材防水层施工质量检验的一般项目有哪些？	152
2.74	地下工程涂料防水层可采用哪些涂料？	

	如何选用？	152
2.75	防水涂料的性能指标应符合什么要求？	153
2.76	涂层厚度怎样规定？	154
2.77	为什么说基层质量是保证涂料防水层质量的关键？	154
2.78	为什么要强调涂料的配制工作？	155
2.79	什么是水泥基渗透结晶型防水涂料？	155
2.80	涂料防水层施工质量检验数量怎么抽取？	157
2.81	涂料防水层质量检验的主控项目是什么？	157
2.82	涂料防水层质量检验的一般项目是什么？	158
2.83	地下防水工程中塑料板有哪些品种？	159
2.84	塑料板应具备什么性能指标才能满足地下防水工程的要求？	160
2.85	塑料板防水层铺设的要求有哪些？	161
2.86	塑料板防水层质量检验数量是怎么规定的？	161
2.87	塑料板防水层质量检验主控项目有哪些？	161
2.88	塑料板防水层质量检验一般项目是哪些？	162
2.89	金属板施工质量检验数量怎么确定？	162
2.90	金属板质量检验主控项目有哪些？	162
2.91	金属板质量检验一般项目有哪些？	162
2.92	地下工程变形缝设计应遵守什么原则？	163
2.93	变形缝处混凝土结构厚度为什么必须达到300mm以上？	164
2.94	用于沉降的变形缝为什么要规定最大允许沉降差值？	165
2.95	变形缝宽度多少为宜？密封材料的嵌入深度宜为多少？	165
2.96	变形缝为什么应采取多道防水设防？	166
2.97	在温度较高时，变形缝的止水带应采用什么材料，什么形式？	169

- 2.98 遇水膨胀橡胶止水条的施工操作方法有哪些? ……… 169
- 2.99 中埋式止水带应采取什么固定措施,施工时有哪些注意事项? ……… 171
- 2.100 变形缝施工应符合哪些要求? ……… 172
- 2.101 为保证施工缝的防水效果,施工缝设置有哪些要求? ……… 173
- 2.102 怎么进行施工缝的防水设防? ……… 173
- 2.103 防水混凝土施工缝处继续施工时如何保证质量? ……… 175
- 2.104 地下工程防水用的密封材料应怎样选择? … 175
- 2.105 后浇带应怎样进行防水设防? ……… 177
- 2.106 后浇带对后施工的混凝土有何要求? ……… 178
- 2.107 什么是后浇带超前止水,其构造形式如何? ……… 179
- 2.108 预埋穿墙管的防水构造种类及特点? ……… 179
- 2.109 穿墙群管的构造是怎样的? ……… 181
- 2.110 预埋件和预留孔(槽)底部混凝土厚度有何要求? ……… 182
- 2.111 预留通道接头处理方法有哪几种? ……… 183
- 2.112 为什么要对桩头进行防水设防? ……… 183
- 2.113 为什么对地下工程细部构造要做全数检验? … 185
- 2.114 地下防水工程细部构造质量检验的主控项目有哪些? ……… 185
- 2.115 地下防水工程细部构造质量检验的一般项目有哪些? ……… 186
- 2.116 地下连续墙用作结构主体墙体时应有什么防水措施? ……… 187
- 2.117 地下连续墙的混凝土施工时试块怎么留置? … 187
- 2.118 地下连续墙施工质量检验数量怎么确定? …… 187
- 2.119 地下连续墙工程质量检验主控项目有哪些? … 188

- 2.120 地下连续墙工程质量检验一般项目有哪些？ … 188
- 2.121 地下防水子分部工程验收时应提交哪些文件和记录？ … 189
- 2.122 地下防水工程验收应如何进行？ … 190
- 2.123 明挖法地下工程施工时,地下水位降至工程底部500mm以下为何定为强制标准？ … 191
- 2.124 基坑怎么回填才能防止损坏防水层？ … 191
- 2.125 地下工程渗漏水治理的原则是什么？ … 192
- 2.126 地下工程渗漏水治理前,应先调查哪些内容？ … 192
- 2.127 地下工程渗漏有哪些方法治理？ … 193
- 2.128 目前有哪些注浆材料,其适用性如何？ … 194
- 2.129 什么是氰凝防水材料？ … 194
- 2.130 地下防水工程施工质量检验批验收要求有哪些？ … 195
- 2.131 地下防水工程分项工程质量检验要求有哪些？ … 197
- 2.132 地下防水工程子分部工程质量检验要求有哪些？ … 198
- 2.133 喷射混凝土在地下工程防水中的作用和技术要求是什么？ … 199

3 屋面工程 … 201

- 3.1 屋面防水分为哪四个等级？ … 201
- 3.2 什么是防水层合理使用年限？ … 203
- 3.3 防水材料复合使用对提高防水工程质量起什么作用？ … 204
- 3.4 什么叫一道防水设防？ … 205
- 3.5 屋面防水层施工前应做好哪些准备工作？ … 205
- 3.6 卷材应在什么气温条件下施工才能保证质量？ … 207

3.7	防水涂料在什么温度条件下施工才能保证质量？	208
3.8	雨天、雪天、五级风以上天气防水层为何不宜施工？	209
3.9	温度过低为什么不宜对卷材进行施工？	210
3.10	涂料为什么不宜在气温35℃以上天气进行施工？	210
3.11	屋面防水层的基层(找平层)分为哪几种，有何技术要求？	210
3.12	防水层的基层(找平层)的缺陷对防水层质量会产生哪些影响？	212
3.13	屋面找平层存在质量问题怎么修补？	213
3.14	屋面(包括檐沟)找平层排水坡度有何要求？	215
3.15	找平层转角为什么应作成圆弧？	215
3.16	有哪些措施可减少或克服找平层开裂？	216
3.17	屋面找平层质量检验的主控项目有哪些？其中强制性条文是什么？	218
3.18	屋面找平层质量检验的一般项目有哪些？	218
3.19	屋面找平层干燥程度对保证防水层质量有何影响？	219
3.20	屋面的保温层材料有哪几种，怎么保证保温层质量？	220
3.21	各种保温层材料应具有什么性能？	221
3.22	倒置式屋面和使用屋面对保温层有何要求？	223
3.23	屋面保温层质量检验的主控项目有哪些？	224
3.24	屋面保温层质量检验的一般项目有哪些？	224
3.25	刚性防水屋面有哪些类型？	225
3.26	刚性防水层不适用于什么屋面？	226
3.27	普通细石混凝土防水层为何能防水？	227
3.28	细石混凝土防水层为什么要设分格缝？	228

3.29	细石混凝土防水层为什么与基层间设隔离层？采用什么材料？	229
3.30	为提高细石混凝土防水层的防水能力，应掺什么外加剂？	229
3.31	细石混凝土防水层中怎样配置钢筋？	230
3.32	细石混凝土防水层的厚度怎么确定？	230
3.33	怎么控制细石混凝土的表面质量？	230
3.34	细石混凝土防水层质量检验主控项目有哪些？	231
3.35	细石混凝土防水层质量检验一般项目有哪些？	231
3.36	屋面工程哪些部位应采用密封材料进行密封处理？	232
3.37	屋面用的密封材料应怎样选择？	233
3.38	屋面工程密封材料嵌缝质量检验的主控项目有哪些？	234
3.39	屋面工程密封材料嵌缝质量检验的一般项目有哪些？	234
3.40	卷材铺贴方向对防水工程质量有何影响？	234
3.41	卷材搭接多宽才能保证质量？	235
3.42	卷材防水屋面附加增强层应采用什么材料？	237
3.43	卷材厚度应怎样选择？	237
3.44	平屋面为何要强调结构找坡，其优点是什么？	238
3.45	卷材空铺、点粘、条粘适用于什么屋面？	239
3.46	采取空铺、点粘、条粘的优缺点是什么？	239
3.47	什么是排汽屋面，其优缺点是什么？	241
3.48	高低跨屋面设计有什么要求？	242
3.49	卷材防水层为什么应有保护层？	242
3.50	卷材防水层的保护层有哪些种类，其优缺点是什么？	243

3.51 柔性防水层与刚性保护层间为何要加
隔离层？ 245
3.52 板端处为什么应设空铺层？ 246
3.53 卷材的铺贴方向是怎么规定的？ 246
3.54 为什么平行于屋脊方向铺贴卷材时要从檐口
铺向屋脊，垂直于屋脊方向铺贴卷材要从屋
脊铺向檐口？ 247
3.55 怎样做好女儿墙防水？ 248
3.56 卷材防水层的收头应如何处理？ 249
3.57 为什么要控制玛琋脂粘结层的厚度？ 250
3.58 卷材和涂膜为何发生鼓泡，怎么防治？ 252
3.59 卷材和涂膜防水层为何发生开裂，怎么防治？ ... 253
3.60 涂膜防水的优缺点是什么？ 255
3.61 屋面工程对涂膜防水层的厚度有什么规定？ 256
3.62 涂膜厚度如何控制？ 256
3.63 胎体增强材料设在涂膜什么位置最合理？
如何铺贴？ 258
3.64 涂膜防水层对胎体增强材料有何要求？ 260
3.65 涂膜防水层中胎体增强材料铺贴方向和搭接
宽度怎么确定？ 261
3.66 怎么掌握涂膜固化时间？ 261
3.67 水乳型涂料在潮湿基层上能施工吗？ 262
3.68 目前瓦屋面的种类有哪些？ 262
3.69 平瓦和油毡瓦屋面的排水坡度多少为宜？ ... 263
3.70 平瓦屋面的节点应采取什么方法防水？ 263
3.71 平瓦屋面质量检验的主控项目有哪些？ 264
3.72 平瓦屋面质量检验的一般项目有哪些？ 264
3.73 油毡瓦屋面防水工程质量的关键是什么？ 265
3.74 油毡瓦屋面质量检验项目有哪些？ 266
3.75 金属板材屋面防水的技术关键有哪些？ 266

3.76 金属板材屋面施工的要求有哪些？ ………… 267
3.77 金属板材屋面质量检验项目有哪些？ ………… 267
3.78 什么是架空隔热屋面？其质量要求如何？ ……… 268
3.79 架空隔热屋面质量检验项目有哪些？ ………… 269
3.80 蓄水屋面对防水层有何要求？ ………………… 269
3.81 蓄水屋面质量检验项目有哪些？ ……………… 270
3.82 种植屋面对防水层有哪些要求？ ……………… 270
3.83 种植屋面的质量检验项目有哪些？ …………… 271
3.84 天沟、檐沟的防水构造怎样才能防止渗漏？ …… 271
3.85 檐口的防水构造怎样才合理？ ………………… 272
3.86 水落口的防水构造应符合什么要求？ ………… 272
3.87 变形缝的防水构造应采用什么做法？ ………… 272
3.88 伸出屋面管道的防水构造应符合什么要求？ …… 273
3.89 屋面工程细部构造质量检验有哪些？ ………… 274
3.90 屋面工程的子分部工程和分项工程怎么
划分？ …………………………………………… 274
3.91 屋面工程各分项工程怎么划定检验批量？ …… 275
3.92 屋面工程质量验收的程序与组织如何？ ……… 275
3.93 屋面工程验收文件和记录有哪些？ …………… 276

1 建筑防水材料

1.1 我国建筑防水标准有哪些？

标准是对重复性事物和概念所做的统一规定。它以科学技术和实践经验的综合成果为基础，由主管机构委托有关单位或部门组织编制，经主管机构批准，以特定形式发布，作为共同遵守的准则依据。我国的标准按等级和适用范围分为国家标准、行业标准、地区标准和企业标准四类；按标准编制对象的不同分为工程标准和材料标准两类。常用标准代号见表1-1。

标准名称及标准代号对应表　　　　表1-1

标准分类	标准名称	标准代码	实例	
国家标准	国　　标	GB	GB 50207—2002	屋面工程质量验收规范
行业标准	黑色冶金	YB	YB/T 9261—98	水泥基灌浆材料施工技术规程
	水　　利	SL	SL/T 231—98	聚乙烯(PE)土工膜防渗工程技术规范
	建　　材	JC	JC 500—92	聚氨酯防水涂料
	交　　通	JT	JT/T 203—95	公路水泥混凝土路面接缝材料
	电　　力	DL	DL/T 100—1999	水工混凝土外加剂技术规程
	城镇建设	CJ	CJJ 62—95	房屋渗漏修缮技术规范
	建筑行业	JG	JG/T 141—2001	膨润土橡胶遇水膨胀止水条

续表

标准分类	标准名称	标准代码	实 例	
地区标准	地方标准	DB	DBJ 01-16-94	新型沥青卷材防水工程技术规范
			苏建规 01-89	高分子防水卷材屋面施工验收规程
企业标准	企 标	单位自定	Q/6S 461—87	XM-43 密封腻子
			QJ/SL 02.01-89	APP 改性沥青卷材

防水材料标准：是对用于土木工程的防水材料的性能合格与否而制订、发布和实施的标准。在材料标准中规定了标准的适用范围,产品分类、用途和标记,产品的性能要求、试验方法和检验规则,产品的包装、标志、运输和贮存要求,使防水材料的抽样检测和合格判定有统一的标准。现已发布的防水材料标准见表 1-2。

已发布的防水材料标准　　　表 1-2

类 别	防 水 材 料	标 准 号
防水卷材	铝箔面油毡	JC 504—92
	改性沥青聚乙烯胎防水卷材	JC/T633—1996
	三元丁橡胶防水卷材	JC/T645—1996
	沥青复合胎柔性防水卷材	JC/T 690—1998
	氯化聚乙烯-橡胶共混防水卷材	JC/T 684—1997
	自粘橡胶沥青防水卷材	JC/T 840—1999
	聚氯乙烯防水卷材	GB 12952—91
	氯化聚乙烯防水卷材	GB 12953—91
	高分子防水卷材　第一部分片材	GB 18173.1—2000
	弹性体改性沥青防水卷材	GB 18242—2000
	塑性体改性沥青防水卷材	GB 18243—2000

续表

类别	防水材料	标准号
防水涂料	水性沥青基防水涂料	JC 408—91
	聚氨酯防水涂料	JC 500—92
	聚氯乙烯弹性体防水涂料	JC/T 674—1997
	溶剂型橡胶沥青防水涂料	JC/T 852—1999
	聚合物乳液建筑防水涂料	JC/T 864—2000
	聚合物水泥防水涂料	JC/T 894—2001
	建筑防水涂料试验方法	GB/T 16777—1997
密封材料	建筑密封材料术语	GB/T 14682—93
	硅酮建筑密封膏	GB/T 14683—93
	建筑防水沥青嵌缝油膏	JC/T 207—1996
	聚氨酯建筑密封膏	JC 482—92
	聚硫建筑密封膏	JC 483—92
	丙烯酸酯建筑密封膏	JC 484—92
	建筑窗用弹性密封剂	JC 485—92
	中空玻璃用弹性密封剂	JC 486—92
	聚氯乙烯建筑防水接缝材料	JC/T 798—1997
	建筑用硅酮结构密封胶	GB 16776—1997
	建筑门窗用油灰	JG/T 16—1999
	公路水泥混凝土路面接缝材料	JT/T 203—95
	膨润土橡胶遇水膨胀止水条	JG/T 141—2001
	建筑密封材料试验方法	GB/T 13477—92
防水剂、膨胀剂	砂浆、混凝土防水剂	JC 474—1999
	混凝土外加剂	GB 8076—1997
	膨胀水泥膨胀率方式验方法	JC 313—82
其他防水材料	油毡瓦	JC 503—92
	塑料跑道	GB/T 14833—93

3

续表

类别	防水材料	标准号
其他防水材料	土工合成材料 聚乙烯土工膜	GB/T 17643—1998
	高分子防水卷材胶粘剂	JC 863—2000
	高分子防水材料 第二部分 止水带	GB 18173.2—2000
	水泥基渗透结晶型防水材料	GB 18445—2001
	建筑防水材料老化试验方法	GB/T 18244—2000

防水工程标准：一般称为防水规范或防水规程，是由政府部门或有关标准化团体针对土木工程的防水分部工程制订的设计、施工、验收、维修保养等的统一规定。主要防水工程标准见表1-3。

主要防水工程标准　　　　表1-3

标准名称	标准代号	施行日期	主编单位
屋面工程技术规范	GB 50×××—2004		山西省建筑工程(集团)总公司
屋面工程质量验收规范	GB 50207—2002	2002.6.1	山西省建筑工程(集团)总公司
地下工程防水技术规范	GB 50108—2001	2001.12.31	国家人民防空办公室
地下防水工程质量验收规范	GB 50208—2002	2002.4.1	山西省建筑工程(集团)总公司

防水地区标准：由于我国国土辽阔，南北气候条件、工程地质条件及土木建筑材料等的差别很大，因此，根据各地区不同的工程条件，由该地区的建设主管部门或标准化团体在本地区制订、发布和实施的防水材料、防水施工技术和工程验收规范等称为地区标准。有影响的地区标准见表1-4。

有影响的地区防水技术规程标准　　　　表 1-4

标准名称	标准代号	施行日期	主编单位
房屋渗漏修缮技术规范	CJJ 62—95	1995.11.1	南京市房产管理局
广东省建筑防水工程技术规范	DBJ 15-19-97	1998.1.1	广东省工程建设标准化协会 广州市鲁班建筑防水补强专业公司
北京市厕浴间防水推荐做法	京 91TJ1	1991.9.5	北京市城乡建设规划委员会
北京市屋面卷材防水推荐做法	京 93TJ2	1993.6.6	北京市城乡建设规划委员会
新型沥青卷材防水工程技术规程	DB J01-16-94	1994.12.1	北京建总、北奥、建研院
北京市地下室防水推荐做法	京 95TJ3	1995.7.16	北京市城乡建设规划委员会
盾构法隧道防水技术规程	DB J08-50-96	1996.12.1	北京市市政工程管理局
OMP 改性沥青卷材防水工程设计与施工规程	DBJ 05-2-91	1992.3.1	辽宁省建筑设计标准化办公室
江苏省建筑安装工程施工技术操作规程	DB 32/302—1999	1999.10.1	常州建筑工程局
地下建筑防水涂膜工程技术规程	DB/T J08-204-96	1997.2.1	上海第七建筑工程公司
建筑防水材料应用技术规程	DBJ 13-39-2001	2001.5.1	福建省建筑科学研究院等
水性沥青基防水涂料屋面工程技术规程	DBJ/CT 004—99	1994.4.1	上海沪标工程建设咨询有限公司

标准的制订和执行对防水工程质量起到相当重要的作用,是搞好防水工程质量必不可缺的重要内容。

1.2 什么是防水卷材？有哪些品种及特征？

防水卷材是指在工厂采用特定的生产工艺制成的可卷曲的片状防水材料。根据主要组成材料的不同，又可分为合成高分子防水卷材、高聚物改性沥青防水卷材和沥青防水卷材三类。见表1-5。

防水卷材按主要组成材料分类 表1-5

防水卷材	沥青防水卷材(纸胎、玻纤胎、聚酯胎、复合胎)		
	高聚物改性沥青防水卷材(玻纤胎、聚酯胎、复合胎)	SBS改性沥青防水卷材	
		APP改性沥青防水卷材	
		SBR改性沥青防水卷材	
		再生胶改性沥青防水卷材	
		PVC改性沥青防水卷材	
		自粘型高聚物改性沥青防水卷材	
	合成高分子防水卷材	硫化橡胶类和非硫化橡胶类	三元乙丙橡胶防水卷材(EPDM)
			氯化聚乙烯防水卷材(CPE)
			氯化聚乙烯橡胶共混防水卷材(DPBR)
			丁基橡胶防水卷材(IIR)
			自粘型合成高分子防水卷材
			蠕变性自粘型高分子防水卷材
		树脂类	氯化聚乙烯橡塑防水卷材
			聚氯乙烯防水卷材(PVC)(有胎基、无胎基)
			热塑性聚烯烃防水卷材(TPO)
			聚乙烯防水卷材(PE、HDPE、LDPE)
			聚乙烯丙纶复合防水卷材

防水卷材的品种很多，施工方法也有较大的区别，按照施工方法防水卷材可分为五类，见表1-6。

防水卷材按施工方法分类 表 1-6

	施工方法	卷材品种
防水卷材	热玛琋脂粘贴法	沥青防水卷材(油毡)
	热熔法	高聚物改性沥青防水卷材
	热熔涂料热粘法	高聚物改性沥青防水卷材
		合成高分子防水卷材
	焊接法	聚氯乙烯防水卷材(PVC)
		热塑性聚烯烃防水卷材(TPO)
		聚乙烯防水卷材(PE)
	冷胶粘剂粘贴法	三元乙丙橡胶防水卷材
		氯化聚乙烯防水卷材
		氯化聚乙烯橡胶共混防水卷材
		氯化聚乙烯橡塑防水卷材
		丁基橡胶防水卷材
	自粘粘贴法	自粘型改性沥青防水卷材
		自粘型合成高分子防水卷材
		蠕变性自粘型高分子防水卷材

防水卷材因在工厂采用机械化制作生产,生产条件和影响产品质量的因素可以得到很好的控制,因此产品质量的稳定性较好。与防水涂料相比,其厚度均匀且易于控制,是防水材料中的主流产品。但防水卷材由于受幅宽的限制,在防水工程中使用时,需采用搭接施工,如施工处理不当,易产生翘边、皱折、密封不严等缺陷,造成渗漏水的质量问题。合成高分子防水卷材还存在后期收缩问题,使卷材防水层在使用过程中有一定的应力存在,加速卷材的老化,并产生搭接缝脱开等缺陷。

1.3 什么是沥青胶结剂,什么是玛琋脂?

沥青胶结剂简称沥青胶,又名玛琋脂(英文:mastic),系在不同的沥青中加入滑石粉、云母粉、石棉粉、粉煤灰等一种或多种惰性填充料,经加热搅拌混炼而成的沥青胶。沥青胶应用十分广泛,主要用于粘贴沥青防水卷材和高聚物改性沥青防水卷材,也可单独用于防水、防腐工程等。沥青胶根据屋面坡度、使用条件不同,选用不同标号的沥青胶,见表 1-7。其中煤沥青胶因为不符合环保要求,已被淘汰。

沥青的标号(耐热度)及适用范围　　　　表 1-7

种类	标号(耐热度)	适用范围	
		屋面坡度(%)	历年室外极端最高温度(℃)
石油沥青胶	S-60 S-65 S-70	1～3	<38 38～41 41～45
	S-65 S-70 S-75	3～15	<38 38～41 41～45
	S-75 S-80 S-85	15～25	<38 38～41 41～45
煤沥青胶	J-55 J-60 J-65	1～3	<38 38～41 41～45
	J-60 J-65	3～10	<38 38～41

注:1. 屋面坡度≤3%或油毡层上有整体保护层时,沥青胶标号可降低 5 号。

2. 屋面坡度>25%或屋面受其他热源影响时(如高温车间等),沥青胶标号应适当提高。

3. 表中"S-60"指石油沥青胶的耐热度为 60℃,"J-60"指煤沥青胶的耐热度为 60℃,其余类推。

沥青胶的技术要求见表 1-8,根据施工时是否需要加热,沥青胶可分为热沥青胶和冷沥青胶,也称为热玛琋脂和冷玛琋脂。

沥青胶的技术要求　　　　　　　表 1-8

技术要求	沥青胶的标号							
	石油沥青						煤沥青	
	S-60	S-65	S-70	S-75	S-80	S-85	J-55	J-60	J-65
耐热度(℃)	用 2mm 厚的沥青胶粘合两张沥青油纸，在不低于下列温度中，在 1:1(45°角)的坡度停放 5h，沥青胶不应流淌，油纸不应滑动								
	60	65	70	75	80	85	55	60	65
柔韧度(mm)	涂在沥青油纸上的 2mm 厚的沥青胶层，在 18±2℃时，围绕下列直径的圆棒，以 2s 的均匀速度弯曲成半周，沥青胶不应裂纹								
	10	15	15	20	25	30	25	30	35
粘结力	将两张用沥青胶粘贴在一起的沥青油纸揭开时，从油纸和沥青胶的粘贴面的任何一面的撕开部分，应不大于粘贴面积的 1/2								

注：表头列数按 9 个标号排列。

1.4　怎样调制沥青胶？

根据屋面坡度、该地区历年最高极限气温等使用条件，选择沥青胶的标号 S 值(耐热度)。如某工程屋面坡度为 10%，当地历年最高气温为 42.3℃，由表 1-7 查出需配制的沥青胶的耐热标号为 S-75。

若选用石油沥青为主料，可参考表 1-9 选择原材料进行调制。煤沥青可参考表 1-10 选择原材料进行调制。

石油沥青热沥青胶的用料参考配合比(重量%)　　表 1-9

耐热度(℃)	石油沥青		填充料			
	30号或180~60号与30号混合	60号	六级石棉	泥炭渣或木粉	混合石棉或七级石棉	粉状物(如滑石粉、白云石粉)
65	—	85	15	—	—	—
	—	87	—	13	—	—
	—	70	—	—	30	—
	—	55	—	—	—	45

续表

耐热度 (℃)	石油沥青		填充料			
	30号或180~60号与30号混合	60号	六级石棉	泥炭渣或木粉	混合石棉或七级石棉	粉状物(如滑石粉、白云石粉)
75	—	82	—	18	—	—
	—	78	22	—	—	—
	—	65	—	—	35	—
	90	—	—	10	—	—
	87	—	13	—	—	—
	80	—	—	—	20	—
	70	—	—	—	—	30
85	85	—	—	15	—	—
	82	—	18	—	—	—
	65	—	—	—	35	—
	45	—	—	—	—	55
90	78	—	22	—	—	—
	82	—	—	18	—	—
	60	—	—	—	40	—

注：配制石油沥青胶结材料，一般采用两种或三种牌号的沥青熔合，当采用两种沥青熔合时，每种沥青的配合量。可参照下列公式计算：$B_g = (t - t_2)/(t_1 - t_2) \times 100\%$　$B_d = 100\% - B_g$

式中　B_g——溶合物中高软化点石油沥青含量(%)；
　　　B_d——溶合物中低软化点石油沥青含量(%)；
　　　t——熔合后的沥青胶结材料所需的软化点(℃)；
　　　t_1——高软化点石油沥青的软化点(℃)；
　　　t_2——低软化点石油沥青的软化点(℃)。

煤沥青热沥青胶的用料参考配合比(重量%)　　表1-10

耐热度 (℃)	煤沥青	煤焦油	填充料		添加剂		
			矿石粉	石棉粉	硬脂酸	蒽油	桐油
50	50	45	—	—	—	—	5
	38	20	38	—	4	—	—
	40	20	—	35	—	5	—

续表

耐热度(℃)	煤沥青	煤焦油	填充料		添加剂		
			矿石粉	石棉粉	硬脂酸	蒽油	桐油
60	47	15	—	35	—	3	—
	40	20	36	—	—	—	4
	50	20	—	24	6	—	—
70	45	15	35	—	—	—	5
	55	15	—	25	—	—	5
	60	20	12	—	4	4	—

注：如无桐油可用蒽油代替。

配制沥青胶时，配料必须严格按配比要求过称下料。

调制沥青胶时，将沥青放入锅中加热熔化，使其完全脱水，不起沫为止，再慢慢加入填充料，同时不停地搅拌至均匀为止。填充料在加入沥青前，应在 105~110℃ 条件下加热 4h 烘干，熬制温度见表 1-11。熬制好的沥青胶宜在本工作班内用完，剩料应分批与后熬制的新料混合使用，并做好性能检验工作。沥青胶产品名称、性能见表 1-12。

熬制沥青胶加热温度和沥青胶使用温度　　　　表 1-11

类　　别	加热温度(℃)	使用温度
热 沥 青 胶	160~180	物料为熔化状态即可，通常<180℃
冷 沥 青 胶	130~150	常温，若须加热应<60℃

沥青胶产品名称、性能　　　　表 1-12

名　称	技术性能指标		
	耐　热　度	柔　韧　性	粘　结　性
LQ-冷玛琋脂（沥青胶）	① 温度：85℃ ② 时间：2h ③ 坡度：1:1 无流淌，无滑动	−5℃，2h，绕 φ20mm 圆棒半周无裂纹	将两张用沥青胶粘贴在一起的沥青油纸揭开时，从油纸和沥青胶的粘贴面的任何一面的撕开部分，应不大于粘贴面积的 1/3

续表

名 称	技术性能指标		
	耐 热 度	柔 韧 性	粘 结 性
S75沥青胶	① 温度：75℃ ② 时间：5h ③ 坡度：1：1 无流淌，无滑动	18±2℃以2s的匀速绕φ20mm圆棒半周无裂纹	将两张用沥青胶粘贴在一起的沥青油纸揭开时，从油纸和沥青胶的粘贴面的任何一面的撕开部分，应不大于粘贴面积的1/3
石油沥青胶	性能指标符合表1-7要求		

1.5 如何控制玛琋脂熬制、使用温度才能保证质量？

熬制沥青玛琋脂时，沥青的温度、熬制时间对沥青玛琋脂的老化影响很大。沥青在熬制过程中油分会挥发，温度越高、时间越长，油分挥发越多，沥青质含量越高，从表1-13中可以看出随着温度、时间变化，沥青质含量的变化情况。

石油沥青长时间加热后性质的变化　　　　表1-13

加热温度 (℃)	加热时间 (h)	原 有 性 质		加热后性质变动量	
		软化点 (℃)	沥青质含量 (%)	软化点增值 (℃)	沥青质含量增加值 (%)
未加热	—	45	10.52	—	—
115～120	5	47	10.88	2.0	0.36
115～120	10	48	11.51	3.0	0.99
115～120	15	49	11.88	4.0	1.36
175～180	5	51.5	15.52	6.5	5.00
175～180	10	56	15.98	11.0	5.46
175～180	15	64	18.92	19.0	8.40

沥青玛琋脂中油分少，沥青质含量高，使玛琋脂的柔韧性降低，耐老化能力变差。因此，热玛琋脂的加热温度不应高于240℃，使用温度不宜低于190℃，并应经常检查。同时，各地试验

资料也表明,沥青在锅内的加热时间不宜过长,一般以 3~4h 为最好;熬好的应尽量在 8h 内用完,如不能用完,应与新熬制的材料混合使用,必要时应作性能检查。

试验数据(见表 1-14)表明,在熬制沥青玛琋脂时,温度愈高,加热时间愈长,则沥青的软化点升高,针入度减小,塑性降低。沥青性质的这种变化会给施工操作、工程质量和耐久性带来不利影响,因此,应尽量降低加热温度与缩短加热时间。

石油沥青短时间加热后性质的变化　　　　表 1-14

加热温度(℃)	加热时间(mm)	25℃时的针入度	软化点(℃)(环球法)
未加热	—	116	45
120	15	115	46
180	15	102	46.5
200	15	95	47.5

这里应该指出,沥青在锅中加热与在标准试验条件下加热所引起的性质变化情况是不相同的。例如在标准试验条件下,当沥青在 5h 内加热到 160℃时,针入度可以降低到原来数值的 40%。而在同样温度条件下将沥青放到沥青锅中加热,并不致产生如此剧烈的变化,这是由于锅中沥青的体积大而自由表面小的缘故。尽管如此,把熬制好的沥青长期保持其使用温度(如石油沥青为 200℃左右)的做法是有害的。这是每个防水工人必须注意的问题。

1.6　怎么检验玛琋脂的质量?

沥青玛琋脂共有耐热度、柔韧性和粘结力三项技术性能指标,其检验方法如下:

耐热度:用 2mm 厚的沥青玛琋脂粘合两张油纸,固定在 45°角的模具上,按表 1-12 所要求的温度设定恒定温度,保持 5h,沥青玛琋脂不流出,油纸无滑动为合格,否则视为不合格。

柔韧性:涂在油纸上 2mm 的沥青玛琋脂,在 18±2℃时,围绕

表 1-12 中所规定直径的圆棒,以 2s 的均衡速度弯曲成半圆,沥青玛琋脂涂层不应有裂纹。

粘结力:将两张用沥青玛琋脂粘在一起的油纸揭开时,若被撕开的面积超过粘贴面积的 1/2 时,则视为粘结力不合格,否则即为合格。

1.7 什么是冷底子油?为什么防水层施工前要打冷底子油?如何配制?

冷底子油亦称基层处理剂,是由沥青加溶剂调制而成。铺设防水卷材或涂刷防水涂膜前,在基层涂刷一道冷底子油。其目的是:

1. 清除基面浮尘,为防水层提供干净清洁的基面,无论是铺贴防水卷材,还是涂刷防水涂料,都不会因为有浮土而削弱防水层与基面的粘合力;

2. 冷底子油渗入基层的毛细孔隙中,相当于沥青钉入基层,增加了防水层与基层的粘结力;

3. 冷底子油起到封闭基面的作用。

冷底子油配合成分见表 1-15。调制方法有三种:

沥青冷底子油配合成分参考表(重量%)　　表 1-15

适用范围	沥青			溶剂	
	石油沥青10号、30号	石油沥青60号	煤沥青软化点为50~70℃	轻柴油	苯
涂刷在终凝前的水泥基层上	40	—	—	60	—
	—	55	—	—	45
	—	—	50	50	—
涂刷在终凝后的水泥基层上	50	—	—	50	—
	—	60	—	—	40
	—	—	55	—	45

续表

适用范围	沥青			溶剂	
	石油沥青10号、30号	石油沥青60号	煤沥青软化点为50~70℃	轻柴油	苯
涂刷在金属构件表面上	30	—	—	70	—
	35	—	—	65	—
	45	—	—	—	55
	—	—	40	60	—
	—	—	45	—	55
	45	—	—	—	55

注：如无轻柴油时，可有煤油代替。注意防火。

方法一、将沥青加热熔化至脱水不起泡为止，再将熔好的沥青按配合量倒入桶中，放置背离火源风向25m以外，待其冷却到所需温度（低于溶剂沸点30℃），将沥青慢慢成细流状注入所需配合量的溶剂中，并不停地搅拌，直到沥青溶解均匀为止。

方法二、同上述方法，将沥青熔化脱水晾置所需温度后，将溶剂按配合量要求分批注入沥青中。开始每次2~3L，以后每次5L左右，边加边搅拌，直至沥青完全溶解均匀为止。

方法三、将沥青打成5~10mm大小的碎块，按重量比加入配合量的溶剂中，不停搅拌，直至全部溶解均匀。此方法因沥青没有脱水及去杂质，质量较差，一般用于一些用量较小的修补工程。

1.8 什么是沥青？什么是改性沥青？什么是高聚物改性沥青？

沥青是有机化合物的复杂混合物。分地沥青和焦油沥青两大类，地沥青又分为天然沥青和石油沥青。在常温下呈固体、半固体或液体；颜色为褐色深至黑色，具有良好的粘结性、塑性、不透水性及耐化学侵蚀性，是防水卷材、涂料、油膏、沥青胶及防腐涂料的主体原材料之一。一般用于建筑防水工程的沥青有石油沥青和煤沥青两种。

石油沥青是石油原油经蒸馏等提炼出汽油、煤油、柴油及润滑油后的残留物,再经加工而成。分为固体、半固体和液体石油沥青,半固体沥青中的建筑石油沥青是防水材料的主要原材料。

煤沥青是炼焦或生产煤气的副产品煤焦油,经分馏提炼出各种油质后得到的。过去煤沥青是用于地下室外防水和防腐涂料的主要原材料之一,但由于其具有一定的毒性,环境污染大,最近几年采用煤沥青生产的防水材料正被限制使用和淘汰。

改性沥青是指通过吹氧氧化、加催化剂氧化、加非金属硫化剂硫化等手段对沥青进行改性后的产品。在沥青中存在小分子碳氢化合物,如石蜡等,使沥青的物理性能对温度敏感性大,温度低沥青变脆,温度高沥青易变形、流淌;另外,过多的活性基团,降低了沥青的耐老化性能。因此,通过上述手段改性后使小分子碳氢化合物聚合,减小沥青中的活性基团,改善了沥青的物理性能,起到降低沥青的温度敏感性、提高耐热和耐低温性能的作用;同时,还提高了沥青分子抗降解裂变能力,延长了材料的使用寿命。

高聚物改性沥青是以高聚物为改性剂对沥青进行改性后的产品。通过改性,可以大大提高沥青类防水材料的物理和力学性能,这是沥青在建筑防水工程中应用的方向之一。使用最多的是 SBS 橡胶和 APP 树脂两种,此外,还有氯丁橡胶、丁基橡胶和三元乙丙橡胶等。这些高聚物分子量大,分子极性基团和活性基团少,相对稳定,具有脆点温度低、熔点温度高、对高低温适应能力强、耐老化性能好的优点,因此,可以改善沥青的耐高低温性能及耐老化性能。

1.9 什么是沥青油毡?沥青油毡品种、性能指标及特性?

沥青油毡(沥青防水卷材)包括纸胎石油沥青毡和纸胎煤沥青油毡。它们是采用低软化点石油沥青或煤沥青浸渍原纸,制成油纸,然后用高软化点石油沥青或煤沥青涂盖在油纸两面,再涂撒隔离材料所制成的一种纸基防水卷材,简称油毡。煤沥青油毡已淘汰,停止生产和使用。

油毡标号是根据原纸每平方米的克数划分标号,有 200 号、

270号、300号、350号之分。如200号即该油毡或油纸所用的原纸是200g/m²。原沥青油毡应用广泛,传统的屋面防水都是采用二毡三油、三毡四油工法施工。但油毡防水层存在耐老化差,延伸率低,脆性大等缺点。随着新型防水卷材的推广应用,沥青油毡在新建工程中被淘汰或限制使用,现只用于一些临时性建筑的屋面防水、地下室及地板的防潮和物品防潮包装,或用于柔性防水层与刚性防水层或保护层之间的隔离层及屋面隔汽层。国标GB 326—89规定了石油沥青油毡和油纸的技术指标,见表1-16。JC 505—92规定了煤沥青油毡技术指标,见表1-17。

石油沥青油毡的技术指标(摘自GB 326—89)　　表1-16

标　号		200号			350号			500号		
等　级		合格	一等	优等	合格	一等	优等	合格	一等	优等
每卷重量(kg)≥	粉毡	17.5			28.5			39.5		
	片毡	20.5			31.5			42.5		
幅度(mm)		915或1000								
每卷总面积(m²)		20±0.3								
单位面积浸涂材料总量(g/m²)≥		600	700	800	1000	1050	1110	1400	1450	1500
不透水性	压力(MPa)≥	0.05			0.10			0.15		
	保持时间(min)	15	20	30	30	30	45	30	30	30
吸水率(%)≤(真空法)	粉毡	1.0			1.0			1.5		
	片毡	3.0			3.0			3.5		
耐热度(℃)		85±2	90±2		85±2	90±2		85±2	90±2	
		受热2h涂盖层应无滑动和集中气泡								
拉力(N)(25±2℃,纵向)≥		240	270		340	370		440	470	
柔度(℃)		18±2	18±2	16±2	14±2	18±2	14±2			
		绕φ20mm圆棒无裂纹					绕φ25mm圆棒无裂纹			

煤沥青油毡的技术性能指标　　　　　　表 1-17

标号		200 号	270 号		350 号	
等级		合格	合格	一等	一等	优等
每卷重量(kg)≥	粉毡	16.5	19.5		23.0	
	片毡	19.0	22.0		25.5	
幅宽(mm)		915 或 1000				
每卷总面积(m²)		20±0.3				
单位面积浸涂材料总量(g/m²)≥		450	560	510	660	600
不透水性	压力(MPa)≥	0.05	0.05		0.10	
	保持时间(min)≥	15	30	20	30	15
		不 渗 漏				
吸水率(%)≤(真空法)	粉毡	3.0				
	片毡	5.0				
耐热度(℃)		70±2	75±2	70±2	75±2	70±2
		受热 2h 涂盖层应无滑动和集中性气泡				
拉力(N)(25±2℃,纵向)≥		250	330	300	380	350
柔度(℃)		18	16	18	16	18
		绕 φ20mm 圆棒或弯板无裂纹				

1.10　什么叫 SBS 改性沥青？什么叫 APP 改性沥青？

SBS 改性沥青、APP 改性沥青都属于高聚物改性沥青的范畴,也是改性沥青效果最好、应用最广的方法之一。

1. SBS 改性沥青:SBS 是苯乙烯-丁二烯-苯乙烯的嵌段共聚物,属热塑性橡胶,具有优异的低温性能,在－75℃仍保持柔软性,脆点－100℃,常温下呈橡胶态。将 SBS 加入热沥青中,在一定的温度和机械剪切力作用下,与沥青形成均匀混合体,该混合体为 SBS 改性沥青。当 SBS 掺量达到 12％左右时,改性沥青中 SBS 橡胶呈连续相,所以 SBS 与沥青混合后,除仍然保持原有沥青防水的可靠性外,还大大地改善了沥青的低温脆性,保持了橡胶的弹性、柔韧性、延展性、粘附性、耐气候变化性等橡胶特征。一般掺入量为12%～18%。经SBS改性后的沥青可用于生产SBS改性沥青防水卷材和SBS改性沥青防水涂料。

2. APP改性沥青:APP是无规聚丙烯树脂,是生产聚丙烯树脂的副产品,属热塑性塑料,具有良好的化学稳定性、优异的耐紫外线照射和耐老化性,无明显熔点,在165℃～176℃时呈粘稠态,常温下为固态。将APP加入到热沥青中,在一定的温度和机械搅拌下,APP与沥青形成均匀的混合物,该混合物为APP改性沥青。APP对沥青的改性作用主要是提高沥青的耐热性能,改善沥青在高温条件下易变形流淌的弱点。一般掺入量不宜小于15%。经APP改性后的沥青多用于生产APP改性沥青防水卷材。

1.11　什么是SBS改性沥青防水卷材？怎样控制SBS改性沥青防水卷材的质量？

SBS改性沥青防水卷材是以聚酯毡或玻纤毡为胎基、苯乙烯-丁二烯-苯乙烯(SBS)热塑性弹性体作改性剂,两面覆以隔离材料所制成的建筑防水卷材。简称SBS卷材。采用其他改性剂如橡胶粉等改性沥青或采用其他胎基制成的卷材不能称为SBS改性沥青防水卷材。

1. SBS改性沥青防水卷材具有以下特点:
(1) 厚度较厚,具有较好的耐穿刺、耐撕裂、耐疲劳性能;
(2) 优良的弹性延伸和较高的承受基层裂缝的能力,并有一定的弥合裂缝的自愈力;
(3) 在低温下仍保持优良的性能,即使在寒冷气候时,也可以施工,尤其适用于北方;
(4) 可热熔搭接,接缝密封保持可靠。但厚度小于3mm的卷材不得采用热熔法施工;
(5) 温度敏感性大,大坡度斜屋面不宜采用。
2. SBS改性沥青防水卷材应按照国家标准《弹性体改性沥青

防水卷材》GB 18242—2000 的要求进行生产。

SBS改性沥青防水卷材的厚度有2mm、3mm、4mm三种规格,胎基有聚酯胎、玻纤胎二种,上表面可覆以聚乙烯膜、细砂、矿物粒(片)料,按厚度、胎基、上表面材料的不同,卷材品种见表1-18。按物理力学性能分为Ⅰ型和Ⅱ型,见表1-19。

SBS改性沥青防水卷材的品种一览表 表1-18

公称厚度(mm)		2		3			4				
上表面材料		PE	S	PE	S	M	PE	S	M	PE	S	M
胎基		G		PY、G								
宽度(m)		1.0										
长度(m/卷)		15		10			10			7.5		
面积(m²/卷)	公称面积	15		10			10			7.5		
	偏差	±0.15		±0.10			±0.10			±0.10		
最低卷重(kg)		33.0	37.5	32.0	35.0	40.0	42.0	45.0	50.0	31.5	33.0	37.5
厚度(mm)	平均值≥	2.0		3.0		3.2	4.0		4.2	4.0		4.2
	最小单值	1.7		2.7		2.9	3.7		3.9	3.7		3.9

SBS改性沥青防水卷材物理力学性能 表1-19

序号	胎基		PY		G	
	型号		Ⅰ	Ⅱ	Ⅰ	Ⅱ
1	可溶物含量(g/m²)≥	2mm	—		1300	
		3mm	2100			
		4mm	2900			
2	不透水性	压力(MPa)≥	0.3		0.2	0.3
		保持时间(min)≥	30			
3	耐热度(℃)		90	105	90	105
			无滑动、流淌、滴落			
4	拉力(N/50mm)≥	纵向	450	800	350	500
		横向			250	300

续表

序号	胎基型号		PY I	PY II	G I	G II
5	最大拉力时延伸率（%）≥	纵向	30	40	—	
		横向				
6	低温柔度(℃)		−18	−25	−18	−25
			无裂纹			
7	撕裂强度(N)≥	纵向	250	350	250	350
		横向			170	200
8	人工气候加速老化	外观	1级			
			无滑动、流淌、滴落			
		纵向拉力保持率（%）≥	80			
		低温柔度(℃)	−10	−20	−10	−20
			无裂纹			

注：表中1～6项为强制性项目

SBS改性沥青防水卷材的外观质量应符合以下要求：

（1）成卷卷材应卷紧、卷齐，端面里进外出不得超过10mm。

（2）卷材在4～50℃温度区间内应易于展开，在距卷芯1m长度外不应有长度在10mm以上的裂纹或粘结。

（3）胎基应浸透，不应有未被浸渍的条纹。

（4）卷材表面必须平整，不允许有孔洞、缺边、裂口，矿物粒（片）料粒度应均匀一致并紧密地粘附于卷材表面。

（5）每卷接头处不应超过1个，较短的一段不应少于1000mm。接头应剪切整齐，并加长150mm。

SBS改性沥青防水卷材生产时应注意控制好以下几点，以保证卷材质量：

（1）控制好SBS的掺量。在沥青中的SBS必须形成网络结构，才能很好地改变沥青的低温柔性和综合性能，因此SBS的掺量不宜少于12%；

(2) SBS与沥青应混合均匀；

(3) 胎体的质量直接影响卷材的强度、延伸和耐久性,应选用具有一定强度和延伸率、耐腐烂能力强的聚酯毡或玻纤毡；

(4) 卷材生产过程中应注意控制好卷材的厚度和厚薄均匀程度。

1.12 什么是APP改性沥青防水卷材？怎样控制APP改性沥青防水卷材的质量？

APP改性沥青防水卷材是以聚酯毡或玻纤毡为胎基、无规聚丙烯(APP)或聚烯烃类聚合物作(APAO、APO)改性剂,两面覆以隔离材料所制成的建筑防水卷材,简称APP卷材。采用其他改性沥青、胎基和上表面材料制成的沥青防水卷材不能称为APP改性沥青防水卷材。APP改性沥青防水卷材具有以下特点：

(1) 厚度较厚,具有较好的耐穿刺、耐撕裂、耐疲劳性能；

(2) 该防水卷材具有－15～130℃的温度适应范围；

(3) 耐高温性能好,在130℃高温时无滑动、流淌、滴落;更适合于南方炎热地区；

(4) 可热熔搭接,接缝密封保持可靠。但厚度2mm的卷材不得采用热熔法施工；

(5) 温度敏感性大,大坡度斜屋面不宜采用。

APP改性沥青防水卷材应按照国家标准《塑性体改性沥青防水卷材》GB 18243—2000的要求进行生产。

APP改性沥青防水卷材的厚度有2mm、3mm、4mm三种规格,胎基有聚酯胎、玻纤胎二种,上表面可覆以聚乙烯膜、细砂、矿物粒(片)料,按厚度、胎基、上表面材料的不同,卷材品种见表1-20。按物理力学性能分为Ⅰ型和Ⅱ型,见表1-21。

APP改性沥青防水卷材的外观质量应符合以下要求：

(1) 成卷卷材应卷紧、卷齐、端面里进外出不得超过10mm。

(2) 卷材在4～60℃温度区间内应易于展开,在距卷芯1m长度外不应有长度在10mm以上的裂纹或粘结。

APP 改性沥青防水卷材的品种一览表　　表 1-20

公称厚度(mm)		2		3			4			4		
上表面材料		PE	S	PE	S	M	PE	S	M	PE	S	M
胎基		G	G	PY、G	PY、G	PY、G	PY、G	PY、G	PY、G	PY、G	PY、G	PY、G
宽度(m)		1.0										
长度(m/卷)		15	15	10	10	10	10	10	10	7.5	7.5	7.5
面积(m²/卷)	公称面积	15	15	10	10	10	10	10	10	7.5	7.5	7.5
	偏差	±0.15	±0.15	±0.10	±0.10	±0.10	±0.10	±0.10	±0.10	±0.10	±0.10	±0.10
最低卷重(kg)		33.0	37.5	32.0	35.0	40.0	42.0	45.0	50.0	31.5	33.0	37.5
厚度(mm)	平均值≥	2.0	2.0	3.0	3.0	3.2	4.0	4.0	4.2	4.0	4.0	4.2
	最小单值	1.7	1.7	2.7	2.7	2.9	3.7	3.7	3.9	3.7	3.7	3.9

APP 改性沥青防水卷材物理学性能　　表 1-21

序号	胎基			PY		G	
	型号			I	II	I	II
1	可溶物含量(g/m²)≥	2mm		—	—	1300	1300
		3mm		2100	2100	2100	2100
		4mm		2900	2900	2900	2900
2	不透水性	压力(MPa) ≥		0.3	0.3	0.2	0.3
		保持时间(min) ≥		30	30	30	30
3	耐热度(℃)			110	130	110	130
				无滑动、流淌、滴落			
4	拉力(N/50)≥	纵向		450	800	350	500
		横向		450	800	250	300
5	最大拉力时延伸率(%) ≥	纵向		25	40	—	—
		横向		25	40	—	—
6	低温柔度(℃)			−5	−15	−5	−15
				无裂纹			

续表

序号	胎基 型号		PY I	PY II	G I	G II
7	撕裂强度(N) ≥	纵向	250	350	250	350
		横向			170	200
8	人工气候 加速老化	外观	1级			
			无滑动、流淌、滴落			
		纵向拉力保持率 (%) ≥	80			
		低温柔度(℃)	3	−10	3	−10
			无裂纹			

注：1. 表中1~6项为强制性项目；
  2. 当需要耐热度超过130℃卷材时，该指标可由供需双方协商确定。

(3) 胎基应浸透，不应有未被浸渍的条纹。

(4) 卷材表面必须平整，不允许有孔洞、缺边、裂口，矿物粒（片）料粒度应均匀一致并紧密地粘附于卷材表面。

(5) 每卷接头不应超过1个，较短的一段不应少1000mm。接头应剪切整齐，并加长150mm。

1.13 什么是自粘橡胶沥青防水卷材？

自粘橡胶沥青防水卷材是指粘结面具有自粘胶、上表面覆以聚乙烯膜、下表面用防粘纸隔离的防水卷材，简称自粘卷材。施工中只需剥掉防粘隔离纸就可以直接铺贴，使其与基层粘结或卷材与卷材的粘结。自粘卷材有两类，一类是在改性沥青防水卷材底面涂覆一层橡胶改性沥青自粘胶的卷材，另一类是单独采用自粘橡胶改性沥青的卷材，又分为有胎体和无胎体两种。自粘橡胶沥青防水卷材具有以下特点：

(1) 有一定的强度，断裂延伸率高，适应变形能力强，粘接力强，尤其是卷材与卷材的搭接边粘结后完成一体，密封性能好；

(2) 自粘卷材施工时对环境无污染，适用于严禁用明火和用

溶剂的危险环境,施工安全;

(3) 具有良好的耐刺穿性和优良的自愈性能。

自粘橡胶沥青防水卷材应按照国家建材行业标准《自粘橡胶沥青防水卷材》JC 840—1999 的要求进行。

自粘橡胶沥青防水卷材按厚度、上表面材料的不同,卷材品种见表 1-22。物理力学性能见表 1-23。

自粘型改性沥青防水卷材品种一览表　　　表 1-22

公称厚度(mm)		1.2			1.5			2.0		
上表面材料		塑料膜(PE)	铝箔(AL)	无膜(N)	塑料膜(PE)	铝箔(AL)	无膜(N)	塑料膜(PE)	铝箔(AL)	无膜(N)
宽度(mm)		\multicolumn{9}{c}{920/1000}								
长度(m/卷)		\multicolumn{9}{c}{20±0.2}								
标称卷重(kg/10m^2)		13	14	13	16	17	16	23	24	23
最低卷重(kg/10m^2)		12	13	12	15	16	15	22	23	22
厚度(mm)	平均值	1.2			1.5			2.0		
	最小值	1.0			1.3			1.7		

自粘型改性沥青防水卷材物理力学性能　　　表 1-23

项目		表面材料		
		PE 膜	AL	N
不透水性	压力(MPa)	0.2	0.2	0.1
	保持时间(min)	120,不透水		30,不透水
耐热度		—	80℃,加热 2h,无汽泡,无滑动	
拉力(N/5mm) ≥		130	100	
断裂延伸率(%)		450	200	450
柔度		−20℃,φ20mm,3s,180°无裂纹		
剪切性能(N/mm)	卷材与卷材 ≥	2.0 或粘合面外断裂		粘合面外断裂
	卷材与板材 ≥			

续表

项 目		表 面 材 料		
		PE膜	AL	N
剥离性能(N/mm) ≥		1.5 或粘合面外断裂		粘合面外断裂
抗穿孔性能		不 浸 水		
人工耐候处理	外 观	—	无裂纹,无汽泡	—
	拉力保持率(%)≥		80	
	柔 度		$-10℃,\phi20mm$, 3s,180°无裂纹	

自粘卷材的外观质量应符合以下要求：

(1) 成卷卷材应卷紧、卷齐,端面里进外出不得超过 20mm；

(2) 卷材表面应平整,不允许有可见的缺陷,如孔洞、结块、裂纹、气泡、缺边与裂口等；

(3) 成卷卷材在环境温度为柔度规定的温度以上时应易于展开；

(4) 每卷卷材的接头不应超过 1 个。接头处应剪切整齐,并加长 150mm。一批产品中有接头的卷材数量不应超过总数量的 3%。

1.14 什么是合成高分子防水卷材,其性能和特点有哪些？

合成高分子防水卷材是以合成橡胶、合成树脂或两者的共混体为基料,加入适量的化学助剂、填充剂,采用密炼、挤出或压延等橡胶或塑料的加工工艺所制成的可卷曲的片状防水材料。合成高分子防水卷材是近年发展起来的性能优良的防水卷材新品种,可分为有胎和无胎两大类。

合成高分子防水卷材的规格、外观质量、物理力学性能检验判定可按国标 GB 18173.1—2000 的规定进行。施工现场抽样应根据部位遵守相应工程质量验收标准的规定。

合成高分子防水卷材具有以下特点。

(1) 匀质性好：合成高分子防水卷材均采用工厂机械化生产,生产过程中能较好地控制产品质量；

(2) 拉伸强度高:合成高分子防水卷材的拉伸强度都在 3MPa 以上,最高的拉伸强度可达 10MPa 左右,可以满足施工和应用的实际要求;

(3) 断裂伸长率高:合成高分子防水卷材的断裂伸长率都在 100% 以上,有的高达 500% 左右,可以较好地适应建筑工程防水基层伸缩或开裂变形的需要,确保防水质量;

(4) 抗撕裂强度高:合成高分子防水卷材的撕裂强度都在 25kN/m 以上;

(5) 耐热性能好:合成高分子防水卷材在 100℃ 以上的温度条件下,一般都不会流淌和产生集中性气泡;

(6) 低温柔性好:一般都在 -20℃ 以下,如三元乙丙橡胶防水卷材的低温柔性在 -45℃ 以下,因此,高分子防水卷材在低温条件下使用,可提高防水层的耐久性,增强防水层的适应能力;

(7) 耐腐蚀能力强:合成高分子防水卷材的耐臭氧、耐紫外线、耐气候等能力强,耐老化性能好,延长防水耐用年限;

(8) 施工技术要求高,需熟练技术工人操作。与基层完全粘结困难;搭接缝多,易产生接缝粘结不善产生渗漏的问题,因此宜与涂料复合使用,以增强防水层的整体性,提高防水的可靠度;

(9) 后期收缩大:大多数合成高分子防水卷材的热收缩和后期收缩均较大,常使卷材防水层产生较大内应力加速老化,或产生防水层被拉裂、搭接缝拉脱翘边等缺陷。

1.15 合成高分子防水卷材的粘结材料有哪些?

合成高分子防水卷材常用的胶粘剂有:天然橡胶系胶粘剂、再生橡胶系胶粘剂、丁腈橡胶系胶粘剂、聚异丁烯胶粘剂、沥青系胶粘剂、醋酸乙烯树脂系胶粘剂、环氧树脂系胶粘剂。合成高分子防水卷材常用的胶粘剂其特性亦各有不同之处,现分别介绍如下。

(1) 天然橡胶系胶粘剂:具有很好的粘结性和强度。用甲苯、环已烷、汽油等溶剂,把生橡胶加以溶解,填充剂用炭黑、无水硅酸、碳酸钙等,增粘剂用香豆酮、松脂等,硫化剂用硫磺、氧化铝等,还可掺入稳定剂、防老剂等。

(2) 再生橡胶系胶粘剂:剥离强度比天然橡胶好,粘结层的处理简单,造价低,溶解用汽油、石油、甲苯等,填充剂用石棉、碳酸钙等,防老化剂用胺类。

(3) 氯丁橡胶系胶粘剂:硬化速度快、粘结强度高,耐热、耐光照、耐候、耐酸、耐油等性能都较好,耐水浸泡能力较差。溶剂用甲苯、甲乙酮、醋酸乙酯、石油等,加入稳定剂、填充剂、酚醛树脂等,氯丁橡胶系胶粘剂用于卷材与基层的粘结。

(4) 丁腈橡胶胶粘剂:本品粘结性能好,与其他胶粘剂的相容性良好,还具有耐油性、耐药物性、耐老化性,溶剂用丙酮、甲乙酮等。

(5) 聚异丁烯胶粘剂:本品在化学上非常稳定,耐酸、耐碱、耐水、耐寒性能良好,可用多种溶剂,可掺用多种填充剂。适用于抗风压的压敏胶条。

(6) 沥青系胶粘剂:使用氧化沥青,软化点较高,延伸性小,针入度为 20~30,添加矿物质等填充剂、松香系树脂、天然橡胶,合成橡胶等。沥青系胶粘剂作业性良好,但此类胶粘剂没有耐油性、受热易变形,低温时又易开裂等缺陷。

(7) 醋酸乙烯树脂系胶粘剂:本品在温度较低的条件下具有流动性好,粘结性能好等优点,但耐热性低,耐水性差。溶剂主要是乙醇,配合各种填充剂。与氯乙烯共聚后,性能得到改善,此时本体系胶粘剂所用的溶剂为甲苯和丙酮。

(8) 环氧树脂系胶粘剂:环氧树脂类胶粘剂一般不含挥发性溶剂,在固化时收缩少。本品所采用的环氧树脂较多使用改性焦油环氧树脂,这有利于提高耐水性,改善伸长率,降低成本。由于煤焦油的环境污染大,目前较少使用。

1.16 什么是三元乙丙橡胶防水卷材?

三元乙丙橡胶(EPDM)防水卷材是三元乙丙橡胶掺入适量丁

基橡胶为基本原料,再加入软化剂、填充剂、补强剂和硫化剂、促进剂、稳定剂等,经塑炼、挤出、拉片、压延、硫化成型等工序制成的高强度、高弹性防水材料。三元乙丙橡胶防水卷材是目前性能最好的一种防水材料。国产三元乙丙卷材以匀质硫化型生产量最大,也有非硫化型。适用于机械固定法铺设的增强型、带背衬型以及宽幅匀质型三元乙丙卷材在国外应用也很普通,国内已有销售。三元乙丙橡胶防水卷材具有以下特点:

(1) 三元乙丙分子结构中的主链上没有双键,是饱和键,不易发生断裂。因此,具有优良的耐臭氧、耐紫外线老化性能,使用寿命长达50年之久;

(2) 抗拉强度高,延伸率大,回弹性能好,抗裂性极佳,耐穿刺能力强,能够较好地适应基层伸缩或开裂变形的需要;

(3) 三元乙丙的耐温范围很宽,在-40~80℃之间,能长期在严寒或酷热环境中使用;

(4) 由于三元乙丙橡胶的分子结构稳定性,使卷材接缝的粘贴困难,粘结性能差,接缝技术难度大;

(5) 对基层质量要求高,粘结不牢固可能会产生窜水现象。

三元乙丙橡胶防水卷材应按照国家标准 GB 18173.1—2000 高分子防水材料第一部分"片材"的要求进行生产。

硫化与非硫化型三元乙丙橡胶防水卷材的物理力学性能见表1-24。

三元乙丙橡胶防水卷材的物理力学性能　　　　表 1-24

项　　目			指　　标	
			硫化型(JL1)	非硫化型(JF1)
断裂拉伸强度(MPa)	常温	≥	7.5	4.0
	60℃	≥	2.3	0.8
扯断伸长率(%)	常温	≥	450	450
	-20℃	≥	200	200
撕裂强度(kN/m)		≥	25	18

续表

项目		指标	
		硫化型(JL1)	非硫化型(JF1)
不透水性(30min) 0.3MPa		无渗漏	无渗漏
低温弯折(℃) ≤		−40	−30
加热伸缩量(mm)	伸长 <	2	2
	收缩 <	4	4
热空气老化 (80℃×168h)	拉伸强度保持率(%)	80	90
	断裂伸长保持率(%)	70	70
	100%伸长率时的外观	无裂纹	无裂纹

三元乙丙橡胶防水卷材外观质量应符合下列要求：

（1）片材表面应平整，边缘整齐，不能有裂纹、机械损伤、折痕、穿孔及异常粘着部分等影响使用的缺陷。

（2）片材在不影响使用的条件下，表面缺陷应符合下列规定：

1）凹痕：深度不得超过片材厚度的30%；

2）杂质：每 1m^2 不得超过 9mm^2；

3）气泡：深度不得超过片材厚度的30%，每 1m^2 不得超过 7mm^2。

1.17 什么是聚氯乙烯防水卷材？

聚氯乙烯（PVC）防水卷材是以聚氯乙烯树脂为主要原料，掺加增塑剂、填充剂、抗氧剂、紫外线吸收剂等助剂，经混炼、塑合、挤出、压延、冷却、收卷等工艺流程加工而成。PVC 防水卷材分为 N 类无复合层、L 类纤维单面复合及 W 类织物内增强卷材三类。其特点如下：

（1）拉伸强度高，伸长率好，对基层伸缩或开裂变形的适应性强。

（2）可焊接性好，焊缝牢固可靠，并与卷材使用寿命相同。

（3）耐植物根系穿透、耐化学腐蚀、耐老化性能好。

(4) 低温柔性和耐热性好。在-20℃低温下能保持一定的柔韧性。

(5) 卷材幅面宽,冷施工,机械化程度高,操作方便。

(6) 焊接技术要求高,易出现焊接不良,如虚焊、脱焊等现象。该卷材通常采用空铺施工,与基层不粘结,一旦出现渗水点,会造成窜水渗漏,难以查找渗漏点。

聚氯乙烯防水卷材应按照 GB 12952—2003 标准要求生产。

聚氯乙烯防水卷材的物理力学性能见表1-25、表1-26。

N类 PVC 防水卷材的物理力学性能　　表 1-25

序号	项　目		Ⅰ型	Ⅱ型
1	拉伸强度(MPa)	≥	8.0	12.0
2	断裂伸长率(%)	≥	200	250
3	热处理尺寸变化率(%)	≤	3.0	2.0
4	低温弯折性		-20℃无裂纹	-25℃无裂纹
5	抗穿孔性		不渗水	
6	不透水性		不透水	
7	剪切状态下的粘合性(N/mm)	≥	3.0 或卷材破坏	
8	热老化处理	外观	无起泡、裂纹、粘结和孔洞	
		拉伸强度变化率(%)	±25	±20
		断裂伸长率变化率(%)		
		低温弯折性	-15℃无裂纹	-20℃无裂纹
9	耐化学侵蚀	拉伸强度变化率(%)	±25	±20
		断裂伸长率变化率(%)		
		低温弯折性	-15℃无裂纹	-20℃无裂纹

续表

序号	项目		Ⅰ型	Ⅱ型
10	人工气候加速老化	拉伸强度变化率(%)	±25	±20
		断裂伸长率变化率(%)		
		低温弯折性	-15℃无裂纹	-20℃无裂纹

注：非外露使用可以不考核人工气候加速老化性能。

L类、W类PVC防水卷材的物理力学性能　　表1-26

序号	项目		Ⅰ型	Ⅱ型
1	拉力(N/cm)≥		100	160
2	断裂伸长率(%)≥		150	200
3	热处理尺寸变化率(%)≤		1.5	1.0
4	低温弯折性		-20℃无裂纹	-25℃无裂纹
5	抗穿孔性		不渗水	
6	不透水性		不透水	
7	剪切状态下的粘合性(N/mm)≥	L类	3.0或卷材破坏	
		W类	6.0或卷材破坏	
8	热老化处理	外观	无起泡、裂纹、粘结和孔洞	
		拉力变化率(%)	±25	±20
		断裂伸长率变化率(%)		
		低温弯折性	-15℃无裂纹	-20℃无裂纹
9	耐化学侵蚀	拉力变化率(%)	±25	±20
		断裂伸长率变化率(%)		
		低温弯折性	-15℃无裂纹	-20℃无裂纹

续表

序号	项目		Ⅰ型	Ⅱ型
10	人工气候加速老化	拉力变化率(%)	±25	±20
		断裂伸长率变化率(%)		
		低温弯折性	−15℃无裂纹	−20℃无裂纹

注：非外露使用可以不考核人工气候加速老化性能。

聚氯乙烯防水卷材外观质量要求：

（1）卷材表面应平整、边缘整齐，无裂纹、孔洞、粘结、气泡和疤痕。

（2）卷材的接头不多于一处，其中较短的一段长度不少于1.5m，接头应剪切整齐，并加长150mm。

（3）卷材的厚度允许正偏差为0.2mm，负偏差为0.1mm；卷材的面积允许偏差为±3%。

（4）卷材的平直度应不大于50mm；卷材的平整度不应大于10mm。

1.18 什么是氯化聚乙烯防水卷材？

氯化聚乙烯防水卷材是以聚乙烯经过氯化改性制成的新型树脂——氯化聚乙烯树脂，掺入适量的化学助剂和填充料，采用塑料或橡胶的加工工艺，经过捏和、塑炼、压延、卷曲、分卷、包装等工序加工制成的弹塑性防水材料。氯化聚乙烯防水卷材分为N类无复合层、L类纤维单面复合及W类织物内增强卷材三类。其特点如下：

（1）该卷材由于氯化聚乙烯分子结构的饱和性及氯原子的存在，使其具有耐候、耐臭氧和耐油、耐化学药品以及阻燃性能。

（2）原材料来源丰富，生产工艺较简单，卷材价格较低。

（3）冷粘结作业，施工方便，无大气污染，是一种便于粘接成为整体防水层的卷材。

（4）氯化聚乙烯防水卷材在工厂生产过程中有内应力存在，在卷材的使用过程中会逐步释放，使卷材产生后期收缩，使防水层产生接缝脱开、翘边现象，或使防水层处于高应力状态而加速老化。

氯化聚乙烯防水卷材应按照国家标准 GB 12953—2003 的要求组织生产。

氯化聚乙烯防水卷材的物理力学性能见表 1-27、表 1-28。

N 型氯化聚乙烯防水卷材的物理力学性能　　　表 1-27

序号	项目		Ⅰ型	Ⅱ型
1	拉伸强度(MPa)	≥	5.0	8.0
2	断裂伸长率(%)	≥	200	300
3	热处理尺寸变化率(%)	≤	3.0	纵向 2.5 横向 1.5
4	低温弯折性		－20℃无裂纹	－25℃无裂纹
5	抗穿孔性		不渗水	
6	不透水性		不透水	
7	剪切状态下的粘合性(N/mm)	≥	3.0 或卷材破坏	
8	热老化处理	外观	无起泡、裂纹、粘结与孔洞	
		拉伸强度变化率(%)	+50 －20	±20
		断裂伸长率变化率(%)	+50 －30	±20
		低温弯折性	－15℃无裂纹	－20℃无裂纹
9	耐化学侵蚀	拉伸强度变化率(%)	±30	±20
		断裂伸长率变化率(%)	±30	±20
		低温弯折性	－15℃无裂纹	－20℃无裂纹

续表

序号	项目		Ⅰ型	Ⅱ型
10	人工气候加速老化	拉伸强度变化率(%)	+50 -20	±20
		断裂伸长率变化率(%)	+50 -30	±20
		低温弯折性	-15℃无裂纹	-20℃无裂纹

注：非外露使用可以不考核人工气候加速老化性能。

L型、W型氯化聚乙烯防水卷材的物理力学性能　　表1-28

序号	项目		Ⅰ型	Ⅱ型
1	拉力(N/cm) ≥		70	120
2	断裂伸长率(%) ≥		125	250
3	热处理尺寸变化率(%) ≤		1.0	
4	低温弯折性		-20℃无裂纹	-25℃无裂纹
5	抗穿孔性		不渗水	
6	不透水性		不透水	
7	剪切状态下的粘合性(N/mm)≥	L类	3.0 或卷材破坏	
		W类	6.0 或卷材破坏	
8	热老化处理	外观	无起泡、裂纹、粘结与孔洞	
		拉伸强度变化率(%) ≥	55	100
		断裂伸长率变化率(%) ≥	100	200
		低温弯折性	-15℃无裂纹	-20℃无裂纹
9	耐化学侵蚀	拉伸强度变化率(%) ≥	55	100
		断裂伸长率变化率(%) ≥	100	200
		低温弯折性	-15℃无裂纹	-20℃无裂纹

续表

序号	项目		Ⅰ型	Ⅱ型
10	人工气候加速老化	拉伸强度变化率(%)≥	55	100
		断裂伸长率变化率(%)≥	100	200
		低温弯折性	-15℃无裂纹	-20℃无裂纹

注：非外露使用可以不考核人工气候加速老化性能。

氯化聚乙烯防水卷材的外观质量应符合下列要求：

(1) 卷材表面应平整、边缘整齐，无裂纹、孔洞、粘结、气泡和疤痕。

(2) 卷材的接头不多于一处，其中较短的一段长度不少于1.5m，接头应剪切整齐，并加长150mm。

(3) 卷材的厚度允许正偏差为 0.2mm，负偏差为 0.1mm；卷材的面积允许偏差为±3%。

(4) 卷材的平直度应不大于 50mm；卷材的平整度不应大于10mm。

1.19 什么是氯化聚乙烯—橡胶共混防水卷材？

氯化聚乙烯—橡胶共混防水卷材是指以氯化聚乙烯树脂和丁苯橡胶混合体为基本原料，加入适量软化剂、防老剂、稳定剂、填充剂和硫化剂，经捏合、混炼、过滤、挤出或压延成型、硫化等工序加工制成的防水卷材，以下简称共混卷材。其特点如下：

(1) 共混卷材是氯化聚乙烯树脂和合成橡胶共混获得的一种高分子"合金"，使之具有氯化聚乙烯树脂耐老化性能和高强度以及合成橡胶的高弹性和优异的耐低温性能。

(2) 粘结效果较好，有效地保证了卷材冷粘施工的整体效果。

(3) 具有高强度、高延伸率，耐低温性能好，良好的耐臭氧性能和耐热老化性能,对基层变形有一定的适应能力。

(4) 后期收缩大,易使卷材防水层的接缝脱开或使卷材长期处于高应力状态下加速老化。

氯化聚乙烯—橡胶共混防水卷材应按照国家建材行业标准 JC/T 684—1997 的要求进行生产。

氯化聚乙烯—橡胶防水卷材的物理力学性能见表1-29。

氯化聚乙烯—橡胶防水卷材的物理力学性能 表 1-29

项目		指标	
		S 型	N 型
断裂拉伸强度(MPa)	常温 ≥	7.0	5.0
断裂伸长率(%)	常温 ≥	400	250
直角形撕裂强度(kN/m)	≥	24.5	20.0
不透水性(30min)	不透水	0.3MPa	0.2MPa
脆性温度(℃)	≤	−40	−20
热处理尺寸变化率(%)	≥	1	2
		−2	−4
热老化处理 80±2℃×168h	拉伸强度保持率(%)	80	
	断裂伸长保持率(%)	70	
粘接剥离强度 (卷材与卷材)	(kN/m) ≥	2.0	
	浸水 168h 保持率(%)	70	

氯化聚乙烯—橡胶防水卷材的外观质量应符合下列要求:

(1) 片材表面应平整,边缘整齐,不能有裂纹、机械损伤、折痕、穿孔及异常粘着部分等影响使用的缺陷。

(2) 片材在不影响使用的条件下,表面缺陷应符合下列规定:

1) 缺胶每卷不超过 6 处,每处面积不大于 $7mm^2$,深度不得超过片材厚度的 30%;

2) 胶块每卷不超过 6 处,每处面积不大于 $4mm^2$;杂质不允许有大于 0.5mm 的颗粒;

3) 卷材接头不超过 1 处,短段长度不少于 3m,接头处应剪切

整齐,并加长150mm;

4)折痕每卷不超过2处,总长不大于20mm。

1.20 什么是热塑性聚烯烃(TPO)防水卷材?

热塑性聚烯烃(TPO)防水卷材是以三元乙丙橡胶和聚乙烯或聚丙烯树脂为基料,按一定比例配合,采用先进的聚合工艺,经机械共混压延成片状的防水材料,是一种热塑性弹性防水材料,以下简称TPO卷材。国外的TPO防水卷材为了防止接缝焊接时产生折皱变形,多数在中间加入一层聚酯纤维增强层,已进入中国市场的美国卡莱尔公司就可提供这种产品。其特点如下:

(1)采用先进聚合技术和特殊配方,不加任何增塑剂,保持长期耐候性;

(2)在TPO面层和底层加入一层聚酯纤维来增强,具有高断裂强度、撕裂强度和抗刺穿强度;

(3)低温柔性好,在-30℃条件下仍有一定的柔韧性。

(4)在加热情况下为塑性,可热焊搭接,形成强于卷材的接缝,焊接缝表面光滑,边缝均匀。

(5)加入聚酯纤维增强层的TPO防水卷材,由于受到胎体延伸率的限制,卷材的延伸率较低,无聚酯纤维胎体增强的TPO防水卷材的强度较低。

TPO防水卷材的物理力学性能见表1-30。

TPO防水卷材的物理力学性能　　　　表1-30

项　目	测试方法	老化前性能	老化后性能
断裂强度(kN)	ASTM D751	>1.0,实测1.4	>1.0,实测1.4
断裂伸长率(%)	ASTM D751	25	25
撕裂强度(N)	ASTM D751	>245,实测445	>245,实测445
脆点(℃)	ASTM D213	-40,实测-46	/
收缩率(%)	ASTM D1204	/	最大±1.0,实测-0.5
抗紫外线性能(5040kJ/m², 0.7W/m²,80℃)	ASTM G26	/	无裂纹 断裂和撕裂强度不变

注:指标和检测方法引用美国卡莱尔公司的TPO防水卷材产品。

1.21 什么是再生橡胶改性沥青防水卷材?

再生橡胶改性沥青卷材是以废橡胶经水洗、切块、粉碎后加入沥青中混炼而成的再生橡胶改性沥青为基料,浸渍化纤无纺布增强胎体,以塑料薄膜为隔离层,经复合、滚压、冷却、收卷等工序加工而成的防水卷材。其特点:

(1) 该类防水材料成本低,比传统沥青防水制品性能优良。

(2) 卷材的延伸率为传统纸胎石油沥青油毡的 20 倍以上。

(3) 工序简单,其重量比传统的二毡三油一砂防水层总重量轻 15%。

(4) 回收的废橡胶中橡胶含量不确定,故生产时配方很难调整,造成卷材的性能差异很大。同时废橡胶的老化程度不同,因此产品的耐久性差别也很大,其综合性能与 SBS 改性沥青防水卷材、APP 改性沥青防水卷材有较大差距。目前我国已能生产 SBS 橡胶和 APAO 树脂,产量越来越大,已能满足改性沥青的生产需求,因此再生橡胶改性沥青防水卷材的使用量逐渐减少。如果采取压埋措施,在非暴露环境条件下尚有一定的用武之地。

再生橡胶改性沥青防水卷材应按照标准 DB 32/166—1997 的技术要求进行生产。

再生橡胶改性沥青防水卷材的品种和规格见表 1-31,物理力学性能见表 1-32。

再生橡胶改性沥青防水卷材的品种和规格 表 1-31

标 号		25 号			35 号			45 号		
上表面材料(代号)		塑料膜(PE)	铝箔(AL)	细砂(S)	塑料膜(PE)	铝箔(AL)	细砂(S)	塑料膜(PE)	铝箔(AL)	细砂(S)
面积(m^2/卷)≥		10.0			10.0			7.5		
标准卷重(kg/10m^2)		20±1	>28		30±1.5	>38		36±1.5	>36	
厚度(mm)	平均值≥	2.0			3.0			4.0		
	最小值≥	1.7			2.7			3.7		

再生橡胶改性沥青防水卷材的物理力学性能　　　　表 1-32

标　号		25 号		35 号		45 号	
等　级		一等品	合格品	一等品	合格品	一等品	合格品
不透水性	压力(MPa)	<0.15		<0.20		<0.20	
	时间(min)	30					
耐热度(℃)		85	80	85	80	85	80
		受热 2h,涂盖层应无滑动					
拉力(N)<		350	300	350	300	350	300
柔度(℃)		−10	−5	−10	−5	−10	−5
		$r=15mm,3s$,弯 180°无裂纹				$r=25mm,3s$, 弯 180°无裂纹	

1.22　什么是 LYX-603 氯化聚乙烯橡胶防水卷材？其规格、性能各有什么要求？

LYX-603 氯化聚乙烯橡胶防水卷材是以玻璃纤维网格布为增强胎体，以未经硫化的氯化聚乙烯合成橡胶为基料，掺入适量的化学助剂和填充料，采用塑料或橡胶的加工工艺，经过捏和、塑炼、压延、卷曲、分卷、包装等工序加工制成的高分子防水卷材。其特点：

（1）采用玻纤网格布胎体，机械强度高，施工中卷材不易变形，施工性好；

（2）因未硫化，卷材与胶粘剂的胶接性能好，接缝粘结牢固；

（3）卷材后期收缩大，易拉裂搭接缝；

（4）卷材在高应力状态下的老化速度快。

LYX-603 氯化聚乙烯橡胶防水卷材应按照 GB 18173.1—2000(FF)高分子防水材料第一部分"片材"中的非硫化橡胶类的技术要求组织生产。

LYX-603 防水卷材的物理力学性能见表 1-33。

LYX-603 防水卷材的外观质量要求：

LYX-603 防水卷材的物理力学性能　　　　表 1-33

项　　目			非硫化型指标(FF)
断裂拉伸强度(MPa)	常温	≥	60
	60℃	≥	20
扯断伸长率(%)	常温	≥	250
	−20℃	≥	50
撕裂强度(N)		≥	20
不透水性(30min×0.3MPa)			不　透　水
低温弯折(℃)		≤	−20
加热伸长量(mm)	伸长	<	2
	收缩	<	4
热空气老化 (80℃×168h)	拉伸强度保持率,%		80
	断裂伸长保持率,%		70

(1) 片材表面应平整、边缘整齐,不能有裂纹、机械损伤、折痕、穿孔及异常粘着部分等影响使用的缺陷。

(2) 片材在不影响使用的条件下,表面缺陷应符合下列规定:

1) 缺胶每卷不超过 6 处,每处面积不大于 7mm^2,深度不得超过片材厚度的 30%;

2) 胶块每卷不超过 6 处,每处面积不大于 4mm^2;杂质不允许有大于 0.5mm 的颗粒;

3) 卷材接头不超过 1 处,短段长度不少于 3m,接头处应剪切整齐,并加长 150mm;

4) 折痕每卷不超过 2 处,总长不大于 20mm。

1.23　氯磺化聚乙烯防水卷材及其特点是什么?

氯磺化聚乙烯防水卷材是以氯磺化聚乙烯橡胶为主要原料,掺入适量的软化剂、稳定剂、硫化剂、促进剂、着色剂和填充剂等,经过配料、混炼、挤出或压延成型、硫化、冷却、收卷等工序加工而成。氯磺化聚乙烯橡胶与氯化聚乙烯橡胶的性能接近,所制成的卷材与氯化聚乙烯防水卷材具有相同的特点。此外,该卷材还具有以下特点：

（1）耐腐蚀能力强，故适用于有腐蚀性介质、需防腐的部位；

（2）氯磺化聚乙烯本身含氯量很高，故卷材具有阻燃的性能。

氯磺化聚乙烯防水卷材应按照 GB 18173.1—2000(JL3)高分子防水材料第一部分"片材"中硫化橡胶类的技术要求组织生产。

氯磺化聚乙烯防水卷材的物理力学性能见表 1-34。

氯磺化聚乙烯防水卷材的物理力学性能　　表 1-34

项 目			JL3 硫化型指标
断裂拉伸强度(MPa)	常温	≥	6.0
	60℃	≥	1.8
扯断伸长率(%)	常温	≥	300
	-20℃	≥	170
撕裂强度(kN/m)		≥	23
不透水性(30min×0.2MPa)			无 渗 漏
低温弯折(℃)		≤	-30
加热伸长量(mm)	伸长	<	2
	收缩	<	4
热空气老化 (80℃×168h)	拉伸强度保持率(%)		80
	断裂伸长保持率(%)		70
	100%伸长率时的外观		无 裂 纹

氯磺化聚乙烯防水卷材的外观质量要求：

（1）片材表面应平整、边缘整齐，不能有裂纹、机械损伤、折痕、穿孔及异常粘着部分等影响使用的缺陷。

（2）片材在不影响使用的条件下，表面缺陷应符合下列规定：

1）缺胶每卷不超过 6 处，每处面积不大于 7mm²，深度不得超过片材厚度的 30%；

2）胶块每卷不超过 6 处，每处面积不大于 4mm²；杂质不允许有大于 0.5mm 的颗粒；

3）卷材接头不超过 1 处，短段长度不少于 3m，接头处应剪切

整齐,并加长 150mm;

4) 折痕每卷不超过 2 处,总长不大于 20mm。

1.24 什么是聚乙烯防水卷材？其性能特点是什么？

聚乙烯防水卷材分为高密度聚乙烯卷材和低密度聚乙烯卷材。高密度聚乙烯防水卷材系以高密度聚乙烯为基料,加抗氧剂和热稳定剂,经挤塑、压延等工艺制成。以低密度聚乙烯为基料加工而成的称为低密度聚乙烯卷材。聚乙烯防水卷材具有以下特点：

(1) 该卷材具有高强度、高延伸率和优良的韧性,耐撕裂、抗刺穿性好；

(2) 耐化学侵蚀、抗老化,不易腐蚀；

(3) 卷材接缝采用焊接技术,接缝强度高,接缝耐久性与母材相同,提高了接缝防渗漏的可靠性,接缝与卷材同寿命；

(4) 高密度聚乙烯卷材强度高、耐穿刺能力很强,卷材幅度宽,适宜用于水利、水库、湖池和垃圾填埋场等的防水；

(5) 聚乙烯卷材耐紫外线能力差,不能作为暴露式防水层,使用时应有压埋覆盖层；

(6) 温度敏感性强,热胀冷缩变形大；

(7) 粘结性差,与基层一般采取空铺。

聚乙烯防水卷材应按照 GB 18173.1—2000 高分子防水材料第一部分"片材"中树脂类(JS2)的技术要求组织生产。

聚乙烯防水卷材的物理力学性能见表 1-35。

聚乙烯防水卷材的物理力学性能　　　　表 1-35

项　目			JS2 树脂类指标
断裂拉伸强度(MPa)	常温	≥	16
	60℃	≥	6
扯断伸长率(%)	常温	≥	550
	−20℃	≥	350

续表

项目		JS2 树脂类指标
撕裂强度(kN/m) ≥		60
不透水性(30min) 无渗漏		0.3MPa
低温弯折(℃) ≤		-35
加热伸长量(mm)	伸长 <	2
	收缩 <	6
热空气老化 (80℃×168h)	拉伸强度保持率(%)	80
	断裂伸长保持率(%)	70
	100%伸长率时的外观	无裂纹

聚乙烯防水卷材的外观质量应符合下列要求：

(1) 片材表面应平整、边缘整齐，不能有裂纹、机械损伤、折痕、穿孔及异常粘着部分等影响使用的缺陷。

(2) 片材在不影响使用的条件下，表面缺陷应符合下列规定：

1) 凹痕：深度不得超过片材厚度的 5%；

2) 杂质：每 $1m^2$ 不得超过 $9mm^2$。

1.25 聚乙烯丙纶双面复合卷材有什么特点？

聚乙烯丙纶双面复合防水卷材是用聚乙烯树脂加入抗老化剂、稳定剂、助粘剂等为主防水层，卷材的两个表面用强度很高的丙纶长丝无纺布加强热复合挤塑压延而制成。该卷材具有以下特点：

(1) 该卷材机械强度高，耐化学性、耐候性、柔韧性好；

(2) 其表面粗糙均匀，易粘结，适合与多种材料粘合，可与聚合物水泥等材料在凝固过程中直接粘合，这是其他防水防渗材料所不具备的性能。也可以采用聚氨酯防水涂料作为接缝粘结剂；

(3) 可以在环境温度为 -40~60℃ 范围内长期稳定使用，并可以在潮湿的情况下施工；

(4) 卷材厚度过薄，耐穿刺能力差，施工过程中易戳破，应与

其他防水材料复合使用;

(5) 温差变形大,施工过程易产生翘曲现象,施工难度大;

(6) 耐紫外线能力差,适用于地下防水工程。

双面丙纶聚乙烯复合防水卷材尚无国家统一标准,目前均采用企业标准作为组织生产和检验的依据。

双面丙纶聚乙烯复合防水卷材的物理力学性能见表1-36。

双面丙纶聚乙烯复合防水卷材物理力学性能　　　表 1-36

项　　目		$250g/m^2$	$300g/m^2$	$400g/m^2$	$500g/m^2$
纵、横拉伸强度(MPa)	优质品 ≥	9	9	9	9
	一等品 ≥	7	7	7	7
伸长率(%)	优质品 ≥	45	45	45	45
	一等品 ≥	41	41	41	41
不透水性(MPa)无渗漏		0.2	0.3	0.35	0.4
低温弯折性(-40℃或水浸-25℃)		直径10mm,180℃,对折无裂纹			
热空气老化(80℃×168h)		拉伸强度保持率≥0.80,伸长率保持率≥0.70			

1.26　什么是避拉层,其作用机理和材料要求如何?

避拉层中的"避拉"是避免防水层受拉力的意思,避拉层是采用蠕变型材料制作的、设置在防水层下部的构造层次。设置避拉层的目的是为了消除或减少各种不利因素对防水层产生的拉应力,避免防水层受拉破坏,同时也对防水层的基层起封闭作用。

当防水层的基层受到混凝土的干缩徐变、地基不均匀沉降、混凝土热胀冷缩等因素作用产生开裂拉伸防水层时,具有蠕变性能的避拉层吸收了来自基层的应力,使应力不会传递给防水层,避免防水层受到来自于基层的应力的作用,这首先解决了防水层由于基层开裂被拉断而破坏失效引起渗漏的问题。其次,由于防水层在使用过程中处于无应力状态,避免了防水层高应力状态下的快速老化,延长了防水层的使用寿命。第三由于避拉层的蠕变性消除了基层变形传递给防水层的应力,在基层热胀冷缩的动态变化过程中,防水层几乎没有拉压的应力变化,不会产生挠曲破坏现象。第四避拉层所采用的蠕变型防水材料具有压敏性,在防水层的整个耐用年限内都具有粘性和自愈能力,当防水层受到外力作用被戳破时,破坏点不会扩大,防水层底部不会出现窜水现象,避拉层由于蠕变作用能逐渐将破坏点修复,大大提高了防水层的可靠性。

根据上述要求,避拉层必须具有粘结能力强、抗拉强度高、延伸率大、低温柔性好的特点,即避拉层材料必须具有蠕变性,一般采用低玻璃化温度的材料,如丁基橡胶、聚异丁烯橡胶、SBS 橡胶、丙烯酸树脂等高分子材料复合而成。要求它的低温柔性在 $-40℃$ 以下,剥离粘结强度大于 10N/25mm,耐高温大于 $65℃$,抗拉强度较低,延伸率很大,厚度 0.5~1.2mm,是一种可塑性很强的材料,它可作为涂膜防水层的底涂层,也可在合成高分子卷材、改性沥青卷材底面先行涂敷成为自粘卷材。这种自粘卷材既可自行粘结,又是一层永远不会"干固"的蠕变性避拉层,这与现有的自粘卷材有质的区别。因为现有自粘卷材的自粘胶只具有粘结作用,不需要具备蠕变性,也没有厚度的要求。

1.27 什么是蠕变性自粘防水卷材?

蠕变性自粘防水卷材是在现有的高分子防水卷材和改性沥青防水卷材底层涂敷一层蠕变型底胶,用隔离纸隔离成卷,制作而成的具有蠕变性能的自粘卷材。蠕变性自粘防水卷材具有以下特点:

(1)当基层基层开裂时,蠕变性底胶吸收了来自基层的应力,使应力不会传递给防水层,使防水层在整个使用寿命周期内始终处于无应力状态,避免防水层受到来自于基层的应力的作用而被拉裂;

(2)蠕变型底胶具有压敏性,在防水层的整个耐用年限内都具有粘性和自愈能力,当防水层受到外力作用被戳破时,破坏点不会扩大,防水层底部不会出现窜水现象,蠕变性底胶的压敏性作用具有逐渐修复破坏点的作用;

(3) 蠕变性卷材的上覆防水层对拉伸强度和延伸率的要求降低,对其性能要求可更集中于防水能力和耐老化性能。

1.28 什么是膨润土防水毯?

膨润土是一种含有少量金属的铝硅酸盐矿物,有优良的吸水膨胀性,在水中体积可膨胀 10~30 倍,渗透系数可达 2×10^{-9} cm/s,利用这一特性,将一定级配的钠基膨润土与添加剂混合充填在聚丙烯纤维毡或纤维布中制成膨润土防水毯,或将钠基膨润土制作成球状粘附在聚乙烯板上制作成膨润土防水板。使用时将该毯或板紧贴在地下结构混凝土的迎水面,用回填土压实,膨润土与添加剂等遇水后,吸水膨胀达到饱和状态,形成凝胶隔水膜产生对水的排斥作用而达到防水目的。膨润土防水毯具有下列特点:

(1) 膨润土防水毯、板最大的特点是防水层不受结构变形而影响防水效果;

(2) 膨润土防水毯、板对施工基面平整度、含水量无严格要求,对现场温度、湿度无要求;

(3) 膨润土是天然无机矿物质,耐腐蚀能力强,不老化,具有永久的防水性能;

(4) 施工工艺简便、技术简单,工效高。膨润土毯和基层及膨润土毯间不需粘结,只需采用钉压或压埋固定;

(5) 膨润土遇水后有 10~30 倍的膨胀力作用,对混凝土的裂缝有修补作用;

(6) 膨润土材料对人体无害,对环境无任何污染。

(7) 膨润土防水毯、板的自重大,立面施工时如钉压不好,易产生下滑现象,影响工程质量。

膨润土防水毯、板技术性能指标见表 1-37。

膨润土防水毯、板物理性能指标　　表1-37

序 号	检 验 项 目	指　　标
1	密度(g/m³)	≥4500
2	落球冲击试验	无剥离、孔洞、撕裂等异常现象
3	膨润土混合物体积膨润度(mL/2g)	≥15
4	底纤维重量(g/m²)	≥200
5	面纤维重量(g/m²)	≥110
6	抗拉强度（Ibf/inch)	≥50

1.29　什么是金属防水卷材？

金属防水卷材是从我国宫廷建筑经典防水工程中得到启示开发成功的防水材料，是以铅、锡、锑等为基料经浇注、辊压加工而成的防水卷材，因为它是惰性金属，具有不腐烂、不生锈、不腐蚀、抗老化能力强、延展性好、可焊性好、施工方便、防水可靠、使用寿命长等优点，综合经济效益显著。该卷材具有以下特点：

（1）铅、锡、锑等均为惰性金属，在自然环境条件下，与大气中的氧气反应，生成极为稳定的四氧化三铅，使其具有优良的耐酸、碱、盐腐蚀能力和耐紫外线照射能力。使用寿命长，可与建筑物同寿命；

（2）强度高、延展性好，施工时与基层空铺，避免了基层变形、开裂拉裂防水层现象；

（3）卷材接缝采用松香金属焊丝焊接，施工方便；

（4）金属防水卷材具有可回收性，回收后可重新加工使用；

（5）由于其可达到与建筑物相同的使用寿命，避免了防水层的翻修和所需的费用，年平均单方防水造价低，具有较好的经济效益；

（6）由于金属的热胀冷缩较明显，使用数年后，金属防水层会出现皱折或波浪，影响防水层的使用。因此，屋面金属防水层宜采用倒置式屋面构造形式压埋使用，如与防水涂料复合使用，效果更好。

金属防水卷材的物理力学性能应符合表 1-38 的要求。

金属防水卷材物理性能指标　　　表 1-38

序号	项目		要求
1	拉伸强度(MPa)纵向		≥20
2	断裂伸长率(%)纵向		≥30
3	低温柔性		-30℃绕φ20圆棒无裂纹
4	抗冲击性		无裂纹或穿孔
5	剪切状态下的焊接性(N/mm)		≥5.0 或焊缝外断裂
6	溶液处理	外观	无麻面、砂眼和开裂
		拉伸强度相对变化率(%)	±20
		断裂延伸率相对变化率(%)	±20
7	紫外线处理	外观	无麻面、砂眼和开裂
		拉伸强度相对变化率(%)	±20
		断裂延伸率相对变化率(%)	±20

1.30 防水卷材的包装、贮运和保管有哪些要求？

防水卷材产品应采用塑料袋、编织袋或纸板箱全覆盖包装，包装上应有以下标志：生产厂名，商标，产品名称、标号、品种，制造日期及生产班次，标准编号，质量等级标志，保管与运输注意事项，生产许可证号等。

防水卷材的贮运和保管应符合以下要求：

1. 由于卷材品种繁多，性能差异很大，但其外观相同，难以辨认，因此要求卷材必须按不同品种标号、规格、等级分别堆放，不得混杂在一起，以避免在使用时误用而造成质量事故。

2. 卷材有一定的吸水性，但施工时表面则要求干燥，否则施工后可能出现起鼓和粘结不良现象,故应避免雨淋和受潮。

3. 各类卷材均怕火,故不能接近火源,以免变质和引起火灾,尤其是沥青防水卷材不得在高于45℃的环境中贮存,否则易发生粘卷现象,影响质量。另外,由于卷材中空,横向受挤压,可能压扁,开卷后不易展平铺贴于屋面,从而造成粘贴不实,影响工程质量。鉴于上述原因,卷材应贮存在阴凉通风的室内,避免雨淋、日晒和受潮,严禁接近火源,沥青防水卷材的贮存环境温度不得高于45℃,卷材宜直立堆放,其高度不宜超过两层,并不得倾斜或横压,短途运输平放不宜超过四层。长途敞运,应加盖苫布。

4. 高聚物改性沥青防水卷材、合成高分子防水卷材均为高分子化学材料,都较容易被某些化学介质及溶剂溶解或腐蚀,故这些卷材在贮运和保管中应避免与化学介质及有机溶剂等有害物质接触。

1.31 进场的防水卷材怎样进行合格检验?

进场的防水卷材应按品种、规格分别堆放。同一品种、同一规格的卷材作为一个检验批进行抽样。如卷材分阶段进场时,每批进场的卷材均应按一个检验批进行抽样检验。

防水卷材现场抽样数量和检验项目见表1-39。

防水卷材现场抽样复验项目　　　　表1-39

材料名称	现场抽样数量	外观质量检验	物理性能检验
沥青防水卷材	大于1000卷抽5卷,每500~1000卷抽4卷,100~499卷抽3卷,100卷以下抽2卷,进行规格尺寸和外观质量检验。在外观质量检验合格的卷材中,任取1卷作物理性能检验	孔洞、硌伤、露胎、涂盖不匀、折纹、皱折、裂纹、裂口、缺边,每卷卷材的接头	纵向拉力,耐热度,柔度,不透水性

续表

材料名称	现场抽样数量	外观质量检验	物理性能检验
高聚物改性沥青防水卷材	同 上	孔洞、缺边、硌伤、裂口、边缘不整齐、胎体露白、未浸透、撒布材料粒度、颜色,每卷卷材的接头	拉力,最大拉力时延伸率,耐热度,低温柔度,不透水性
合成高分子防水卷材	同 上	折痕、杂质、胶块、凹痕,每卷卷材的接头	断裂拉伸强度,扯断伸长率,低温弯折,不透水性
石油沥青	同一批至少抽一次	—	针入度,延度,软化点
沥青玛碲脂	每工作班至少抽一次	—	耐热度,柔韧性,粘结力

  进场的防水卷材先按规定的抽样数量随机抽取若干卷卷材,将卷材展开,进行规格尺寸的测量和外观质量的检验。在外观质量合格的卷材中,任取一卷裁去 1m 端头卷材后,裁取 $1m^2$ 卷材送检。抽样检验的过程应符合见证取样、见证送样的要求。

  抽检卷材的物理性能指标如有一项指标不合格,应在受检项目中加倍取样复检,全部达到标准规定为合格。否则,即为不合格产品。不合格的防水卷材严禁在工程中使用。

1.32 什么是防水涂料?

  防水涂料是指常温下呈黏稠状液体(双组分时,一组分为粉料),用刷子、滚筒、刮板、喷枪等工具涂刮或喷涂于基面,经溶剂(水)挥发或反应固化后的涂层具有防水抗渗功能的涂料,在基层上固化后形成的涂层称为涂膜防水层。与卷材比较,涂膜防水层的整体性好,防水涂料施工简便,对不规则基层和复杂节点部位的适应能力强。防水涂料的种类繁多,详见表 1-40。各类防水涂料的特点及适用范围见表 1-41。

防水涂料的分类　　　　　表 1-40

类别	品种	材性类型			品名举例
防水涂料	沥青基类	溶剂型			沥青涂料
		水乳型			石灰膏乳化沥青、水性石棉沥青、乳化沥青、黏土乳化沥青
	高聚物改性沥青类	溶剂型			氯丁橡胶沥青类、再生橡胶沥青类
		水乳型			水乳型氯丁橡胶沥青类、水乳型再生橡胶沥青类
		热熔型			SBS 改性沥青防水涂料
	合成高分子类	合成树脂类	单组分型	溶剂型	丙烯酸酯类
				水乳型	丙烯酸酯类
			双组分反应型		环氧树脂类
					焦油环氧树脂类
		合成橡胶类	单组分型	溶剂型	氯磺化聚乙烯橡胶类、氯丁橡胶类
				水乳型	氯丁、丁苯、丙烯酸酯、硅橡胶
				反应型	聚氨酯类
			双组分反应型		聚氨酯类、焦油聚氨酯类、沥青聚氨酯类、聚硫橡胶
	水泥类				聚合物水泥类
					无机盐水泥类

各类防水涂料的特点及适用范围　　　　　表 1-41

类别	涂料名称	特点	使用范围	施工
沥青防水涂料	石灰、石棉或膨润土乳化沥青防水涂料	属水性涂料,工地配制简单方便,价格低廉,伸长率较低,低温下易变脆、开裂	属性能较差的防水涂料,可用于防水等级为Ⅲ、Ⅳ级的屋面,厚度 4~8mm	涂刮法,冷施工

续表

类别		涂料名称	特点	使用范围	施工
高聚物改性沥青防水涂料	水乳型	氯丁橡胶沥青防水涂料	为阳离子型,强度较高,耐候性好,无毒,不污染环境,抗裂性好,操作方便	可用于Ⅱ、Ⅲ、Ⅳ级的屋面,通常加贴玻纤布或无纺布,采用五涂二布或三涂一布的施工。单独使用时厚度≥3mm,复合使用时厚度≥1.5mm	涂刮法,冷施工,但气温低于5℃时不宜施工
		再生橡胶沥青防水涂料	具有一定的耐高、低温性能,粘结性好,干燥成膜快,操作方便		
		SBS改性沥青防水涂料	柔韧性及耐寒、耐热、耐老化等性能均优于其他改性沥青类防水涂料		
	溶剂型	氯丁橡胶沥青防水涂料	与水乳型涂料比较,防水涂层结膜密实,干固快,耐水抗渗性好,价格低廉。浪费溶剂,施工安全性差	适于寒冷地区的Ⅱ、Ⅲ级屋面使用,通常加贴玻纤布或无纺布,采用五涂二布或三涂一布的施工。单独使用时厚度≥3mm,复合使用时厚度≥1.5mm	涂刮法,冷施工,可在0℃温度下操作
		再生橡胶沥青防水涂料	弹塑性较好,干燥速度快,价格低廉。浪费溶剂,施工安全性差		
		SBS改性沥青防水涂料	柔韧性及耐寒、耐热、耐老化等性能均优于其他改性沥青类防水涂料。浪费溶剂,施工安全性差		
	热熔型	SBS改性沥青防水涂料	无溶剂、固含量高,一次可形成涂膜要求的厚度,对施工环境要求低,工效高,成本低		热熔刮涂或喷涂施工

续表

类别		涂料名称	特 点	使用范围	施 工
合成高分子防水涂料	反应型防水涂料	焦油聚氨酯防水涂料	弹性好,伸长率大,对基层开裂适应性好,具有一定的耐候、耐油、耐磨、不燃烧及耐碱性,与基层粘结性良好,价格较低。但力学性能没有纯聚氨酯好,反应速度不易调整,施工工艺性差,性能指标波动较大	可单独用于Ⅱ、Ⅲ级的屋面防水,厚度不小于2.0mm,也可用于Ⅰ级防水中的一道防水层,但外露式防水屋面不宜采用	冷施工
		非焦油聚氨酯防水涂料			
		石油沥青聚氨酯防水涂料			
		聚氨酯(PU)防水涂料(包括单组分水固化型和双组分)	高强度、高弹性和高的抗撕裂强度,有优异的耐候、耐油、耐磨、不燃烧及一定的耐酸碱性,与各种基层的粘结性优良,施工简便,使用温度:-30~80℃	宜用于Ⅰ、Ⅱ、Ⅲ级的屋面防水,一道防水设防时厚度≥2.0mm,二道设防时厚度≥1.0mm	冷施工
	挥发型防水涂料	丙烯酸酯防水涂料	涂膜有良好的粘结性、防水性、耐候性、无污染、无毒、不燃,以水为稀释剂,施工方便,可调制成多种颜色	常使用于有不同颜色要求的屋面,宜涂覆于各种新旧防水层上	冷施工,涂刮法,但温度需高于4℃时才能成膜
		硅橡胶防水涂料	具有良好的抗渗透性、防水性、成膜性、弹性、粘结性和耐高、低温性能,适应基层变形能力强,成膜速度快,可在潮湿基层上施工,无毒,无味,不燃,可配制成各种颜色,但价格较高	用于Ⅰ、Ⅱ级屋面防水	

1.33 涂膜防水工程是由哪些材料组成的？它们各起什么作用？

涂膜防水工程主要材料包括基层处理剂、防水涂料、增强材料、隔离材料、保护材料等。

基层处理剂是在防水层施工前，刷涂或喷涂在防水基面上，起除去表面灰尘，清洁基面作用的涂料，按主要成分有合成树脂类、合成橡胶类以及改性沥青类（溶剂型或乳液型）基层处理剂。施工时，可购买配套的市售成品或采用稀释的防水涂料作为基层处理剂。

防水涂料：主要有沥青类、聚合物改性沥青类、合成高分子类防水涂料。其作用是构成涂膜防水的主要材料，使建筑物表面与水隔绝，对建筑物起到防水与密封作用。屋面防水层不仅保证室内不漏水，还有保护楼板钢筋不锈蚀、保证建筑物安全使用的功能；地下室外包防水还有防止氡污染及保证混凝土寿命的作用。

增强材料：主要有玻璃纤维（简称玻纤布）、合成纤维（聚酯、丙纶等）无纺布或纺织布，采用一布二涂或二布三涂施工工艺，可以增加涂膜防水层的强度，提高防水层抵抗基层发生的微小变形，延长防水层的使用寿命。在立面和斜屋面施工时加铺增强材料可以起到固胶、减少流痕的作用。

隔离材料：常使用的有油毡、$100g/m^2$ 以上的无纺布、低强度等级砂浆、纸筋灰等材料。在防水涂膜上直接做刚性防水层、细石混凝土保护层等，应在防水涂膜上空铺一层隔离材料，防止混凝土的收缩裂纹破坏防水层，同时也为弹性防水层提供一宽松的空间，充分发挥防水涂层高延伸率的特性。若在防水涂层上铺设聚苯保温板就可不用隔离层了。

保护材料：平面防水涂层可涂刷反射涂料、抹水泥砂浆或聚合物水泥砂浆、浇筑细石混凝土、铺砌块体等；地下室立墙防水涂层保护层宜选用聚苯乙烯泡沫板、砖砌体、水泥砂浆等；外墙防水涂层可选用装饰涂料或其他装饰材料保护。其作用是保护防水涂膜免受破坏和装饰美化建筑物。

1.34 防水涂料的基本特点有哪些？

1. 防水涂料在常温下呈黏稠状液体，分数遍涂刷在基面上溶剂挥发或反应固化后，能形成无接缝的防水涂膜，无卷材防水层因搭接不善而产生渗漏之虑；

2. 防水涂料涂刷于基层，封闭基层的毛细孔隙，使基层具有一定的防水能力；

3. 防水涂料施工以冷作业居多，特别适宜在阴阳角、落水口、管道根部等节点部位、狭窄场所等复杂形状的基面进行防水施工，操作简便，劳动强度低；

4. 涂膜防水层可以通过加贴胎体增强材料来提高防水层的抗拉强度，对于基层裂缝、结构缝、管道根等一些容易造成渗漏的部位也可以加贴胎体增强材料进行增强；

5. 防水涂膜由人工涂布，其厚度很难做到均匀一致。所以施工时，提倡少量多遍施工工艺，每遍按单位面积用料量保证上料量，尤其大面积施工时，应划格分片控制其用量，确保涂膜厚度的均匀程度；

6. 可在结构层上直接采用涂膜防水，渗漏水的部位与防水涂膜破坏点基本相对应，维修起来比较方便；

7. 不同的涂料力学性能差异较大，使用时应优先选用耐水、耐候和耐酸碱性良好的防水涂料；

8. 反应型涂料或热熔型涂料与卷材配合使用，是提高防水可靠度的最佳方案，涂料既是防水层，又可作为卷材的胶粘剂。

1.35 什么是沥青基防水涂料？其性能、特点是什么？

沥青基防水涂料是以沥青为主料，配以增韧剂、惰性填料而制成的防水涂料。根据稀释剂的不同分为水乳型和溶剂型两种防水涂料。

溶剂型沥青基防水涂料：将未经改性的石油沥青直接溶解于

汽油等有机溶剂中而配制成的涂料,称之为溶剂型沥青涂料,其实质是一种沥青溶液。此类涂料由于形成的涂膜较薄,沥青又未经改性,故一般不单独作防水涂料使用,往往仅作为某些防水工程的配套材料使用,如沥青防水卷材施工用于打底的冷底子油。如在沥青溶液中加入橡胶粉、石灰、石棉或黏土等惰性填料改性后才可作为单独使用的沥青防水涂料。

水乳型沥青基防水涂料:将石油沥青在一定的温度、剪力和乳化剂的条件下分散于水中,形成稳定的水乳溶融体,称为水乳型沥青基防水涂料。常见的有阳离子型乳化沥青、阴离子型乳化沥青、非离子型乳化沥青。由于这类材料形成的涂膜一般较薄,一般不单独作屋面防水涂料使用,而是作为防水工程配套使用,或加入橡胶粉、石灰、石棉或黏土等惰性填料生产各种水乳型沥青防水涂料。

沥青基防水涂料的质量应符合表 1-42 要求。

沥青基防水涂料的性能指标　　　　　　　表 1-42

项　目	指　标
固体含量(%)	≥50
耐热度(80℃×5h)	无流淌和滑动
柔韧性(-10℃,4mm 厚,绕 ϕ20mm 圆棒)	无裂纹、断裂
不透水性(压力≥0.1MPa,保持时间≥30min)	不透水
延伸性(20±2℃)	拉伸≥4mm

1.36　什么是改性沥青防水涂料?其性能、特点是什么?

改性沥青防水涂料是指用合成橡胶、再生橡胶对沥青进行改性而制成的水乳型、溶剂型或热熔型涂膜防水材料。用再生橡胶可以改善沥青的低温脆性、抗裂性,增加涂料的弹性;用合成橡胶(如氯丁橡胶、丁基橡胶等)进行改性,可以改善沥青的水密性、耐化学腐蚀性、耐候性等;用 SBS 进行改性,可以改善沥青的弹塑性、耐老化、耐高低温性能等。

改性沥青防水涂料是我国使用最早的新型防水涂料,与沥青基防水涂料相比具有下列特点:

(1) 改善了沥青高温流淌、低温脆裂的缺陷,提高了适应环境气温的能力;

(2) 增强了涂膜防水层的弹性,提高了沥青的延伸率和抗裂能力;

(3) 增强了沥青耐紫外线和耐高温老化的能力,提高了涂膜防水层的耐久性。

高聚物改性沥青防水涂料的性能应符合表1-43的要求。

高聚物改性沥青防水涂料的性能指标　　　表1-43

项　目	指　标
固体含量(%)	≥43
耐热度(80℃×5h)	无流淌、起泡、滑动
柔性(-10℃,2mm厚,绕φ20mm圆棒)	无裂纹、断裂
不透水性(压力≥0.1MPa,时间≥30min)	不渗漏
延伸性(20±2℃)	拉伸≥4mm

1.37　什么是水乳型再生橡胶改性沥青防水涂料?

水乳型再生橡胶沥青类防水涂料是用再生胶乳(由一些废橡胶通过人工降解制得再生胶乳)代替较贵的丁苯橡胶、氯丁橡胶等合成胶乳,与沥青乳胶加工而成的涂料。本产品质量易受生产条件影响,涂料成膜及贮存中其稳定易出现波动。由于以水代替了溶剂,因而具备了水乳型涂料的一系列优点。其特点如下:

(1) 该涂膜具有一定的柔韧性和耐久性,宜在封闭压埋或倒置式屋面中与其他防水材料复合使用;

(2) 具有无毒、无味、不燃的优点,安全可靠,不污染环境,冷施工,操作简单;

(3) 可在表面潮湿的基层上施工;

(4) 原料属再生利用,来源广泛,价格较低;

(5) 由于再生胶乳成分复杂多变,使产品质量稳定性较差,性能波动较大。

水乳型再生橡胶沥青防水涂料应按照《水性沥青基防水涂料》(JC 408—91)行业标准组织生产。其技术性能如表 1-44 所示。

水乳型再生橡胶沥青防水涂料性能指标 表 1-44

项 目	指 标
外观	黏稠黑色乳状液
含固量(%)	≥43
延伸性(mm)	≥4.5
低温柔韧性(30min,绕 φ20mm 圆棒弯曲)	−10℃无裂纹
耐热性(80℃,45°角,恒温 5h)	不起泡、流淌、滑动
粘结力(8 字模法)(MPa)	≥0.2
不透水性(动水压 0.1MPa,30min)	不透水
抗冻性(−20℃,2h/20℃,2h 循环次数)	20 次不开裂

1.38 什么是溶剂型再生橡胶改性沥青防水涂料?

溶剂型再生橡胶沥青防水涂料是采用再生橡胶去改性沥青,以汽油为溶剂,添加各种惰性填料而制成的防水涂料。其特点如下:

(1) 具有一定的柔韧性和耐久性,多次涂刷可形成较厚的涂膜;

(2) 本产品溶剂为易挥发的汽油,故涂料干燥固化快,但在运输和使用中应严禁烟火,并配备消防设备;

(3) 本产品可在常温下进行冷施工,施工时有溶剂挥发,对环境有一定污染,应保持良好的通风;

(4) 本产品生产所用原材料来源广泛,成本较低;由于水乳型涂料的出现并表现出更多的优点,溶剂型涂料逐渐减少。

溶剂型再生橡胶沥青防水涂料应按照《溶剂型橡胶沥青防水

涂料》(JC/T 852—1999)行业标准组织生产。其技术性能如表1-45所示。

溶剂型再生橡胶沥青防水涂料性能指标　　表 1-45

项　目	指标(合格品)
含固量(%)	≥48
抗裂性(基层裂缝 0.3mm)	涂膜无裂纹
低温柔韧性(2h,绕 φ10mm 圆棒弯曲)	−10℃无裂纹
耐热性(80℃,45°角,恒温 5h)	不起泡、流淌、滑动
粘结力(8 字模法)(MPa)	≥0.2
不透水性(动水压 0.2MPa,30min)	不透水

1.39　什么是水乳型 SBS 改性沥青防水涂料？

水乳型 SBS 改性沥青防水涂料是以石油沥青为基料，添加 SBS 热塑性弹性体高分子材料及乳化剂、分散剂等制成的水乳型改性沥青防水涂料。其特点如下：

（1）本产品具有优良的低温柔性和抗裂性能，是目前改性沥青涂料中性能较好的一个品种；

（2）对水泥、混凝土、木板、塑料、油毡、铁板、玻璃等各种材质的基层均有良好的粘结力；

（3）冷施工、无嗅、无毒、不燃，施工安全简单；

（4）耐候性好，夏天不流淌、冬天不龟裂，不变脆。

水乳型再生橡胶沥青防水涂料应按照《水性沥青基防水涂料》(JC 408—91)行业标准组织生产。其技术性能如表 1-46 所示。

水乳型 SBS 改性沥青防水涂料性能指标　　表 1-46

项　目	指　标
外观	粘稠黑色乳状液
含固量(%)	≥43
延伸性(mm)	≥4.5

续表

项 目	指 标
低温柔韧性(30s,绕 ϕ20mm 圆棒弯曲)	-10℃无裂纹
耐热性(80℃,45°角,恒温 5h)	不起泡、流淌、滑动
粘结力(8 字模法)(MPa)	≥0.2
不透水性(动水压 0.1MPa,30min)	不透水
抗冻性(-20℃,2h/20℃,2h 循环次数)	20 次不开裂

1.40 什么是热熔改性沥青防水涂料？

热熔改性沥青涂料是将沥青、改性剂、各类助剂和填料,在工厂事先进行合成,制成聚合物改性沥青涂料块体,送至现场施工后,投入采用导热油加温的热熔炉进行熔化,将熔化的热涂料直接刮涂于找平层上,用带齿的挂板一次成膜设计需要厚度的防水涂料。热熔改性沥青防水涂料具有以下特点：

（1）它不带溶剂,固体含量 100%,3mm 防水涂层,只需 3.5kg/m² 用料。

（2）沥青经 SBS 改性,性能大大提高,耐老化好,延伸率大,抗裂性优,耐穿刺能力强；

（3）可一次性施工要求的厚度,工效高；

（4）施工环境要求低,涂膜冷却后即固化成膜,具有设计要求的防水能力,不需要养护、干燥时间,低温条件下、下雨前均可施工,利于在南方多雨地区施工；

（5）需现场加热。

热熔改性沥青防水涂料目前尚无国家标准,其基本物理性能要求见表 1-47。

热熔改性沥青热熔涂料物理性能　　　表 1-47

序 号	项 目	单 位	指 标
1	拉 伸 强 度	MPa	0.2

续表

序号	项目		单位	指标
2	延伸率		%	≥500
3	耐热度		℃	≥65
4	低温柔性		℃	-20
5	不透水性		MPa·min	0.2·30
6	热老化保持率	拉伸强度	%	70
		延伸率	%	70

1.41 什么是合成高分子防水涂料？

合成高分子防水涂料是以合成橡胶或合成树脂为主要成膜物质，加入其他辅助材料配制而成。合成高分子防水涂料强度高、延伸大、柔韧性好，耐高、低温性能好，耐紫外线和酸、碱、盐老化能力强，使用寿命长。一般涂膜设计厚度为 1.0～2.5mm。在合成高分子防水涂料中纯聚氨酯(PU)、高弹性丙烯酸和硅橡胶等防水涂料属高性能防水涂料。

合成高分子防水涂料按成膜机理和溶剂种类分为溶剂型、水乳型和反应型三种。

溶剂型合成高分子防水涂料是将主要成膜物质的高分子材料溶解于有机溶剂中，高分子材料以分子状态悬浮于溶液中。该类防水涂料通过溶剂挥发，高分子材料的高分子沉淀，高分子与高分子接触、分子链相互链接而成膜。溶剂型合成高分子防水涂料具有下列特点：

(1) 因溶剂易挥发，防水涂料干固快，结膜致密，防水防渗效果好；

(2) 生产工艺较简易，涂料贮存性较好；

(3) 易燃、易爆、有毒，生产、贮存及使用时要注意安全；

(4) 其挥发的溶剂污染环境，也是一种浪费，其造价也高于同类水乳型防水涂料；

(5) 固含量较低,需多遍涂刷才能达到设计厚度;
(6) 施工受气候条件的影响大。

水乳型合成高分子防水涂料的主要成膜物质高分子材料以极微小的颗粒稳定悬浮在水中成为乳液状材料。该材料通过水分蒸发,高分子材料微粒经过接近、相连、变形联结成不透水的涂膜。水乳型合成高分子防水涂料的特点如下:

(1) 无毒,不燃,生产、贮运、使用比较安全,不污染环境,操作简便,生产成本较低;

(2) 对基面干燥度要求不高,可在表面潮湿的基层上施工,夏天有露水或雾天也可施工;

(3) 贮存期短,一般不超过半年;

(4) 涂料干燥较慢,在水分不易挥发的环境中不能使用;

(5) 为保证涂膜干燥,应控制每遍涂层的厚度,每遍涂层的上料量应在 $1.5kg/m^2$ 以内。故需多遍涂刷才能达到设计要求的厚度。

(6) 为保证防水涂料性能,涂料应在正温条件下贮存。施工环境温度应在5℃以上。

反应型合成高分子涂料在没有成膜以前是高分子预聚体,为线性结构,以液态或粘液态存放,在一定的条件下高分子预聚体与另一组份混合,分子与分子之间发生化学反应,分子线性结构交联成三维网状结构,材料由液态转化成有一定弹性和强度的固体。目前反应型防水涂料分为单组分和双组分两类。单组分防水涂料多以空气中的水份发生化学反应,如单组分聚氨酯防水涂料;双组分涂料是将两种预聚体按一定比例混合均匀后,两种预聚体的分子发生交联反应固化成型。反应型合成高分子涂料具有下列特点:

(1) 这类防水涂料从液态到固态所发生的化学反应是不可逆的、极稳定的、本质性的转变。因此,这类防水材料具有较高的拉伸强度和伸长率,弹性好,无塑性变形,高温不流淌。

(2) 涂料溶剂含量很少,成膜过程基本无收缩,涂膜致密,可一次性固化形成较厚的涂膜;固化过程中受环境影响小;

(3) 双组份涂料需现场配料准确,搅拌均匀,才能确保质量;

(4) 反应型防水涂料价格较高;

(5) 该类涂料既可单独作为涂膜防水层,又可与卷材复合使用,既作为防水层又作为卷材的粘结剂。

1.42 聚氨酯(PU)防水涂料有哪些种类？性能特点如何？

聚氨酯防水涂料(化学名称代号:PU)分双组分和单组分两大类,都为反应型防水涂料。这里指的是纯聚氨酯,有别于焦油聚氨酯、非焦油聚氨酯和石油沥青聚氨酯。

双组分聚氨酯防水涂料是由基料和固化剂两种材料按一定比例混合经固化反应成膜的防水材料。基料(常称组分一或甲组分)是含异氰酸酯基(—NCO)的聚氨酯预聚体,固化剂(常称组分二或乙组分)是含有多羟基(—OH)或氨基(—NH$_2$)的固化剂及其他助剂的混合物。

单组聚氨酯是在含异氰酸酯基(—NCO)的聚氨酯中加入其他助剂的预聚体,当其涂刷在基面上遇到空气中的水分子时,与水分子中的羟基(—OH)发生化学反应,固化成膜。

聚氨酯防水涂料具有下列特点:

(1) 具有优异的弹性,断裂伸长率高,对基层伸缩和开裂的适应性强,抗撕裂性好;

(2) 粘结性能好,能与混凝土、砖石、木材、玻璃、金属、非金属粘接,耐油、耐磨、耐臭氧、海水侵蚀及一定的耐碱性能,使用寿命长;

(3) 材料价格较高,但由于有优异的弹性及着色性,多用于生产彩色聚氨酯,集防水与装饰于一体,或生产塑胶跑道、球场等;

(4) 双组分涂料需现场配料,必须计量准确、搅拌均匀才能确保质量;

(5) 聚氨酯涂膜防水层应设置保护层,因为其抗紫外线老化能力较差。

双组分聚氨酯防水涂料应按照《聚氨酯防水涂料》

(JC 500—92)行业标准组织生产。其技术性能如表1-48所示。

双组分聚氨酯防水涂料性能指标　　　表1-48

序号	项目	指标	
		Ⅰ型	Ⅱ型
1	拉伸强度(MPa) ≥	1.65	2.45
2	断裂延伸率(%) ≥	550(单组分),450(双组分)	450
3	低温柔性(℃×2h)	—40(单组分),—35(双组分)弯折无裂纹	
4	不透水性(0.3MPa×30min)	不透水	
5	固体含量(%) ≥	80(单组分),94(双组分)	

1.43 什么是焦油聚氨酯防水涂料？

焦油聚氨酯防水涂料亦称851防水涂料，为A、B双组份反应型防水涂料，B组份为采用煤焦油为主要填料的固化剂。

该防水涂料是由上海隧道公司于1985年研制开发的，用煤焦油代替价格较高的聚醚多元醇，从而降低了产品的价格。由于具有较好的防水性能和适中的价格，焦油聚氨酯长期以来在聚氨酯防水涂料中占居主导地位，为我国的防水事业作出了一定的贡献。然而，煤焦油是一种成分复杂的化合物，没有固定的羟值，使用时只是按一设定的配合比和预聚体混合，产品性能难以稳定。另外，煤焦油中含有大量的蒽、萘、酚类等易挥发物质、严重污染环境和危害人体健康。随着人们环保意识的增强和科技的进步，近年来焦油聚氨酯防水涂料已呈被淘汰的趋势。

焦油聚氨酯防水涂料的性能指标执行表1-48中Ⅰ型产品的要求。

1.44 什么是非焦油聚氨酯防水涂料？其性能、特点是什么？

非焦油聚氨酯防水涂料(亦称911防水涂料)是异氰酸基的聚氨酯预聚物(A组分)和含有胺类或羟基类固化剂以及沥青、增粘剂、催化剂、防霉剂、填充剂、稀释剂等(B组分)按一定比例混合均匀而成。非焦油聚氨酯防水涂料中纯聚氨酯成份只占小部分,并非指不含焦油的纯聚氨酯防水涂料,其力学性、耐老化性能等相差很大,但比851焦油型聚氨酯的性能和毒性情有所改善。其特点如下：

(1) 具有良好的弹性和延伸性,有一定的抗基层变形能力,耐候性、耐酸碱性和抗老化性较好；

(2) 冷作业施工,操作简便,形成无缝的整体防水层,无卷材防水层接缝处理和收头问题,对任何形状复杂、管道纵横的部位都容易施工；

(3) 价格适中,是目前防水涂料类用量最大的一种,尤其是地下室反梁结构的外包防水和住宅屋面防水多采用911防水涂料。但污染仍较大,只是一种过渡性的防水材料。

(4) 非焦油聚氨酯防水涂料无国家标准和行业标准,各生产厂家均以企业标准指导生产。

非焦油聚氨酯防水涂料的性能指标执行表1-48中Ⅰ型产品的要求。

1.45 什么是聚合物水泥防水涂料？

聚合物水泥防水涂料(简称JS防水涂料)是由合成高分子聚合物乳液(如聚丙烯酸酯、聚醋酸乙烯酯、丁苯橡胶乳液等)及各种添加剂优化组合而成的液料和配套的粉料(由特种水泥、石英粉及各种添加剂组成)复合而成的双组分防水涂料,是一种既具有合成高分子聚合物材料弹性高、又有无机材料耐久性好的防水材料。其特点如下：

(1) 无毒、无害、无污染,是环保型防水涂料；

(2) 涂层具有较好的强度、伸长率和耐候性,耐久性好；

(3) 与水泥类材料的粘结力强,除了与基层具有良好的粘结力外,在防水层表面可直接采用水泥砂浆粘贴饰面材料；

(4) JS防水涂料为水性防水涂料,故可在潮湿的基面上施工,

但要求施工部位有良好的通风环境,保证涂层能在数小时内干燥固化;

(5) 该涂料与其他防水材料不会发生化学反应,可以放心地与其他防水材料复合使用;

(6) 施工简单,液料与粉料的配比允许误差范围大,配比变化不会使防水涂膜的性能发生突变。如液料多,涂膜的延伸率提高,强度下降,少则反之。实际上该涂料Ⅰ型和Ⅱ型的差异主要就在聚合物含量的多少。

聚合物水泥防水涂料的性能指标应符合行业标准《聚合物水泥防水涂料》JC/T 894—2001 的要求。

聚合物水泥防水涂料分为Ⅰ型和Ⅱ型,Ⅰ型延伸率大,适用于变形大的部位,Ⅱ型延伸率小、强度高,适用于地下工程结构。其性能指标见表 1-49。

聚合物水泥防水涂料性能指标 表 1-49

序 号	试 验 项 目		技 术 指 标	
			Ⅰ 型	Ⅱ 型
1	固体含量(%)		65	
2	干燥时间	表干时间(h)	4	
		实干时间(h)	8	
3	拉伸强度	无处理(MPa)	1.2	1.8
		热处理后保持率(%)	80	80
4	断裂伸长率	无处理(%)	200	80
		热处理后保持率(%)	150	65
5	低温柔性,ϕ10mm 棒		−10 ℃无裂纹	—
6	不透水性(0.3MPa,30min)		不透水	不透水[1]
7	潮湿基面粘结强度(MPa)		0.5	1.0
	抗渗性(背水面)[2](MPa)		—	0.6

1) 如产品用于地下工程,该项目可不测试。
2) 如产品用于地下防水工程,该项目必须测试。

1.46 什么是聚合物乳液建筑防水涂料？

聚合物乳液建筑防水涂料是以各类聚合物如硅橡胶乳液、丙烯酸酯乳液、EAV乳液等为主要原料，加入防老化剂、稳定剂、填料、色料等各种助剂，经混合研磨而成的单组分水乳型防水涂料。其特点如下：

(1) 以水为分散介质，无毒、无味、不燃，不污染环境，安全可靠，施工方便；

(2) 成膜光顺柔软，涂膜具有良好的弹性及延伸性；

(3) 与各种材质的基面粘结力好；

(4) 可加入色料制成彩色涂料，作为外露具有装饰功能的防水层；

(5) 与多数防水材料相容性好，故可与其他防水材料复合使用；

(6) EAV乳液和部分牌号丙烯酸乳液制成的防水涂料，固化后的涂膜吸水率较大，涂膜未干透就覆盖，有可能产生返乳现象，在长期浸水的环境中使用时应作长期浸水试验。

聚合物乳液建筑防水涂料的质量应符合行业标准《聚合物乳液建筑防水涂料》JC/T 864—2000的要求。

聚合物乳液建筑防水涂料分为Ⅰ型和Ⅱ型，Ⅱ型拉伸强度和低温柔性比Ⅰ型好。其性能指标见表1-50。

丙烯酸酯防水涂料物理力学性能　　　　表1-50

序号	试验项目	技术指标 Ⅰ型	技术指标 Ⅱ型
1	拉伸强度(MPa) ≥	1.0	1.5
2	断裂延伸率(%) ≥	300	300
3	低温柔性绕 ϕ10mm棒	—10℃无裂纹	—20℃无裂纹
4	不透水性(0.3MPa,0.5h)	不透水	
5	固体含量(%) ≥	65	

续表

序号	试验项目			技术指标	
				Ⅰ型	Ⅱ型
6	干燥时间(h)	表干时间	≤	4	
		实干时间	≤	8	
7	老化处理后的拉伸强度保持率(%)	加热处理	≥	80	
		紫外线处理	≥	80	
		碱处理	≥	60	
		酸处理	≥	40	
8	老化处理后的断裂延伸率(%)	加热处理	≥	200	
		紫外线处理	≥	200	
		碱处理	≥	200	
		酸处理	≥	200	
9	加热伸缩率(%)	伸长	≤	1.0	
		缩短	≤	1.0	

1.47 什么是水乳型三元乙丙橡胶防水涂料？

三元乙丙橡胶防水涂料是采用耐老化极好的三元乙丙橡胶为基料，填加补强剂、填充剂、抗老化剂、抗紫外线剂、促进剂等制成混炼胶，采用"水分散"的特殊工艺制成的水乳型防水涂料。具有以下特点：

(1) 该涂料具有强度高、弹性好、延伸率大的橡胶特性；
(2) 耐高低温性能好；
(3) 耐老化性能优异，使用寿命长；
(4) 冷施工作业，施工方便，操作简单；
(5) 可添加色料制作成彩色涂料，形成具有装饰效果的防水层。

三元乙丙防水涂料目前尚无国家或行业标准，产品质量标准可参考各厂家的企业标准。其性能指标见表1-51。

三元乙丙防水涂料性能指标　　　　　　表 1-51

序 号	项 目		技 术 指 标
1	耐热性（80±2℃,恒温 5h）		涂膜无皱皮、起泡现象
2	粘结性（用八字模测抗拉强度）		≥0.2MPa
3	不透水性（动水压 0.3MPa,30min）		不透水
4	耐裂性（涂膜厚 1mm）		≥2mm
5	耐碱性（饱和 Ca(OH)$_2$ 溶液浸泡 15d）		无剥落、起泡、分层、起皱等现象
6	干燥时间	表　干	≤4h
		实　干	≤24h

1.48 涂膜防水层厚度是根据什么来定的？

涂膜防水层是将防水涂料按相应的施工工艺一遍遍地涂刷在防水基层上，累积成有一定厚度的达到防水效果的涂层，如涂膜太薄就起不到所要求的防水作用和耐用年限的要求，所以国标《屋面工程质量验收规范》GB 50207—2002 和《地下防水工程质量验收规范》GB 50208—2002 中对涂膜防水层的厚度做出了明确的规定，见表 1-52 和表 1-53。

屋面工程涂膜厚度要求（mm）　　　　　　表 1-52

屋面防水等级	设防道数	高聚物改性沥青防水涂料	合成高分子防水涂料
Ⅰ	三道或三道以上设防	—	≥1.5
Ⅱ	二道设防	≥3	≥1.5
Ⅲ	一道设防	≥3	≥2
Ⅳ	一道设防	≥2	—

地下防水工程涂膜厚度要求（mm）　　　　　　表 1-53

防水等级	设防道数	有 机 涂 料			无 机 涂 料	
		反应型	水乳型	聚合物水泥	水泥基	水泥基渗透结晶型
1级	三道或三道以上设防	1.2～2.0	1.2～1.5	1.5～2.0	1.5～2.0	≥0.8

续表

防水等级	设防道数	有机涂料			无机涂料	
		反应型	水乳型	聚合物水泥	水泥基	水泥基渗透结晶型
2级	二道设防	1.2~2.0	1.2~1.5	1.5~2.0	1.5~2.0	≥0.8
3级	一道设防	—	—	≥2.0	≥2.0	—
	复合设防	—	—	≥1.5	≥1.5	

沥青基防水涂料类对沥青基本上没有进行改性或改性不大，涂层易脆化开裂，涂层较厚，一般铺抹厚度在 5~8mm，目前已很少用于屋面防水工程。

高聚物改性沥青类的溶剂型、水乳型防水涂料，涂布固化后很难形成较厚的涂膜，故称为薄质涂料，但此类涂料是改性后的沥青配制的，材料性能优于沥青基防水涂料，但涂膜过薄，又很难达到防水耐用年限。因此必须通过薄涂多次或多布多涂来达到其厚度的要求。

合成高分子防水涂料是以优质合成橡胶或合成树脂为原料配制而成，如双组分聚氨酯防水涂料、丙烯酸酯类防水涂料等，其性能优于以上两类涂料，规定厚度应大于 1.5mm，可分遍涂刷来达到其厚度。

高聚物改性涂料和合成高分子涂料与其他防水材料复合使用、共同组成一道防水层时，可综合两种材料的优点，得到更好的防水效果。涂膜厚度也可适当减薄，但高聚物改性沥青涂膜的设计厚度不应小于 1.5mm，合成高分子涂膜厚度不应小于 1mm。

1.49 涂膜防水层加设胎体增强材料有什么好处？

涂膜防水层施工时，经常在防水涂层中加设玻璃纤维布或聚脂纤维布等作为胎体增强材料，其主要目的是：

1. 细部节点用胎体增强材料适应变形能力

天沟、檐沟、檐口、泛水等节点部位，因为屋面结构温度变形不同步，易产生变形和裂纹，造成渗漏，故在屋面防水的薄弱部位，须在大面积涂膜防水层施工前,在这些易渗漏点或线向外扩宽200mm内至少增加一涂一布的附加层,增强防水涂膜的抗变形能力。

2. 大面积使用胎体可增强防水涂层的抗拉强度

一些沥青和改性沥青类防水涂料,其成膜后自身抗拉强度低。因此,必须要加无纺布或玻纤布来增强防水涂膜的抗拉强度。

3. 大面积使用胎体可提高防水涂膜厚度的均匀性

大面积涂布防水涂料时,胎体增强材料可吸收涂料起到带料的作用。在施工中边上料边贴布时,因有织物必需按要求上足料,且上料要摊涂均匀,否则会产生胎体浸渍不透的问题,这时需随时加料补料,同时在下一道涂料涂布时进行调整上料量和均匀度,确保整体防水层的质量。

4. 起固胶、带胶的作用

因为胎体增强材料要吸收涂料,保留了一部分胶不向低处流,也增加了胶料向下流时的阻力,起到载体的作用。因此,对于坡度较大的屋面及立面在涂膜中加铺无纺布或玻纤布,可起到固胶、带胶的作用,尤其是有些固化时间长、黏度低的涂料加铺一层布,能保证涂膜的施工质量。

1.50 涂膜胎体增强材料的品种、质量有哪些要求？

涂膜胎体增强材料的品种主要有聚酯无纺布、化纤无纺布、玻纤网格布等数种。

1. 聚酯无纺布,俗称涤纶纤维,是纤维分布无规则的毡,它的拉伸强度最高,属高抗拉强度、高延伸率的胎体材料。要求布面平整、纤维均匀,无折皱、分层、空洞、团状、条状等缺陷。

2. 化纤无纺布是以尼龙纤维为主的胎体增强材料,特点是延伸率大,但拉伸强度低。其外观质量要求与聚脂无纺布相同。

3. 玻纤网格布的拉伸强度高,延伸率低,与涂料的浸润性好,但施工铺布时不容易铺平贴,容易产生胎体外露现象,外露的胎体耐老化极差,所以现在多用聚脂无纺布来代替玻纤无纺布。

胎体增强材料质量要求见表 1-54。

胎体增强材料质量要求　　　　　　表 1-54

项目		质量要求		
		聚酯无纺布	化纤无纺布	玻纤网格布
外观		均匀、无团状，平整无皱折		
拉力 (宽 50mm/N)	纵向	≥150	≥45	≥90
	横向	≥100	≥35	≥50
伸张率(%)	纵向	≥10	≥20	≥3
	横向	≥20	≥25	≥3
规格		常用 30～50g/m²		常用 100～150g/m²

1.51　涂料现场抽检方法及工程抽检项目有哪些？

进场的防水涂料应按品种、规格分别堆放。同一品种、同一规格的涂料作为一个检验批进行抽样。如涂料分阶段进场时，每批进场的涂料均应按一个检验批进行抽样检验。

防水涂料现场抽样数量和检验项目见表 1-55。

防水涂料现场抽样复验项目　　　　　　表 1-55

材料名称	现场抽样数量	外观质量检验	物理性能检验
高聚物 改性沥青 防水涂料	每 10t 为一批，不足 10t 按一批抽样	包装完好无损，且标明涂料名称、生产日期、生产厂名、产品有效期；无沉淀、凝胶、分层	固含量，耐热度，柔性，不透水性，延伸率
合成 高分子 防水涂料	同上	包装完好无损，且标明涂料名称、生产日期、生产厂名、产品有效期	固体含量，拉伸强度，断裂延伸率，柔性，不透水性
胎体增强材料	每 3000m² 为一批，不足 3000m² 按一批抽样	均匀，无团状，平整，无皱折	拉力，延伸率

进场的防水涂料先进行外观质量的检验。在外观质量合格

的涂料中,任取1kg涂料送检。抽样检验的过程应符合见证取样、见证送样的要求。

抽检防水涂料的物理性能指标如有一项指标不合格,应在受检项目中加倍取样复检,全部达到标准规定为合格。否则,即为不合格产品。不合格的防水涂料严禁在工程中使用。

1.52 防水涂料的包装、运输与贮存各有哪些要求?

防水涂料的包装应符合下列要求:

(1)产品应用带盖的铁桶或塑料桶密封包装,对于双组分防水涂料应按产品配比配料,分别密封包装,甲、乙组分的包装应有明显的区别。

(2)包装桶应有牢固的标志,标志上应注明以下内容:产品的牌号、型号;产品的名称、批号、颜色;产品的净重;制造(生产)日期;贮存有效期;生产厂家名称、地址、电话;贮存和运输注意事项。此外,还应附有产品合格证。

防水涂料的运输应符合下列要求:

(1)产品在运输和装卸的过程中,应注意轻拿轻放,按类别、品种和批号、颜色排放整齐,并应绑扎牢固,以防止涂料容器的滑动和坠落。涂料容器不能倒置,不能遗失标签。在运输过程中,应防止雨淋和阳光直接曝晒。

(2)产品在铁路运输中,应按照我国铁路《化学危险品运输暂行条例》的有关规定,办理托运手续。

涂料的贮存应按下列要求贮存:

(1)防水涂料应贮存在阴凉、通风和干燥的库房内,防止雨淋和日光直接曝晒,并应杜绝火源,远离热源。涂料的保存温度一般在5~35℃范围内,因而应注意冬季防冻。

(2)涂料进库,要进行分类登记,填写产品名称、类别、型号、件数、质量、生产厂家、出厂日期、贮存保管有效期、存放位置等登记卡,以便清查和选用。

(3)涂料应按品种、颜色、出厂日期、分类分批顺序存放,遵循先出厂、先发放、先使用的原则,以免产品过期,造成浪费。

(4) 涂料产品必须单独存放,严禁与其他易燃、易爆物品一起贮存,并应保持库内清洁,杜绝粘有油污的杂物随地丢放。

(5) 库房重地严禁烟火,严禁他人随便出入。电器开关、设备和照明设备应有防爆罩,以免电器使用或发生故障时引燃涂料,库房区应按规定配足消防设备。

(6) 不允许在涂料仓库内调配涂料,以免易燃、易爆、有毒气体挥发逸散到仓库的空间内,造成安全事故。涂料桶必须密封,不得有裂缝或开口,更不允许涂料存放于敞口容器中。

(7) 应有严格的领发料制度,按计划发放涂料,施工现场不宜存放过多的涂料和稀释剂。

(8) 涂料产品在规定的贮存条件下,如果超过了有效贮存期,应按照产品的技术标准的规定进行各项指标的检验,如检验结果符合技术标准的有关规定,仍可继续使用,不符合要求的涂料应及时进行处理。

(9) 对仓库管理人员应进行安全与防火知识培训,要求能熟练使用各种消防器材。并应定期进行检查,消除隐患。

1.53 什么是防水密封材料,有哪些品种,该材料的适用性如何?

防水密封材料是用于填充缝隙、密封接头或能将配件、零件包起来,具备防水这一特定功能(防止外界液体、气体、固体的侵入,起到水密、气密作用)的材料。

防水密封材料按基材类型分为合成高分子密封材料和高聚物改性沥青密封材料两大类,具体品种见表1-56。

随着密封技术的进步,各种新材料的开发,新产品的应用,防水密封材料的品种将进一步增加、更新。

防水密封材料应用的范围十分广泛,在众多的应用领域中,最典型的应用范围是:

(1) 刚性细石混凝土分格缝嵌缝密封,水落口、下水管口、泛

水、穿过防水层管道接口及钉孔的嵌缝密封,防水卷材搭接和接头的收口密封,室内预埋件和螺钉孔密封;

密封材料的类别和品种　　　　　表 1-56

种　类	类　型		品　种
合成高分子密封材料	不定型	橡胶型	硅酮密封胶
			聚硫密封胶
			聚氨酯密封胶
			氯丁橡胶密封胶
			氯磺化聚乙烯密封胶
			丁基密封胶
		树脂型	丙烯酸密封膏
			环氧树脂改性密封胶
	定型	橡胶型	门窗密封垫、自粘密封带
			橡胶止水带、钢边橡胶止水带
			遇水膨胀橡胶止水带
		树脂型	塑料止水带
金属密封材料	金属型		不锈钢止水带、铜片止水带
高聚物改性沥青密封材料	石油沥青类		丁基橡胶改性沥青密封膏
			SBS 改性沥青密封膏
			再生橡胶改性沥青油膏
	焦油沥青类		塑料油膏
			聚氯乙烯胶泥

(2) 地下工程变形缝的嵌缝密封和其他各种裂缝的防水密封;

(3) 建筑工程中的幕墙安装,建筑物的窗户玻璃安装及门窗密封以及嵌缝,混凝土和砖墙墙体伸缩缝及桥梁、道路、机场跑道伸缩缝嵌缝,污水及其他给排水管道的对接密封;

(4) 电器设备制造安装中的绝缘和密封,仪器仪表电子元件的封装,线圈电路的绝缘防潮。

1.54 密封材料应具备什么特性？

为了确保接头和缝隙的水密、气密性能，防水密封材料应具有能与缝隙、接头等凹凸不平的表面通过受压变型或流动浸润而严密接触或粘接，并能保证材料不受外界条件影响产生断裂、剥离，达到水密、气密的性能。因此防水密封材料必须具备下列三个条件：

(1) 必须与构件有优异粘结性，即要求粘结强度大于密封材料本身内聚力。在接缝发生移动时，密封材料不发生剥落；

(2) 低温环境下确保仍具备柔韧性和抗变形能力，仍能适应接缝的变形；

(3) 在室外的日光、雨雪等自然条件作用下，仍然确保密封材料不断裂、剥落，确保防水，即具有良好的耐候性、耐热性、耐寒性、耐水性、耐老化性；

为了满足上述条件，防水密封材料配制的原材料必须是非渗透性的材料，且应具备以下性能：

(1) 现场嵌填施工性良好，能挤、注、涂、施、固化，储存稳定，无毒或低毒害；

(2) 对流体介质不溶解，无过度溶胀或收缩，具有低渗透性；

(3) 能承受接缝位移并随伸缩运动面变形；

(4) 在接缝反复变形后，保证充分恢复其性能和形状；

(5) 有适度的模量，承受施加的压力并适应结构的变形；

(6) 与接缝基面稳定粘结，不发生剥离和脱胶；

(7) 高温下不过度软化，低温不脆裂；

(8) 耐候性好、不软化、不粉化、不龟裂、有足够寿命；

(9) 特定场合使用时，具有相应的特定性能，如：彩色、耐磨、抗穿刺、耐腐蚀、抗滚压、不燃、不污染、绝缘或导电等。

根据《屋面工程质量验收规范》GB 50207—2002 和《地下防水工程质量验收规范》GB 50208—2002 的要求，用于建筑防水的合成高分子密封材料、改性石油沥青密封材料、高分子材料止水带和遇水膨胀橡胶腻子止水条的物理性能应符合表1-57~表1-60的要求。

合成高分子密封材料物理性能 表1-57

项目		性能指标	
		弹性体密封材料	塑性体密封材料
拉伸粘结性	拉伸强度(MPa)	≥0.2	≥0.02
	延伸率(%)	≥200	≥250
柔性(℃)		−30,无裂缝	−20,无裂缝
拉伸-压缩循环性能	拉伸-压缩率(%)	≥±20	≥±10
	粘结和内聚破坏面积(%)	≤25	

改性石油沥青密封材料物理性能 表1-58

项目		性能指标	
		Ⅰ类	Ⅱ类
耐热性	温度(℃)	70	80
	下垂值(mm)	≤4.0	
低温柔性	温度(℃)	−20℃	−10℃
	粘结状态	无裂纹和剥离现象	
拉伸粘结性(%)		≥125	
浸水后拉伸粘结性(%)		≥125	
挥发性(%)		≤2.8	
施工度(mm)		≥22.0	≥20.0

注：改性石油沥青密封材料按耐热度和低温柔性分为Ⅰ类和Ⅱ类。

高分子材料止水带物理性能 表1-59

项目		性能要求		
		B型	S型	J型
硬度(邵尔A,度)		60±5	60±5	60±5
拉伸强度(MPa)	≥	15	12	10

续表

项目		性能要求		
		B型	S型	J型
扯断伸长率(%) ≥		380	380	300
压缩永久变形	70℃×24h,% ≤	35	35	35
	23℃×168h,% ≤	20	20	20
撕裂强度(kN/m) ≥		30	25	25
脆性温度(℃) ≤		−45	−40	−40
热空气老化	70℃×168h 硬度(邵尔A,度)	+8	+8	—
	拉伸强度(MPa) ≥	12	10	—
	扯断伸长率(%) ≥	300	300	—
	100℃×168h 硬度(邵尔A,度)	—	—	+8
	拉伸强度(MPa)	—	—	9
	扯断伸长率(%)	—	—	250
臭氧老化50PPhm;20%,48h		2级	2级	0级
橡胶与金属粘合		断面在弹性体内		

注：1. B型适用于变形缝用止水带；S型适用于施工缝用止水带；J型适用于有特殊老化要求的接缝用止水带。
2. 橡胶与金属粘合项仅适用于具有钢边的止水带。

遇水膨胀橡胶腻子止水条物理性能 表1-60

项目	性能要求		
	PN-150	PN-220	PN-300
体积膨胀倍率(%)	≥150	≥220	≥300
高温流淌性(80℃×5h)	无流淌	无流淌	无流淌
低温试验(−20℃×2h)	无脆裂	无脆裂	无脆裂

注：体积膨胀倍率 = $\dfrac{膨胀后的体积}{膨胀前的体积} \times 100\%$。

1.55 为什么沥青不能单独作为密封材料使用？

石油沥青是结构复杂的多种重质碳氢化合物和多种少量的金

属和非金属碳氢衍生物组成的混合物,从物质组成上看是由重质润滑油(石油质)和胶质及沥青质以及少量的碳氢质所组成。虽然石油沥青具有优良的水密、气密和耐腐蚀能力,但有其先天不足,突出表现为感温性大,即低温易脆裂,高温易流淌,延伸率小,造成沥青粘结性、抗胀性差,同时沥青中的沥青质易氧化老化(包括紫外线作用)成为碳化物而变硬变脆。

由此可见,若直接用沥青作密封材料,由于材料与基层粘结不好,下垂值大,低温环境下脆裂,受外界环境影响老化后脆硬,使密封材料的防水功效完全丧失。所以沥青不能单独作为密封材料使用,只有通过聚合物(橡胶、树脂)或其他成膜剂、软化剂、硫化剂等的合理改性,才能弥补沥青的自身缺陷,满足密封材料的性能要求。

1.56 什么是改性沥青密封材料?

改性沥青密封材料是以石油沥青为基料,加入适量改性材料(例如橡胶、树脂),助剂、填料等配制而成的黑色膏状密封材料。

目前改性沥青密封材料主要品种有丁基橡胶改性沥青密封膏、SBS改性沥青密封膏、再生橡胶改性沥青油膏、塑料油膏和聚氯乙烯胶泥等,其中塑料油膏和聚氯乙烯胶泥中的主要成份为污染严重的焦油沥青,已被禁止使用。

改性沥青密封材料主要用于一般建筑的接缝、孔洞、管口等部位防水抗渗以及防水层收头处理。

通常用橡胶、树脂等改性的改性沥青密封材料按耐热度和低温柔性,可分为701、702、703、801、802、803六个标号,其物理性能见表1-61。

常用改性沥青防水密封材料物理性能　　　表1-61

项目	性能指标					
	701	702	703	801	802	803
耐热度(℃)	70			80		

续表

项 目		性 能 指 标					
		701	702	703	801	802	803
下垂值(mm)	≤	4					
保温性渗油幅度(mm)	≤	5					
渗油张数(张)	≤	4					
挥发率(%)	≤	2.8					
低温柔性(℃)		−10	−20	−30	−10	−20	−30
粘结状况		合　格					

1.57 为什么塑料油膏、聚氯乙烯胶泥被淘汰？

塑料油膏、聚氯乙烯胶泥是我国20世纪60年代后期开发生产的防水材料。焦油沥青是水密性、气密性、耐腐蚀很好的材料，但由于高温流淌、低温发脆、耐老化差的缺点，直接作为防水材料，耐久性差，不适应防水层要求，故采用聚氯乙烯来对它进行改性，后来由于要降低成本，就采用再生旧塑料熔入加热的焦油沥青中生产。当时被大量采用，一般厚度要求8~10mm作成防水层，取得了一定的效果。由于技术进步和社会的发展，塑料油膏、聚氯乙烯胶泥的耐久性不能满足要求，更主要的是焦油沥青会产生有害物质，如萘、苯等对人体有害和对环境的污染，严重的气味使人难能接受，因此近年来诸多城市发布禁止使用性能低、污染大的塑料油膏、聚氯乙烯胶泥防水材料。

1.58 什么是高分子密封材料？

高分子密封材料是以合成高分子(橡胶、树脂)为主体，加入适量的助剂、填充材料和着色剂等，经过特定的生产工艺加工制成的膏状密封材料或密封胶带。

目前高分子密封材料主要品种有聚氨酯密封膏、聚硫密封膏、有机硅建筑密封膏、丙烯酸酯建筑密封膏、氯磺化聚乙烯建筑密封膏、丁基密封膏、丁苯密封膏、丁基橡胶密封胶带等。

高分子密封材料是依靠化学反应固化、与空气中的水分交链固化、依靠溶剂或水蒸发固化，成为与接缝两侧粘结牢固、密封牢固的弹性体或弹塑性体。与改性沥青密封材料相比，具有优越的耐高、低温性能和耐久性。该材料主要用于建筑结构接缝密封，卷材搭接密封，以及玻璃幕墙接缝密封、金属彩板密封等特殊场合的密封。

1.59 什么是丁基密封材料？性能、特点和适用性如何？

丁基密封材料是以丁基橡胶（或卤化丁基橡胶）为主要材料，聚丁烯等为增粘剂加以多种助剂及填充料等混炼制成的单组分封材料，主要有丁基密封胶和丁基密封胶带等品种。丁基密封材料具有贮存稳定性好、耐候性、耐热性、耐寒性好的优点；能适用于多种粘结体，表面干燥快、尘灰附着少；弹性模量低、不易产生剥离。与其他密封材料比较，收缩性较大。丁基密封材料用途很广，可用于玻璃安装、密封、室内的二道防水、防水卷材的接头搭接密封等。

丁基密封胶的物理性能见表1-62；丁基密封胶带的物理性能见表1-63。

丁基密封材料物理性能　　　　　表1-62

项　目	指　标	项　目	指　标
可塑性(23℃,s)	3～20	剪切强度(MPa),不小于	0.02
耐热性(130℃,2h)	不结皮，保持棱角	耐水粘接性	不脱落
低温(－40℃ 2h 弯曲180°)	不脆裂	耐水增重(%),不大于	6

丁基密封胶带物理性能　　　　　表1-63

项　目	指　标
持粘力(min) ≥	10
初粘力,钢球直径	φ28

续表

项　　目		指　　标
低温柔性（−40℃，ϕ600mm 棒）		无裂纹
剥离粘结性（N/cm，7d）≥		6
剥离粘结保持率（%）	耐温水（70℃，7d）≥	70
	耐酸（室温，7d）≥	70
	耐碱（室温，7d）≥	70
耐热性（80℃，2h）		不流淌
剪切强度（N/mm）≥		12

1.60　什么是硅酮密封材料？其性能特点和适用性如何？

硅酮密封材料是以硅橡胶聚硅氧烷橡胶为主要材料的不定形密封材料。硅酮密封材料固化时析出醋酸或甲酸的为酸性胶，析出非酸性产物的为中性胶，如脱醇型、脱酮肟型、脱胺型等。酸性密封胶易引起金属腐蚀、混凝土酸化，一般用于玻璃粘接密封；中性密封胶使用范围较广，但应注意有些脱醇型产品贮存后有延迟固化、甚至不固化现象。硅酮密封胶不宜用于嵌涂后需刷漆的接缝，也不宜用于经常撕裂、腐蚀、有穿刺可能的部位，还应注意有的产品易渗油污染基材。

硅酮密封材料有单组份型，也有双组份型。按用途可分为混凝土、铝合金用和玻璃用两种，并按位移能力和耐久性分级。

硅酮密封材料具有弹性好，高温稳定，低温柔软，耐气候老化、耐水、耐化学介质的能力强，与玻璃粘结稳定等特性；硅酮密封材料价格贵，因此较少用于屋面及地下工程接缝的防水，主要用于幕墙玻璃结构的粘接和密封，也适用于耐热、耐寒、绝缘、防水、防潮和防震的密封和粘接。

用于密封的硅酮密封胶的技术性能应符合《建筑用硅酮密封胶》GB/T 14683—1993(1997)的要求，其物理性能指标见表1-64；用于幕墙玻璃接缝粘接和密封的硅酮密封胶的技术性能应符合

《建筑用硅酮结构密封胶》GB 16776—1997 的要求,其物理性能要求见表 1-65。

建筑用硅酮密封胶技术性能　　　　　表 1-64

序号	项目		混凝土及铝合金用		玻璃用	
			优等品	合格品	优等品	合格品
1	密度(g/cm^3)		规定值±0.1			
2	挤出性(mL/min)		80(仅单组分型)			
3	适用期(h)		≥3(仅单组分型)			
4	表干时间(h)		≤6			
5	低温柔性(ϕ6),(℃)		≤-40			
6	流动性	下垂度(mm)	3(仅 N 型)			
		流平性	自流平(仅 L 型)		—	
7	定伸粘接性*	定伸粘接性(%)	200	160	160	125
		热-水循环后(%)	200	160	—	—
		浸水-光照后(%)	—	—	160	160
8	弹性恢复率(%)		90	90	90	90
9	拉伸-压缩循环性能		9030	8020	9030	8020

* 在规定伸长率(%)下定伸 24h,无破坏。

建筑用硅酮结构密封胶技术性能　　　　　表 1-65

序号	项目			技术指标
1	流动性	垂直流动度(mm)		≤4.3
		水平流动度		不流
2	挤出速度(mm/s)			≤10
3	表干时间(h)			≤3
4	适用期(min)			≥20
5	邵氏硬度			20~60
6	粘结拉伸性	粘结拉伸强度(MPa)	标准条件	≥0.45
			88℃	≥0.45
			-29℃	≥0.45
			浸水后	≥0.45
			UV-热水老化 300h	≥0.45
		粘结破坏面积(%)		≤5.0

续表

序 号	项 目		技 术 指 标
7	热老化性能	失重(%)	≤10
		龟 裂	无
		粉 化	无

1.61 什么是聚氨酯密封材料？其性能特点和适用性如何？

聚氨酯密封材料是以含有异氰酸酯基(—NCO)的基料和含有活性氢化合物的硫化剂以及催化剂、填充料等组成的常温硫化型的弹性密封材料，固化前为可挤注粘稠流体，按组成组分分为化学反应固化的双组分聚氨酯密封膏和遇空气中的湿气固化的单组分聚氨酯密封膏。目前建筑聚氨酯密封膏以双组份居多，今后的发展单组份型聚氨酯用量将会逐渐增多。

聚氨酯密封材料的强度高、弹性好、粘接稳定、透气率低，耐油、耐溶剂、耐水、耐老化、抗穿刺能力强，抗撕裂强度高，耐磨性好，性能可调节范围广。但聚氨酯密封材料的耐紫外线能力较差，不宜用于长期曝晒的环境。

聚氨酯密封材料在建筑工程领域中的具体应用有：混凝土预制件等建材的连接及施工缝的填充密封；门窗的木框四周及墙的混凝土之间的密封嵌缝；建筑物上轻质结构(如幕墙)的粘贴嵌缝；阳台、游泳池、浴室等设施的防水嵌缝；空调及其他体系连接处的密封；隔热双层玻璃、隔热窗框的密封等。

聚氨酯密封材料在土木工程领域中的应用有：高等级道路、桥梁、飞机跑道等有伸缩性接缝的嵌缝密封；混凝土、陶质、PVC等材质的雨污水管道、地下煤气管道、电线电路管道接头处的连接密封；地铁隧道及其他地下隧道连接处的密封等。

根据《聚氨酯建筑密封膏》JC/T 482—1992(1996)标准的规定，用于建筑嵌缝的双组分聚氨酯的技术性能应符合表1-66的要求。

双组分聚氨酯密封膏技术性能　　　　表1-66

序号	项目		指标		
			优等品	一等品	合格品
1	密度(g/cm³)		规定值±0.1		
2	适用期(h)		≥3		
3	表干时间(h)		≤24	≤48	
4	渗出性指数		≤2	≤2	
5	流动性	下垂度(mm)	3(仅N型)		
		流平性(5℃)	自流平(仅L型)	—	
6	低温柔性(φ6)(℃)		≤-40	≤-30	
7	粘接拉伸强度(MPa)		≥0.200		
8	最大拉伸率(%)		≥400	≥200	
9	定伸粘接性(%)		≥200	≥160	
10	弹性恢复率(%)		≥95	≥90	≥85
11	剥离粘接性	强度(N/mm)	≥0.9	0.7	0.5
		粘接破坏面积(%)	≤25	≤25	≤25
12	拉伸-压缩循环性能		9030	8020	7020

1.62 什么是聚硫密封材料？其性能特点和适用性如何？

聚硫密封材料是以液态聚硫橡胶为基础原材料配以金属过氧化物等硫化剂和填充料等，在常温下形成弹性体的非定型密封材料，材料分为化学反应固化的双组分型和遇空气中湿气固化的单组分型两种形成。

采用聚硫橡胶生产的聚硫密封材料既具有合成橡胶的性能又有某些塑料的特性。具有优良的耐油、耐溶剂、耐臭氧、耐光和耐候性能，水密性和气密性好，常温下不发生氧化，不易变色，收缩率小，对金属和非金属材料均有良好的粘合性，并具有良好的低温屈挠性能。单组分聚硫密封材料的固化速度较慢，双组分聚硫密封材料可通过两组份使用比例来调节固化速度。

聚硫密封胶适用于：

1. 建筑工程领域：玻璃幕墙接缝；建筑物护墙板及高层建筑接缝；门窗框周围的防水防尘密封；中空玻璃造中的组合件密封及中空玻璃安装；建筑门窗玻璃装嵌密封。

2. 以液态聚硫橡胶和石英砂为基材的混合物可以粘接钢筋混凝土构件，与混凝土有很高的粘接强度，且涂覆方便。液态聚硫橡胶为主体的熔体材料挤出物可用作门窗玻璃的密封条。

3. 游泳池、贮水槽、公路、机场跑道、上下管道、冷藏库等接缝的密封。

根据《聚硫建筑密封膏》JC/T 483—1992(1996)标准的规定，用于建筑工程的双组份聚硫密封膏的物理性能应符合表1-67的要求。

聚硫建筑密封膏物理性能　　　　表1-67

序号	项目		A 类		B 类		
			一等品	合格品	优等品	一等品	合格品
1	密度(g/cm³)		规定值±0.1				
2	适用期(h)		2～6				
3	表干时间(h)		≤24				
4	渗出性指数		≤4				
5	流动性	下垂度(mm)	3(仅N型)				
		流平性(5℃)	自流平(仅L型)				
6	低温柔性(φ6)(℃)		≤－30		≤－40		≤－30
7	最大粘接拉伸强度(MPa)		≥1.2	≥1.8		≥0.2	
8	最大拉伸率(%)		≥100		≥400	≥300	≥200
9	弹性恢复率(%)		≥90		≥80		
10	拉伸-压缩循环性能		9030		8020	7010	
11	加热失重(%)		≤10	≤6		≤10	

1.63 什么是丙烯酸酯密封材料？其适用范围、性能有什么要求？

丙烯酸酯密封材料是以丙烯酸酯类聚合物为基础材料的非定形密封材料，亦称丙烯酸密封膏。一般是以丙烯酸甲酯、乙酯、丁酯、异辛酯以及醋酸乙烯、丙烯腈、甲基丙烯酸酯、丙烯酸以及其他能交联的功能性单体按产品性能要求合理匹配共聚而成的聚合物，用作密封材料的主要是聚丙烯酸酯橡胶和溶液（或乳液）型的聚丙烯酸酯。以丙烯酸酯制得的聚合物特点是能形成柔软而富有弹性的胶膜，聚合物分子主链由饱和烃组成，并带有羧基，使其有很强的耐热、耐油腐蚀能力和耐氧、臭氧、紫外线降解能力。此外，聚丙烯酸酯耐天候老化和耐屈挠性好，由于聚合物含有羧基，因此具有良好的粘结性，很适合用作密封胶的主体材料。

丙烯酸酯密封胶的特点：

1. 乳液型聚丙烯酸酯密封胶是通过水分的蒸发或吸收而固化，具有以下特点：

（1）无臭味，不坍塌，消粘时间短，固化时间亦短；

（2）含水量少，体积收缩小；

（3）柔软性、伸长能力、复原性、耐水性、粘附性、耐候性优良；

（4）贮存稳定性良好。

2. 溶剂型丙烯酸酯密封胶是通过溶剂蒸发，在常温下固化，具有以下特点：

（1）具有良好的密封性能；

（2）对各种基材有良好的粘结力；

（3）常温下贮存稳定性达6个月；

（4）完全固化时间较长，一般需4～6周，同时固化后体积收缩颇大；

（5）与其他合成高分子弹性密封材料相比，固化后的伸展性和复原性稍差，内聚强度表现较迟缓，不允许接缝有大幅度的运动。如果制成柔软性品级，又会失去优良的粘附性能，这是有待进一步解决的问题。

丙烯酸密封胶适用于：

1. 用于门、窗框与墙体的接缝密封，钢、铝、木窗与玻璃间的密封；
2. 用于刚性屋面伸缩缝、内外墙拼缝、内外墙与屋面接缝、管道与楼层面接缝、混凝土外墙板以及屋面板构件接缝、卫生间等的防水密封。

根据《丙烯酸建筑密封膏》JC/T 484—1992(1996)标准的规定，乳液型丙烯酸酯密封材料的物理性能应符合表1-68的要求。

丙烯酸酯建筑密封膏物理性能   表1-68

序号	项目	指标		
		优等品	一等品	合格品
1	密度(g/cm³)	规定值±0.1		
2	挤出性(mL/min)	≥100		
3	表干时间(h)	≤24		
4	渗出性指数	≤3		
5	下垂度(mm)	≤3		
6	初期耐水性	无浑浊液		
7	低温贮存稳定性	不凝固、离析		
8	收缩率(%)	≤30		
9	低温柔性(ϕ6),(℃)	≤-20	≤-30	-40
10	粘结拉伸强度(MPa)	0.02~0.15		
11	最大拉伸率(%)	≥400	≥250	≥150
12	弹性恢复率(%)	≥75	≥70	≥65
13	拉伸-压缩循环性能	7020	7010	7005

1.64 什么是氯磺化聚乙烯密封材料？其适用范围、性能有什么要求？

氯磺化聚乙烯密封材料是以氯磺化聚乙烯为主剂，配合硫化剂、促进剂、软化剂、填料等共混并研磨而成的非定形密封材料。

氯磺化聚乙烯是由聚乙烯溶解在溶剂中,以偶氮二异丁腈为引发剂或在紫外光照射下,通入氯和二氧化硫的混合气体或用亚磺酰氯（SO_2Cl）进行反应制得。反应结果氯原子取代聚乙烯链上的一些氢原子并引入亚磺酰氯基团,从而减弱了结晶性,使之变得柔软而富有弹性,即氯磺化聚乙烯是一种强度低、有黏性的聚合物。氯磺化聚乙烯因其主链的饱和性使它具有耐热、耐老化、耐臭氧等优异性能。同时引入的氯原子使之具有难燃和耐油性,耐溶剂、耐酸、耐磨性也都很好。以氯磺化聚乙烯配成的密封材料可借助于引入的亚磺酰氯基团与硫化剂交联,使之像通用橡胶那样易硫化,有利于弹性及其他机械性能充分发挥出来。因此很适合用于制作弹性密封材料。用氯磺化聚乙烯制备的密封材料可在预制件、嵌件、外墙玻璃和屋顶接缝中大量使用。

氯磺化聚乙烯密封材料的特点如下:

1. 弹性好,能适应一般基层伸缩变形的需要;
2. 耐久性能优异,其使用寿命在15年以上;
3. 耐高低温性好,在$-20℃\sim 100℃$情况下,长期保持柔韧性;
4. 粘结强度高,耐水、耐酸碱性好,并具有良好的着色性。

氯磺化聚乙烯密封材料适用于混凝土、金属、木材、胶合板、天然石材、砖、砂浆、玻璃、瓦以及水泥板之间的密封防水。

氯磺化聚乙烯密封材料的物理性能应符合表1-69的要求。

氯磺化聚乙烯密封膏技术性能要求 表1-69

序号	项目	指标
1	拉伸强度(MPa)	≥0.6
2	伸长率(%)	≥150
3	撕裂强度(kN/m)	≥5
4	粘接强度(MPa)	≥0.4
5	耐热性(90℃,2h)下垂度(mm)	≤2
6	低温柔性,$\phi30$棒	$-30℃$无裂纹

1.65 什么是建筑定型密封材料？

建筑定型密封材料是指根据建筑工程的要求，将具有水密、气密性能的材料按基层接缝的规格制成带、条、垫状的具有一定形状和尺寸的，以便于对构件接缝、穿墙管接缝、门窗框间缝隙及伸缩缝、沉降缝、施工缝等结构缝隙进行防水密封处理的密封材料。

建筑工程各种接缝（如构件接缝、门窗框周围缝隙、伸缩缝、沉降缝等）常用的定型防水密封材料其品种和规格很多，主要有止水带、密封垫等。而在高分子防水卷材搭接、密封和钢结构屋面的接缝处理通常采用密封胶条。定型密封材料习惯上可分为刚性和柔性两大类。大多数刚性定型密封材料是由金属制成的，如金属止水带，防雨披水板等；柔性定型密封材料一般是采用天然橡胶、合成橡胶、合成树脂等材料制成的止水带、密封垫和其他形状的密封材料。

定型密封材料的共同特点是：

1. 具有良好的弹塑性和强度，不致于因构件的变形、振动、发生脆裂和脱落，并且有防水、耐热、耐低温性能；
2. 具有优良的压缩、拉伸和膨胀及回复性能；
3. 密封性能好，并具有优良的耐久性能；
4. 定型尺寸精度要求高。

1.66 止水带的种类和质量要求有哪些？

止水带是用于处理地下建筑变形缝和施工缝的定型防水密封材料。按组成材料的不同，常用的种类有橡胶止水带、塑料止水带、钢板止水带、钢边橡胶止水带等。在建筑工程中常用的天然橡胶止水带和塑料止水带，按其断面形状可分为哑铃形和肋形两种类型，哑铃形止水带又可分为平哑铃形和空心球哑铃形两种，如图1-1所示。平哑铃形止水带一般应用于施工缝的防水处理，空心球哑铃形和肋形止水带常用于变形缝的防水设防。

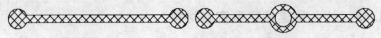
平哑铃形止水带　　　　　　　空心球哑铃形止水带

肋形止水带

图1-1　建筑工程常用止水带断面形状

应用于地下建筑工程的止水带应达到以下质量要求：

1. 应用于变形缝中的止水带必须具有一定的防水能力，在长期水压的作用下不被水渗透；

2. 具有足够的延伸，以适应结构的反复变形，在变形允许范围内不开裂、不折断的性能；

3. 具有足够的强度和硬度，在止水带安装和混凝土的浇筑过程中不被损坏；

4. 止水带通常埋置在混凝土中，不受阳光和空气的影响，所以不易受紫外线、臭氧和高温老化的影响，但会受到地下水和土壤的腐蚀和霉菌侵蚀，因此止水带应具有较好的耐腐蚀和霉菌侵蚀能力。

1.67　塑料止水带的特点和性能指标要求有哪些？

塑料止水带是由聚氯乙烯树脂、增塑剂、稳定剂等原料，经塑炼、造粒、挤出、加工成型等工序制造而成的带状防水隔离材料。塑料止水带强度高、耐久性好，物理力学性能指标能满足适用要求，原料充足，成本低廉。但塑料止水带变形后形状不能恢复，所以在胀缩变形频繁的部位易被折断，不宜使用。

塑料止水带的外观颜色为灰色或黑色，表观检查，止水带表面应塑化均匀，无分解料和未塑化的生料，不得有气孔、裂纹、皱折等缺陷。其性能指标应符合表1-70的要求。

塑料止水带的断面形状见图1-2。

塑料止水带的物理性能指标 表1-70

序号	项目		性能指标
1	硬度(邵氏)(度)		60～75
2	拉伸强度(MPa)	≥	12
3	定伸强度(MPa)	≥	45
4	相对伸长率(%)	≥	300
5	低温对折(℃)	≥	−40
6	热老化 70±1℃,360h	抗拉强度保持率(%) ≥	95
6	热老化 70±1℃,360h	相对伸长率保持率(%) ≥	95
7	碱抽取1%碱溶液 (KOH或NaOH)	抗拉强度保持率(%) ≥	95
7	碱抽取1%碱溶液 (KOH或NaOH)	相对伸长率保持率(%) ≥	95
8	碱效应1%碱溶液 60～65℃,30d	抗拉强度保持率(%) ≥	95
8	碱效应1%碱溶液 60～65℃,30d	相对伸长率保持率(%) ≥	95

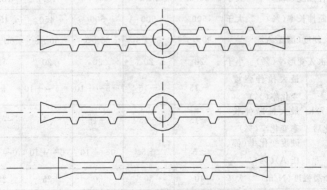

图1-2 常用塑料止水带断面形状

1.68 橡胶止水带的特点和性能指标要求有哪些？

橡胶止水带是以天然橡胶与各种合成橡胶为主要原料,掺加各种助剂及填充料,经塑炼、混炼后压制成型的。橡胶止水带具有良好的弹性、耐磨性、耐老化性和抗撕裂性能,适应变形能力强,防水性能好,温度使用范围为-40℃～+40℃。当温度超过50℃,以及止水带受强烈的氧化作用或受油类等有机溶剂浸蚀时,均不得使用该类止水带。

橡胶止水带一般用于地下工程、小型水坝、贮水池、地下通道、河底隧道、游泳池等工程的变形缝部位的密封防水及水库及输水洞等的闸门密封止水。

橡胶止水带的形状、规格品种齐全,有P形、R形、Φ形、U形、Z形、L形、J形、H形、E形、Ω形、桥形、山形等几十种之多。产品的物理性能指标各生产厂家亦略有不同,表1-71～表1-74为部分厂家生产的橡胶止水带的物理性能指标。

上海工程橡胶厂止水橡胶材料物理性能 表1-71

项目	种类	SNR-1	SNR-2	SCR-1	SCR-2	SEPR-1
拉伸强度(MPa)	大于	20.6	14.7	17.7	13.7	13.7
扯断伸长率(%)	大于	500	500	500	450	450
硬度(邵氏A)		60±5	55±5	60±5	50±5	60±3
扯断永久变形率(%)	小于	20	20	20	20	15
70℃×72h 热老化后	最大拉伸强度变化率(%)	-15	-15	-5～+10	-5～+10	±5
	最大扯断伸长率变化率(%)	-15	-15	-15	-15	-10
	硬度变化率(邵氏A)(%)	±5	±5	0～+10	0～+10	0～+5
抗撕裂强度(N/m)	大于	40	30	30	25	25
使用温度范围(℃)		-40～+60	-40～+60	-25～+80	-25～+80	-45～+80
耐水性(室温×14h)质量增加率(%)	小于	4	5	4	4	3
耐10%NaCl溶液(室温×72h)质量增加率(%)	小于	4	5	3	3	3

续表

种类 项目	SNR-1	SNR-2	SCR-1	SCR-2	SEPR-1
脆性温度(℃)	－55	－55	－40	－35	－70
密度(约)(g/cm³)	1.15	1.20	1.38	1.45	1.10
防霉性能(级)	0～2	1～3	0～2	1～3	1～2

注：1. SNR-1—系以天然橡胶为主体材料，适合于大、中型工程使用。
2. SNR-2—系以天然橡胶为主体材料，适合于中、小型工程使用。
3. SCR-1—系以氯丁橡胶为主体材料，适合于耐酸、碱、盐等无机物质，以及耐油、耐天候老化性能要求高的大、中型工程使用。
4. SCR-2—系以氯丁橡胶为主体材料，适合于中、小型工程使用，特点同SCR-1。
5. SEPR-1—系以三元乙丙橡胶为主体材料，特别适用于寒带地区及耐老化性能要求高的工程。
6. 防霉性能—按机电部上海电器科学研究所测试评定的五个等级，根据设计要求来运用。各等级要求为：0级 没有生霉；1级 极轻微生霉；2级 轻微生霉；3级 中量生霉；4级 严重生霉。

北京橡胶六厂橡胶止水带物理性能　　　　表 1-72

名　称	项　目	性　能　指　标
防水伸缩缝带	硬度(邵氏 A)	60±5
	扯断强度(MPa)	＞18
	伸长率(%)	＞450
	永久变形率(%)	＜28
	老化系数[(70±2)℃,72h]	0.8
防水片材	扯断强度(MPa)	≥7.5
	300%定伸(MPa)	≥3
	伸长率(%)	≥400
	撕裂强度(MPa)	≥2

南京橡胶厂橡胶止水带物理性能　　　　表 1-73

项　目	性　能　指　标		
	防 50	防 100	氯丁
扯断强度(MPa)	≥13	≥20	≥14

续表

项 目	性能指标		
	防50	防100	氯丁
扯断伸长率(%)	≥500	≥500	≥500
扯断永久变形率(%)	≤30	≤30	≥15
硬度(邵氏A)	55+5	65±5	60±5
回弹率(%)	45	43	
密度(g/cm³)	1.18	1.14	1.43
老化系数(70℃,72h)	≥0.8	≥0.85	0.85
使用温度范围(℃)	-40~60	-40~60	-25~80

注：1. 防50止水橡皮，适用于中小型工程。
2. 防100止水橡皮，适用于大中型工程。
3. 氯丁牌号止水橡皮，具有良好的耐酸碱和耐自然老化性能，适用于大型工程。

部分其他厂家橡胶止水带物理性能 表1-74

生产单位及产品型号		技术性能指标					
		扯断强度(MPa)	伸长率(%)	永久变形(%)	硬度(邵氏A)	脆性温度(℃)	老化系数(70℃×72h)
沈阳橡胶制品二厂	1	21.9	578	24	56	-40	0.89
	2	16.4	765	27	50	-40	0.96
	3	12.8	750	25	54	-40	0.96
南京橡胶厂[①](三力牌)	SF6674	≥16[②]	≥450	45	60±5		热空气老化70℃，7d拉伸强度变化-25%~10%
	SF6474	≥12[②]	≥450	45	60±5		
	SF6574	≥12[②]	≥450	50	60±5		
北京化工集团橡塑制品厂（鲸鱼牌）	旧型	≥18.0	≥450	<28			≥0.80
	新型	≥18.0	≥450	≤28	60±5	-49	≥0.80

续表

生产单位及产品型号		技术性能指标					
		扯断强度（MPa）	伸长率（%）	永久变形（%）	硬度（邵氏 A）	脆性温度（℃）	老化系数（70℃×72h）
河北省衡水市新新液压橡胶化工厂	防 50	≥13.0	≥500	<30	55±5	－40	≥0.80
	防 100	≥20.0	≥500	<30	65±5	－40	≥0.85
	氯丁	≥14.0	≥500	≥15	60±5	－40	≥0.85
西安永固橡胶厂（鹰球牌）		≥20.0	≥450	≤25	60±5		≥0.80
广州第六橡胶厂（飞鸟牌）		≥12	≥350	≤20	55 60±5 75	－45	0.80
北京市香山橡胶制品厂		≥14	≥420	≤20	60±5		

① 该厂生产的各型止水带的适用范围：SF6674 型适用于中、小型工程；SF6474 型适用于大、中型工程；SF6574 型适用于酸、碱、盐等无机溶剂，以及耐矿物油的工程。

② 表示拉伸强度。

1.69 什么是金属止水带？

金属止水带是指用钢、铜、或铝等金属制成的、用于处理建筑物和构筑物接缝用的带状防水密封材料。金属止水带具有强度高，可焊接在钢筋上固定位置，与混凝土的粘结牢固等优点。但延伸率较小，抗挠曲变形能力差，不宜用于接缝宽度变化频繁的部位。

其中钢止水带主要用于水坝及其他大型施工工程，普通钢还需另外采取防锈措施，为此在水坝建筑中则采用不锈钢，这种钢必须是低碳和用钛加以稳定的，以利焊接和保护焊接后的耐锈蚀性，为提高柔性还需要退火。

铜止水带主要用于水坝和一般构筑物的接缝止水，它耐腐蚀能力强,但强度和刚性较差,须小心搬运以免损坏而且价格高,因此往往用柔性止水带代替。

在现代工业楼面接缝中也可采用铝合金板作止水带或防雨板。

1.70 钢边橡胶止水带的特点是什么?

钢边橡胶止水带是以一般可伸缩的橡胶和两边配有镀锌钢带或不锈钢带所组成的复合件,故又称为钢带橡胶组合止水带,其形状见图1-3所示。

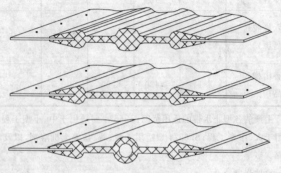

图1-3 常见钢边止水带断面图

钢边止水带主要靠中间的橡胶段在混凝土变形缝间被压缩或拉伸,而起到密封止水作用。混凝土和橡胶的粘附力较差,而且橡胶止水带两侧混凝土浇筑时不易被捣实,所以在混凝土接缝产生胀缩、沉降错缝、扭转等变形时,经常会出现橡胶止水带松动和脱落,以致在水头压力较高情况下产生渗漏现象,对于变形大的接缝,问题更为突出。采用钢边橡胶止水带,基本上可以克服纯橡胶止水带的这些不足。而且它还带有双重功能,即一方面可以延长渗水途径,延缓渗水速度,另一方面镀锌钢带和混凝土有良好的粘结能力,使止水带能承受较大的拉力和扭力,从而保证橡胶止水带在混凝土中的有效变形范围内不会产生松动和脱落现象,提高止水效果。

1.71 遇水膨胀橡胶条的特点和防水作用是什么？

遇水膨胀橡胶条是以橡胶与亲水型的聚氨酯混炼而成的结构型遇水膨胀材料。由于在橡胶中有大量的亲水基团（—CH_2—CH_2—O—）存在，这种基团与水分子以氢键相结合，致使橡胶体积增大，这些被吸附的水分子即使在压缩、吸引等机械力的作用下也不易被挤出，在一定温度加热作用下也不易被蒸发。同时由于亲水基团中链节的极性大，容易旋转，因此这种橡胶仍有较好的回弹性，浸水膨胀后仍有一定的刚性。遇水膨胀橡胶既具有一般橡胶制品的特性，即具有弹性接缝止水材料的密封防水作用；又有遇水自行膨胀以水止水的功能，当接缝宽度大于弹性密封材料的弹性复原率以外时，该材料遇水膨胀，膨胀体仍具有橡胶性质，以达到止水的目的。

遇水膨胀橡胶制品型为形状固定的密封材料；腻子型具有可塑型，可嵌填于任意形状的接缝中；自粘型可依靠自身的粘性直接将止水条粘贴在施工缝界面上。

遇水膨胀橡胶条的膨胀倍率可根据需要在100%～500%之间调节。选用的遇水膨胀橡胶腻子止水条应具有缓胀性能，其7d的膨胀率应不大于最终膨胀率的60%，以免在混凝土强度较低时膨胀，造成混凝土胀裂破坏。当不符合时，应采取表面涂缓膨胀剂措施。

遇水膨胀橡胶条具有以下特点：

1. 具有橡胶制品的弹性、延伸性，并可根据工程要求，加工制成所需形状；

2. 可根据工程实际要求在100%～500%的范围内调节控制膨胀率，膨胀率不受水质影响，且膨胀后仍具有橡胶的性质，反复胀缩不影响性能；

3. 具有很好的抗腐蚀性，可用在处于酸碱等侵蚀性介质中的构筑物或污水管道的接缝防水；

4. 无毒、无味、无害、无污染，可在常温下施工，且操作简便；

5. 腻子型遇水膨胀橡胶止水条除具有遇水膨胀以及止水的功能外，并具有一定的弹性和极大的可塑性，遇水膨胀后会塑性进一步加大，以堵塞混凝土孔隙和出现的裂缝；

6. 遇水膨胀橡胶只有在其自身膨胀范围内获得一个有效的限制条件，才能充分发挥其密封及止水的效能；

7. 遇水膨胀橡胶具有可逆性，失水干燥后又会收缩还原，故不得用于间歇性有水时的止水，如屋面变形缝止水。

遇水膨胀橡胶止水条和遇水膨胀橡胶腻子止水条的物理性能应符合表 1-75 和表 1-76 的要求。

遇水膨胀橡胶止水条技术指标　　　　　　表 1-75

项　目	指　标
邵氏硬度	50±5
扯断强度(MPa)>	3.5
扯断延伸率(%)>	600
静水膨胀率(%)	50～200

遇水膨胀橡胶止水条物理性能　　　　　　表 1-76

项　目	性　能　指　标		
	PN-150	PN-220	PN-300
体积膨胀倍率(%)	≥150	≥220	≥300
高温流淌性(80℃×5h)	无流淌	无流淌	无流淌
低温试验(-20℃×2h)	无脆裂	无脆裂	无脆裂

注：体积膨胀倍率 = $\dfrac{\text{膨胀后的体积}}{\text{膨胀前的体积}} \times 100\%$。

制品型遇水膨胀橡胶止水条适用于盾构施工法装配式衬砌接缝防水、建筑物变形缝和施工缝防水、金属及混凝土等各类预制构件接缝防水；腻子型遇水膨胀橡胶止水条具有一定的弹性和极大的可塑性，遇水膨胀后塑性进一步加大，在其膨胀受到良好限制的条件下,可堵塞混凝土孔隙和出现的裂缝达到满意的止水效果。适用于现场浇筑的混凝土施工缝、嵌入构件间(如混凝土、金属管道等各类预制构件)任意形状的接缝内以及混凝土裂缝漏水的治理。还可用于地下工程混凝土结构支模用的穿墙对拉螺栓及穿墙套管周边的防水,及桩头钢筋周边的防水。

1.72 什么是背衬材料？有何作用？

背衬材料是用于限制密封材料嵌填深度和确定密封材料背面形状的材料。同时作为隔离材料,使密封材料不与接缝底部粘结,增加密封材料适应接缝变形的能力。

背衬材料一般采用合成树脂或合成橡胶等的闭孔泡沫体制作,具有适当的柔软性,其断面形状一般采用圆形或方形,尺寸比接缝宽度大 1~2mm。

用于接缝的背衬材料应符合以下要求:

1. 背衬材料能支承密封材料,以防止凹陷;
2. 背衬材料与密封材料不会粘结或粘结力低;
3. 具有一定的可压缩性,当合缝时密封胶就不会被挤出,当开缝时又能复原;
4. 与密封材料具有相容性,不会与密封材料发生反应影响密封材料的性能。

用于接缝的背衬材料的种类和要求见表 1-77。

背衬材料的种类和要求　　　表 1-77

成分和类型	使 用 要 求	用 法
氯丁橡胶或丁基多孔管	适用各种缝宽的接缝,宽缝中使用时要求回弹力大,应检查与密封胶的相容性	用手工工具或滚筒压入接缝
膨胀聚乙烯、聚氨酯和聚氯乙烯、聚丙烯、柔性泡沫材料	与大多数密封胶相容	用手工工具压入接缝

续表

成分和类型	使用要求	用法
金属或塑料	与密封材料不起化学作用	
玻璃纤维矿物棉	呈惰性,不损害密封胶	呈网状或线状,或采用包装好的松散材料嵌入接缝
麻絮、黄麻、马尼拉丝和粗麻绳、空心软素	使用前应先作防腐处理	塞入缝中至规定深度

102

2 地下防水

2.1 地下工程防水包括哪些范围？

地下工程是指工业与民用建筑地下工程、防护工程、市政隧道、山岭及水底隧道、洞库、地下铁道等建筑物和构筑物。地下工程防水是对地下工程进行防水设计、防水施工和维护管理等各项技术工作。地下工程防水设防的范围，除了我们通常理解的地表以下的建筑物和构筑物以外，还包括如山岭隧道等在地面以上的构筑物。地下工程由于结构复杂，施工方法特殊，受地表水、地下水、毛细管水等的渗透和侵蚀作用，以及由于人为因素引起的附近水文地质改变的影响，其防水设防、防水施工、维护管理的难度和要求更高，必须通过工程规划、建筑结构设计、材料选择、施工工艺等全面系统地做好地下工程的防排水，使地下工程能合理正常地使用，充分发挥其经济效益和社会效益。

2.2 地下防水工程设计应遵循什么原则？

地下工程防水的设计应遵循"防、排、截、堵相结合，刚柔相济，因地制宜，综合治理"的原则。

现代建筑结构向大跨度、大开间方向发展，建筑形式也向多样化发展，建筑物的功能更加综合化。地下工程也随着建筑的发展向更大型、更深发展；对防水技术的要求也更高，只靠单一技术很难满足地下工程防水的要求，必须通过建筑、结构、施工等各学科的配合来达到防水的功能要求。防水技术已发展成为通过"防、排、截、堵"等多种手段相结合，刚性材料和柔性材料共同使用、性能互相弥补，材料、设计、施工综合应用的多学科应用技术，只有这样,才能保证建筑物和构筑物不受水的侵蚀,使内部空间不受水的危害。我国幅员广阔,气候变化幅度大,地质条件差异也很大,设计上要根据当地的具体情况合理设防、重点设防,使防水设防有效、经济。随着地铁、城市隧道、大型地下结构等的发展,地下工程结构向大型化、复杂化、多样化发展,在防水设计方面更应注重整体设防的观念,单从节点、局部考虑远远不能解决地下工程防水问题,还应从建筑结构特点、施工工艺和方法等方面来选择防水材料和配套技术,同时加强管理才能使各种方案落实。

建筑的发展已促使防水技术发展为系统性科学,综合地采用多种方法,根据工程具体情况整体地设计,才能真正满足地下工程防水的要求。

2.3 地下工程防水设计需收集的资料和设计内容有哪些?

地下工程防水设计,应根据工程的特点需要收集以下有关资料:

1. 最高地下水位的高程、出现的年代,近几年的实际水位高程和随季节变化情况;
2. 地下水类型、补给来源、水质、流量、流向、压力;
3. 工程地质构造,包括岩层走向、倾角、节理及裂隙,含水地层的特性、分布情况和渗透系数,溶洞及陷穴,填土区、湿陷性土和膨胀土层情况;
4. 历年气温变化情况、降水量、地层冻结深度;
5. 区域地形、地貌、天然水井、水库、废弃坑井以及地表水、洪水和给水排水系统资料;
6. 工程所在区域的地震烈度、地热,含瓦斯等有害物质的资料;
7. 施工技术水平和材料来源。

地下工程防水设计必须包括以下内容:
1. 防水等级和设防要求;
2. 防水混凝土的抗渗等级和其他技术指标,质量保证措施;

3. 其他防水层选用的材料及其技术指标,质量保证措施;

4. 工程细部构造的防水措施,选用的材料及其技术指标,质量保证措施;

5. 工程的防排水系统,地面挡水、截水系统及工程各种洞口的防倒灌措施。

2.4 什么叫防水等级？地下工程防水分为几级？各级标准和适用范围如何？

防水等级是根据地下工程的重要性和使用中对防水的要求,所确定结构允许渗漏水量的等级标准。我国规范根据国内工程调查资料,参考国外有关规定数值,结合地下工程不同要求和我国地下工程实际,按不同渗漏水量的指标将地下工程防水划分出不同的等级。防水等级共分为四级。通过整个工程的漏水量值和工程任一局部的漏水量值来规定的。

地下工程防水等级标准和不同防水等级的适用范围分别见表2-1和表2-2。

地下工程防水等级标准　　　　　　表2-1

防水等级	标　准
一级	不允许渗水,结构表面无湿渍
二级	不允许漏水,结构表面可有少量湿渍 工业与民用建筑:湿渍总面积不大于总防水面积的1%,单个湿渍面积不大于$0.1m^2$,任意$100m^2$防水面积不超过1处 其他地下工程:湿渍总面积不大于总防水面积的6%,单个湿渍面积不大于$0.2m^2$,任意$100m^2$防水面积不超过4处
三级	有少量漏水点,不得有线流和漏泥砂 单个湿渍的最大面积不大于$0.3m^2$,单个漏水点的最大漏水量不大于$2.5L/d$,任意$100m^2$防水面积上的漏水点数不超过7处
四级	有漏水点,不得有线流和漏泥砂 整个工程平均漏水量不大于$2L/(m^2·d)$,任意$100m^2$防水面积的平均漏水量不大于$4L/(m^2·d)$

不同防水等级的适用范围　　　　　　　　　表 2-2

防水等级	适 用 范 围
一级	人员长期停留的场所；因有少量湿渍会使物品变质、失效的贮物场所及严重影响设备正常运转和危及工程安全运营的部位；极重要的战备工程
二级	人员经常活动的场所；在有少量湿渍的情况下不会使物品变质、失效的贮物场所及基本不影响设备正常运转和工程安全运营的部位；重要的战备工程
三级	人员临时活动的场所；一般战备工程
四级	对渗漏水无严格要求的工程

2.5 地下工程有哪些防水设防要求？

地下工程的防水设防要求，应根据使用功能、结构形式、环境条件、施工方法及材料性能等因素合理确定。明挖法和暗挖法地下工程防水设防要求应分别符合表 2-3 和表 2-4 的要求。

明挖法地下工程防水设防　　　　　　　　表 2-3

工程部位	主体						施工缝					后浇带			变形缝、诱导缝					
防水措施 / 防水等级	防水混凝土	防水砂浆	防水卷材	防水涂料	塑料防水板	金属防水板	遇水膨胀止水条	中埋式止水带	外贴式止水带	外抹防水砂浆	外涂防水涂料	膨胀混凝土	遇水膨胀止水条	外贴式止水带	中埋式止水带	可卸式止水带	外贴式止水带	防水嵌缝材料	外贴防水卷材	外涂防水涂料
一级	应选	应选一至二种	←	←	←	←	应选二种	←	←	←	←	应选二种	←	应选	应选二种	←	←	←	←	←
二级	应选	应选一种	←	←	←	←	应选一至二种	←	←	←	←	应选一至二种	←	应选	应选一至二种	←	←	←	←	←
三级	应选	宜选一种	←	←	←	←	宜选一至二种	←	←	←	←	宜选一种	←	宜选	宜选一至二种	←	←	←	←	←
四级	宜选	—	—	—	—	—	宜选一种	←	←	←	←	宜选一种	←	应选	宜选一种	←	←	←	←	←

暗挖法地下工程防水设防　　表 2-4

工程部位	主体				内衬砌施工缝					内衬砌变形缝、诱导缝				
防水措施	复合式衬砌	离壁式衬砌、衬套	贴壁式衬砌	喷射混凝土	外贴式止水带	遇水膨胀止水条	防水嵌缝材料	中埋式止水带	外涂防水涂料	中埋式止水带	外贴式止水带	可卸式止水带	防水嵌缝材料	遇水膨胀止水条
防水等级 一级	应选一种				应选二种				应选	应选二种				
防水等级 二级	应选一种				应选一至二种				应选	应选一至二种				
防水等级 三级			应选一种		宜选一至二种				应选	宜选一至二种				
防水等级 四级			应选一种		宜选一种				应选	宜选一种				

不同防水等级的地下工程确定合理的防水设防方案和细部构造措施是工程设计人员落实工程使用功能的关键。规范的防水设防要求体现了两个方面的内容：一是过去一直认为混凝土是永久性材料，但通过长期实践认识到混凝土在地下工程中受侵蚀，耐久性会下降，而且许多地下工程属大体积混凝土施工，由于各方面的原因总存在局部的缺陷，单靠防水混凝土来抵抗地下水的侵蚀效果有限，防水等级为一、二级的工程多是一些比较重要、投资较大、使用年限长、防水失效后会引起严重影响的工程，只有和其他防水层结合使用多道设防才能较好地解决这一问题；二是细部构造特别是施工缝、变形缝、诱导缝、后浇带处理不好极易出现渗漏水，对细部构造应根据不同的防水等级选用不同的防水措施，防水等级越高拟采用的措施越多。体现了因地制宜，重点部位重点设防的原则。

2.6　地下工程防水设防高度的含义是什么？

地下工程防水设防高度主要是防止地下水的渗漏，其最早的定义为最高地下水位高度加1m(1m即是毛细管水上升)的高度，后又定义为应综合分析历年水位地质资料、根据工程重要性、工程建成后地下水位变化的可能性等因素决定。强调防水设防高度主要应由地下水位高度确定。但地下工程不仅受地下水、上层滞水、毛细管水等作用，也受地表水的作用，人为活动也会引起水文地质条件的改变，对地下工程都会造成影响。因此，地下工程防水设防高度不能单纯以地下最高水位来确定，对单建式地下工程应采用全封闭、部分封闭的防排水设计；附建式的全地下或半地下工程的防水设防高度，应高出室外地坪高程500mm以上，以确保地下工程的正常使用。

2.7 地下防水工程子分部工程的分项工程怎样划分？

根据国家标准《建筑工程施工质量验收统一标准》GB 50300—2001规定，确定地下防水工程为地基与基础分部工程中的一个子分部工程。由于地下防水工程包括了地下建筑防水工程、特殊施工法防水工程、排水工程和注浆工程等主要内容。《地下防水工程质量验收规范》GB 50208—2002根据施工的实际工作内容对子分部工程进行分项，设定主控项目、一般项目。有利于及时纠正施工中的质量问题，有利于工程质量的提高。

地下防水工程子分部的分项工程划分见表2-5。

地下防水工程的分项工程 表2-5

子分部工程	分 项 工 程
地下防水工程	地下建筑防水工程：防水混凝土，水泥砂浆防水层，卷材防水层，涂料防水层，塑料板防水层，金属板防水层，细部构造
	特殊施工法防水工程：锚喷支护，地下连续墙，复合式衬砌，盾构法隧道
	排水工程：渗排水、盲沟排水，隧道、坑道排水
	注浆工程：预注浆、后注浆，衬砌裂缝注浆

2.8 怎样划分地下工程的刚性防水层和柔性防水层？

刚性防水层是指采用较高强度和无延伸能力的防水材料,如防水混凝土、防水砂浆所构成的防水层。而柔性防水层是指采用具有一定柔韧性和延伸率的防水材料,如防水卷材、防水涂料构成的防水层。

刚性防水层实现其防水功能主要依靠材料自身的密实性或通过改变其基层密实性来完成,它的抗变形主要依靠提高其抗压强度。如防水砂浆以水泥、砂石为原料,掺入少量外加剂、高分子聚合物等材料,通过调整配合比,抑制或减少孔隙率,改变孔隙特征,来制成具有一定抗渗透能力的防水层。常用的有防水砂浆、防水混凝土、水泥基防水涂料、水泥基渗透结晶型涂料等。

柔性防水层具有一定的延展性,它不仅通过材料自身的密实性来防水,而且一定程度能够适应结构或基层的变形而不破坏。能够在刚性材料不利的条件下实现防水功能,一般都以刚性基层为载体,与刚性防水层结合组成刚柔结合体系。如防水卷材、防水涂料、密封材料、塑料防水板、金属板等。

2.9 地下工程钢筋混凝土结构,为什么要采用防水混凝土？

防水混凝土是以调整配合比或掺加外加剂的方法来提高自身密实性和抗渗性要求的一种混凝土。由于掺合料、外加剂的发展大大改善了混凝土本身的密实性,提高了混凝土的抗裂性、抗渗性。其配制及施工均简便,材料来源广泛,防水混凝土自防水结构作为工程主体的防水措施在工程应用中发挥了很大的作用,十余年来已普遍为地下工程界所接受,结构主体防水与其他防水层相结合成为完整的防水体系。《地下工程防水技术规范》规定应采用防水混凝土,并根据防水等级的要求采用其他防水措施。

2.10 处于侵蚀性介质中的工程,对结构混凝土和防水材料有哪些要求？

侵蚀性介质是指在防水混凝土的养护和使用过程中,对混凝土的强度和抗渗能力有影响的介质,如地下水中所含的酸、碱、盐等,对防水混凝土的影响很大,其影响程度用耐侵蚀系数来表示,耐侵蚀系数是指在侵蚀性水中养护6个月的混凝土试块的抗折强度与在饮用水中养护6个月的混凝土试块的抗折强度之比,防水混凝土的耐侵蚀系数不应小于0.8。在混凝土受侵蚀性介质作用时,应按介质的性质选用相应的水泥及骨料。除对混凝土本身采取耐侵蚀性措施外,在与侵蚀性介质接触面,还应采用耐腐蚀能力强的高聚物改性沥青或合成高分子防水材料。

2.11 结构刚度较差或受振动的防水工程,应采取什么防水设防措施?

结构刚度较差或受振动作用的工程,容易出现结构裂缝,对这类工程进行防水设防时,应充分考虑到结构防水混凝土开裂失效的可能性,采用刚柔结合、多道设防的防水方案,除结构主体采用防水混凝土、提高混凝土强度等级和提高配筋率外,在迎水面应增设柔性防水层。卷材可采用聚脂胎的高聚物改性沥青卷材或无胎体合成高分子卷材,这两类卷材延伸率较高;蠕变型和自粘型改性沥青卷材能够抵消一部分振动应力,并且抗疲劳能力强,适合往复应力状态。防水涂料应采用延伸率较大的合成高分子防水涂料,并根据材料性能特点的不同,控制好涂膜防水层的厚度,使涂膜防水层具有较强的抗裂性。

2.12 地下工程防水混凝土抗渗等级是怎么确定的?

根据近十年地下防水工程的实践经验,按最大水头和混凝土壁厚比值来确定设计抗渗等级往往偏高,不太符合工程实际的需要,而且高抗渗等级的防水混凝土水泥用量要相应增加,混凝土开裂的可能性也加大。因此参照上海盾构隧道管片混凝土和近年一些埋深10m左右的地下工程防水混凝土的抗渗等级要求,按工程的埋置深度来确定防水混凝土的抗渗等级,如表2-6。

防水混凝土设计抗渗等级 表 2-6

工程埋置深度(m)	设计抗渗等级	工程埋置深度(m)	设计抗渗等级
<10	P6	20~30	P10
10~20	P8	30~40	P12

注：1. 本表适用于Ⅳ、Ⅴ级围岩(土层及软弱围岩)。
　　2. 山岭隧道防水混凝土的抗渗等级可按铁道部门的有关规范执行。

2.13 为什么防水混凝土施工配合比设计的抗渗等级要比设计等级提高一级？

混凝土的抗渗等级是指在标准试验条件下，混凝土试件的抗渗压力值。考虑到施工现场混凝土的制备、浇筑、振捣和养护的条件与试验室条件有较大的差别，试验室配制防水混凝土的施工配合比时，其抗渗等级应比设计要求提高一级(0.2MPa)，以保证现场施工混凝土的抗渗能力。

2.14 防水混凝土为什么不能在高于80℃环境采用？

当防水混凝土用于具有一定温度的工作环境时，其抗渗能力随着温度的提高而降低，温度越高则降低得越显著，当温度超过250℃时，混凝土几乎失去抗渗能力，参见表2-7。因此规范规定防水混凝土的施工和使用环境温度不得高于80℃。如果环境温度超过80℃，应采用耐高温混凝土来满足使用要求。

环境温度与混凝土抗渗压力关系 表 2-7

环境温度(℃)	抗渗压力(MPa)	环境温度(℃)	抗渗压力(MPa)
常温	1.8	200	0.7
100	1.1	250	0.6
150	0.8	300	0.4

2.15 什么是混凝土耐侵蚀系数，规范作何规定？

耐侵蚀系数是指在侵蚀性水中养护6个月的混凝土试块的抗

折强度与在饮用水中养护 6 个月的混凝土试块的抗折强度之比，规范规定处于侵蚀性介质中防水混凝土的耐侵蚀系数不应小于 0.8。这说明混凝土在侵蚀性水中养护后，其性能比正常养护条件下要低，尤其是抗折强度，所以对处于侵蚀性介质中的混凝土必须达到规定的耐侵蚀指标，才能确保防水混凝土的质量。

2.16 防水混凝土结构底板的混凝土垫层厚度和强度为什么要提高？

混凝土垫层是承载结构底板的平面基础，它的稳定使结构底板很好地与桩基结合，形成完整的载荷体系，同时又是结构底板的一道防水保护层；提高强度同时提高了垫层的密实度，提高了垫层的抗渗性。同时对于预拌混凝土来说，很难配出低于 C15 的混凝土，厚度提高有利于降低其弹性变化量，有利于结构底板的稳定。

足够的厚度是混凝土垫层具有足够刚度的保证，规范规定结构底板垫层混凝土厚度不应小于 100mm，在软弱土层中不应小于 150mm。

2.17 为什么将防水混凝土结构裂缝宽度和钢筋保护层厚度规定作为强制性条文？

《地下工程防水技术规范》规定防水混凝土结构裂缝宽度不得大于 0.2mm，并不得贯通；迎水面钢筋保护层厚度不应小于 50mm。

混凝土是由不同材料组成的非均质体，内部存在着固、液、气体，当温度和湿度变化，而且在外载荷作用下，混凝土内部微观结构会产生复杂的物理变化，在石子、砂子表面总是存在微观细裂纹，这种裂纹肉眼是无法观察到的，当裂纹宽度小于 0.05mm 时对使用无危险性，地下水无法渗透。地下防水工程或其他防水结构，在水压不高（水头差在 10m 以下）的情况下，产生 0.1~0.2mm 的裂缝时，开始有些渗漏，水渗入裂缝中同水泥结合，形成氢氧化钙，浓度不断增加，生成胶凝物质胶合了裂缝。此外，氢氧化钙与空气中水分带入的二氧化碳结合,发生碳化,形成白色碳酸钙结晶,使原裂缝被封闭,裂缝虽然存在,但渗漏停止了。当裂缝宽度大于 0.2mm 时,裂缝无法愈合,渗漏会持续进行。从工程实践来看,结构混凝土因为配合比、水灰比、施工及养护等原因引起的裂缝非常普遍,所以,规范从地下防水工程的设防要求和工程实际出发强制规定裂缝宽度不得大于 0.2mm,并不得贯通,以确保地下工程混凝土结构主体防水的工程质量。但在工程实践中,将裂缝宽度大于 0.2mm 定为不合格是不现实的,只能认为当裂缝宽度超过 0.2mm 时,应另作防水处理,如灌浆或设置附加防水层进行复合防水等。

规范中钢筋保护层指主筋的保护层厚度,由于主筋外有箍筋,因此箍筋的保护层厚度较薄,再加上施工的误差,则会产生箍筋外露或保护层过薄现象,从而使地下水沿钢筋渗入结构内部,引起钢筋腐蚀,对结构稳定受到影响。

以上因素对防水的效果产生很大的影响。是比较重要的环节,因此规范将其作为强制性条文。

2.18 防水混凝土、水泥砂浆适宜的施工温度是多少?

混凝土或水泥砂浆中水泥的水化速度随着温度的降低而减慢,环境温度 4℃时,强度增长速度仅为 15℃时一半。水冻结后,体积膨胀 8%~9%,使混凝土或砂浆内部产生很大的冻胀应力,当混凝土凝固体所具备的抗拉和抗压强度低于其冻胀应力时,会引起混凝土开裂,并使强度下降,水泥砂浆会产生酥松现象。低温施工必须采用综合蓄热法、暖棚法、蒸气养护法等养护措施或采用掺加防冻剂或复合防冻剂等办法来保证混凝土中水泥的水化,保证混凝土冬期施工的质量。

混凝土中水泥水化时会产生大量的热量,夏季施工时环境气温高,使混凝土内部的热量散发得慢,造成内外温差过大,当温度应力大于混凝土的抗拉强度时,会造成混凝土开裂。另外,夏季高温气候使混凝土中的水分蒸发过快,造成混凝土失水,没有足够的水化水。因此夏季施工应尽量避开炎热天气,采用减少水泥水化热、降低混凝土入模温度、加强施工中的温度控制、改善约束条件、提高混凝土的极限抗拉强度、加强养护等措施避免混凝土开裂。

防水混凝土、水泥砂浆适宜的施工温度应在 5～35℃左右。在此温度区间比较适宜施工,成本低,质量容易保证。

2.19 防水混凝土对采用的水泥有什么要求?

水泥作为混凝土的胶结材料,对混凝土的质量起着决定性的作用,规范规定防水混凝土中使用的水泥,应符合以下要求:

1. 水泥的强度等级不应低于 32.5MPa;
2. 在不受侵蚀性介质和冻融作用时,宜采用普通硅酸盐水泥、硅酸盐水泥、火山灰质硅酸盐水泥、粉煤灰硅酸盐水泥、矿渣硅酸盐水泥,使用矿渣硅酸盐水泥必须掺用高效减水剂;
3. 在受侵蚀性介质作用时,应按介质的性质选用相应的水泥;
4. 在受冻融作用时,应优先选用普通硅酸盐水泥,不宜采用火山灰质硅酸盐水泥和粉煤灰硅酸盐水泥;
5. 不得使用过期或受潮结块的水泥,并不得将不同品种或强度等级的水泥混合使用。

我国制定的水泥新标准取消了 325 号水泥,并用水泥强度等级代替原水泥标号,规定最低强度等级值为 32.5MPa,相当于原标准的 425 号水泥。水泥品种的选择应根据不同的环境和不同要求来选用,其优缺点及适用范围见表 2-8。

水泥品种、特点和适用范围　　表 2-8

水泥品种	普通硅酸盐水泥	火山灰质硅酸盐水泥	矿渣硅酸盐水泥
优　点	早期及后期强度较高,在低温下强度增长比其他水泥快,泌水性小,干缩率小,抗冻耐磨性好	耐水性强,水化热低,抗硫酸盐侵蚀能力较好	水化热低,抗硫酸盐侵蚀能力优于普通硅酸盐水泥

续表

水泥品种	普通硅酸盐水泥	火山灰质硅酸盐水泥	矿渣硅酸盐水泥
缺点	抗硫酸盐侵蚀能力及耐水性比火山灰质硅酸盐水泥差	早期强度低,在低温环境中强度增长较慢,干缩变形大,抗冻耐磨性差	泌水性和干缩变形大,抗冻耐磨性差
适用范围	一般地下和水中结构及受冻融作用及干湿交替的防水工程,应优先采用本品种水泥,含硫酸盐地下水侵蚀时不宜采用	适用于硫酸盐侵蚀介质的地下防水工程,受反复冻融及干湿交替的防水工程不宜采用	必须采用提高水泥研磨细度或掺入外加剂的办法减小或消除泌水现象后,方可用于一般地下防水工程

2.20 防水混凝土的外加剂为什么有等级要求?

外加剂防水混凝土是依靠掺入少量的有机或无机外加剂来改善混凝土的和易性、提高密实性和抗渗性、以适应工程需要的防水混凝土。外加剂对提高防水混凝土的防水质量极有好处,但目前工程中应用的外加剂种类很多且质量标准不一致,规范要求使用的外加剂的技术性能应符合国家或行业标准一等品及以上的质量要求。杜绝使用达不到防水要求的低质量外加剂,保证防水混凝土的工程质量。

2.21 为防止地下工程防水混凝土的开裂,应采取什么方法?

防水混凝土的裂缝产生的主要原因有混凝土的收缩、温度应力及不均匀沉降等等。混凝土是不同材料组成的非均质体,内部存在着固、液、气体,水泥的水化及水分的蒸发会使混凝土收缩并含有大量的空隙。目前主要通过优选水泥品种、调整配合比和掺入外加剂、纤维、高分子聚合物材料等措施来抑制或减少孔隙率,

改变孔隙特征,增加各原材料间的连接性和密实性,或改善施工技术等方法来控制混凝土的裂缝:

1. 严格控制水泥的质量,根据使用环境选用合理的水泥品种,控制水泥和集料的级配,尽量降低水灰比;

2. 通过掺加减缩剂来抑制水泥的水化收缩和养护过程中水分蒸发引起的干缩,减少混凝土的收缩裂缝;

3. 根据工程需要掺入适量的外加剂,如减水剂、膨胀剂、防水剂、密实剂、引气剂等,或掺入一定量的粉煤灰、磨细矿渣粉、硅粉等颗粒度小的惰性材料,填充混凝土内的孔隙,达到减少水泥用量、降低水泥水化热、减少水灰比、减少干缩裂缝或提高密实度的目的,从而减少混凝土固化后的收缩、开裂;

4. 掺入钢纤维或合成纤维,利用其三维乱向分布形式,限制混凝土的塑性收缩与干燥收缩裂缝;

5. 掺入一定量的高分子聚合物,通过高分子聚合物连接混凝土内各种固态材料,提高内部的粘结力,防止开裂;

6. 合理设置施工缝,防止混凝土构件体积过大而引起收缩积累过大的裂缝;

7. 降低混凝土的浇筑强度,减薄混凝土浇筑层厚度,使混凝土在浇筑过程中尽可能多地散发水化热,降低混凝土的内外温差,减少温度应力引起的混凝土裂缝。

2.22 防水混凝土的配合比设计应符合什么规定?

防水混凝土主要是通过合理的配合比设计,使混凝土中细骨料能充分填充粗骨料之间的空隙,水泥或活性掺和料颗粒充分填充细骨料间的空隙,使混凝土致密,达到抗渗要求。因此防水混凝土的配合比设计应符合以下规定:

1. 试配要求的抗渗水压值应比设计值提高 0.2MPa;

2. 水泥用量不得少于 $320kg/m^3$;掺有活性掺合料时,水泥用量不得少于 $280kg/m^3$;

3. 砂率宜为 35%~40%,泵送时可增至 45%;

4. 灰砂比宜为 1：1.5～1：2.5；

5. 水灰比不得大于 0.55；

6. 普通防水混凝土坍落度不宜大于 50mm。防水混凝土采用预拌混凝土时，入泵坍落度宜控制在 120±20mm，入泵前坍落度每小时损失值不应大于 30mm，坍落度总损失值不应大于 60mm；

7. 掺加引气剂或引气型减水剂时，混凝土含气量应控制在 3%～5%；

8. 防水混凝土采用预拌混凝土时，缓凝时间宜为 6～8h。

2.23　为什么要控制引气剂混凝土中的含气量？

引气剂是一种具有憎水作用的表面活性物质，它能显著降低混凝土拌合水的表面张力，经搅拌可在拌合物中产生大量密闭、稳定和均匀的微小气泡，从而使毛细管变得细小、曲折、分散，减少了渗水通道。引气剂还可增加粘滞性，改善和易性，减少泌水和分层离析，弥补混凝土结构的缺陷，从而提高混凝土的密实性和抗渗性。

由于引气剂防水混凝土引入了无数微小的密闭气孔，提高了混凝土的变形能力，并可吸收和减少由于干湿、冻融交替作用产生的体积变化和内应力，提高了混凝土的抗冻胀破坏能力。但掺加引气剂后混凝土的空隙率增加，抗压强度随含气量增加而降低，虽然引气剂提高了和易性，降低了水灰比，可以补偿一部分的强度损失，但强度总体上还是降低，一般含气量增加 1%，28d 强度约下降 3%～5%。因此，《地下工程防水技术规范》GB 50108—2001 要求混凝土中的含气量应控制在 3%～5%，强度损失不大于 6%～10%。

2.24　预拌防水混凝土对缓凝时间有何要求？

用于防水的预拌混凝土由于搅拌地到施工现场需一定的时间，特别在城市内遇到交通拥挤或堵塞等问题时会使时间更长，而且预拌混凝土多用于大型地下工程,混凝土浇筑量大,如果混凝土凝固时间过短,可能会出现坍落度损失太大、运到工地就不能施工的现象,或由于混凝土供应不及时,已浇筑混凝土出现初凝,浇筑层间出现施工缝,造成工程渗漏水的隐患。因此《地下工程防水技术规范》(GB 50108—2001)要求预拌混凝土的缓凝时间在6~8h。施工时应根据城市交通状况、运输距离、天气状况、混凝土浇筑量和浇筑速度等因素综合考虑来决定缓凝时间,确保施工质量。

2.25 怎样控制好防水混凝土的计量和搅拌?

防水混凝土的搅拌控制应控制好混凝土搅拌时的配合比和计量、投料顺序和搅拌时间;浇筑过程应符合混凝土运输和浇筑的施工要求。

1. 混凝土搅拌前应按照施工现场砂、石的含水量对实验室配合比进行调整,换算成施工配合比,并计算出每盘混凝土搅拌的原材料用量,在搅拌机边挂牌公布。

2. 检查计量工具的精度,原材料按规定计量,严格控制计量误差,避免由于计量不准确或偏差过大而影响混凝土配合比的准确性,确保混凝土的均质性、抗渗性和强度等技术性能。混凝土组成材料计量的允许误差应符合表2-9的要求。

混凝土组成材料计量结果的允许偏差(%) 表2-9

混凝土组成材料	每 盘 计 量	累 计 计 量
水泥、掺合料	±2	±1
粗、细骨料	±3	±2
水、外加剂	±2	±1

注:累计计量仅适用于微机控制计量的搅拌站。

3. 控制混凝土的投料顺序,采用一次投料法时,应在料斗中先装石子,再装水泥,最后装砂,然后一次投入搅拌机中,不得颠倒投料顺序。

4. 使用减水剂时,减水剂宜预溶成一定浓度的溶液。

5. 防水混凝土拌合物必须采用机械搅拌,并根据搅拌机的类型、混凝土拌合物坍落度、搅拌机容量的大小和外加剂的技术要求等确定混凝土的搅拌时间,并不应小于 2min。搅拌机的类型和混凝土拌合物的坍落度不同,搅拌时间也应不同,通过充分搅拌,可使混凝土的各种组合材料混合均匀,颜色一致。高强度等级混凝土、干硬性混凝土搅拌时间更应严格执行。

6. 混凝土拌合物坍落度的大小,对混凝土拌合物施工性及硬化后混凝土的抗渗性和强度有直接影响。只有加强混凝土坍落度的检测和控制,才能保证混凝土具有良好的和易性和施工性。混凝土在浇筑地点的坍落度,每工作班至少检查两次。混凝土的坍落度试验应符合现行《普通混凝土拌合物性能试验方法标准》GB/T 50080—2002 的有关规定。混凝土实测的坍落度与要求坍落符合现行《普通混凝土拌合物性能试验方法标准》GB/T 50080—2002 的有关规定。混凝土实测的坍落度与要求坍落度之间的偏差应符合表 2-10 的规定。对于预拌混凝土,由于混凝土输送条件和运距不同,掺入外加剂后引起混凝土的坍落度损失也不同,预拌混凝土入泵前坍落度每小时损失值不应大于 30mm,坍落度总损失值不应大于 60mm。

混凝土实测坍落度与要求坍落度的允许偏差 表 2-10

要求坍落度(mm)	允许偏差(mm)	要求坍落度(mm)	允许偏差(mm)
≤40	+10	≥100	+20
50~90	+15		

2.26 混凝土发生离析怎么办?为什么将它列为强制条文?

防水混凝土拌合物由于配合比不当、搅拌后停歇时间过长、运输过程中振动或过分振捣,都会使混凝土中粗骨料沉在下部、水泥浆料浮在上表面,这种现象成为"离析"。离析后的混凝土下部水泥浆料少,很难充分包裹骨料,而上部水泥多、缺少骨料易开裂,使混凝土质量下降。从而导致抗渗性和强度下降。因此,《地下工程防水技术规范》GB 50108—2001 以强制性条文的形式规定：防水混凝土拌合物在运输后如出现离析，必须进行二次搅拌。当坍落度损失后不能满足施工要求时，应加入原水灰比的水泥浆或二次掺加减水剂进行搅拌，严禁直接加水。

混凝土在运输过程中如出现分层离析现象，说明混凝土的保水性差，还极有可能出现坍落度损失过大，不能满足施工要求的情况，应加入原水灰比的水泥浆增加和易性和流动性，或二次掺加减水剂来提高流动性，在不改变水灰比的条件下使坍落度满足施工要求。严禁随意加水，因为随意加水将加大原有的水灰比，水灰比的增加不仅影响混凝土的强度，而且对混凝土的抗渗性影响极大，将会造成渗漏的隐患。在施工过程中加水提高坍落度很方便，施工操作人员很容易采用，但它给防水带来很大的不利因素，所以规范强制性规定严禁采用直接加水搅拌来调整混凝土坍落度，以充分保证混凝土的质量。

2.27 防水混凝土对振捣有何要求？

防水混凝土工程质量的优劣不仅取决于混凝土材质及其配合比，而且施工过程对其质量有很大影响。《地下工程防水技术规范》GB 50108—2001 规定防水混凝土必须采用高频机械振捣密实，振捣时间宜为 10～30s，以混凝土泛浆和不冒气泡为准，应避免漏振、欠振和超振。掺加引气剂或引气型减水剂时，应采用高频插入式振捣器振捣。

作为防水混凝土首先必须满足设计的抗渗等级要求，同时适应强度要求。因此必须采用机械振捣，使骨料间的摩擦力、粘附力降低，流动性增加，由于振动而分散开的粗骨料在沉降过程中，被水泥砂浆充分包裹，挤出混凝土拌合物中的气泡，以增强混凝土的密实性和抗渗能力。但过分振捣则会使混凝土中粗骨料下沉堆积，水泥砂浆不能充分包裹粗骨料，也会使混凝土的强度和抗渗能力降低。

振捣设备分为内部振捣器（插入式振捣器）、外部振动器、振动台和表面振捣器(平板式振捣器),采用插入式振捣器振捣时,操作要做到"快插慢拔",快插能防止先将表面混凝土振实而与下面混凝土发生分层、离析现象,慢拔使混凝土填满振动棒抽出时所造成的孔洞。混凝土分层灌筑时,每层混凝土厚度应不超过振动棒长的1.25倍,在振捣上一层时,应插入下层中5cm左右,以消除两层之间的接缝。插点间距不应超过有效半径的1.5倍,一般应小于400mm。

表面振动器在每一位置上应连续振动一定时间,以混凝土面均匀出现浆液为准。

外部振动器的振动作用深度约为25cm,如构件尺寸较厚时,需在构件两侧安设振动器同时进行振捣。

在施工缝和预埋件部位尤其应振捣密实,振捣时间应以混凝土泛浆和不冒气泡为准,振捣时应避免振捣器触及模板、止水带及预埋件等,防止预埋件移位。在结构中若有密集管群,以及预埋件或钢筋稠密之处,不易使混凝土浇捣密实时,应改用相同抗渗等级的细石混凝土进行浇筑。混凝土浇筑应分层,每层厚度不宜超过30~40cm,相邻两层浇筑时间间隔不应超过2h,夏季应适当缩短。

自流平混凝土,由于其坍落度大,混凝土在自重作用下已流平致密,不需要再加以振捣。

2.28 地下防水混凝土施工缝应怎么留置?

由于施工技术和施工组织的原因,不能连续将结构整体浇筑完成时,应预先选定适当的部位设置施工缝。施工缝是混凝土施工的结合部位,施工缝两边的粘结强度小于混凝土自身的抗拉强度,使该部位的抗剪能力减弱,是混凝土结构的薄弱环节,同时也是防水的薄弱环节,施工时应尽量不留或少留施工缝。留施工缝时应避开应力集中处,置于应力较小且便于施工的部位,因为剪力和弯矩较大处容易引起裂缝的开展,对结构和防水都不利。

墙体水平施工缝不应留在剪力与弯矩最大处或底板与侧墙的交接处,应留在高出底板表面不小于300mm的墙体上;拱(板)墙结合的水平施工缝,宜留在拱(板)墙接缝线以下150～300mm处;墙体有预留孔洞时,施工缝距孔洞边缘不应小于300mm;柱子应留置在基础的顶面、梁或吊车梁牛腿的下面、吊车梁的上面或无梁楼板柱帽的下面。

垂直施工缝应避开地下水和裂隙水较多的地段,并与变形缝相结合。单向板宜留置在板的短边;有主次梁的楼板,宜顺着次梁方向浇筑,施工缝应留置在次梁跨度的中间三分之一范围内。

一般设备地坑及水池,施工缝可留在坑壁上,距坑(池)底混凝土面300～500m的范围内。

后浇带是为在现浇钢筋混凝土结构施工过程中,克服由于温度、收缩而可能产生有害裂缝而设置的临时施工缝,该缝需根据设计要求保留一段时间后再浇筑,将整个结构连成整体。后浇带的设置距离,应考虑有效降低温差和收缩应力的条件下,通过计算来获得。在正常的施工条件下,有关规范对此的规定是如混凝土置于室内和土中为30m;露天则为20m。后浇带的保留时间应根据设计确定,一般至少要保留28d。后浇带的宽度应考虑施工方便,避免应力集中,一般其宽度为700～1000mm。填充后浇带混凝土可采用微膨胀或无收缩水泥,也可采用普通水泥加入相应的外加剂拌制,但要求填筑混凝土的强度等级比原结构强度提高一级,并保持至少15d的湿润养护。后浇带两侧的施工缝应按要求进行防水处理。

2.29 地下室施工缝留置形式为什么以平缝为主?

施工缝的断面形式很多,除平缝外,还有凹缝、凸缝、阶梯缝等。采用凹缝、凸缝、阶梯缝等企口缝,主要考虑此种构造形式使界面结合较好,并且能延长渗水线路,提高防水效果。但从十年的实践来看均有不同的问题,凹缝清理困难,凹进部分非常容易纳垢,在施工中又很难保持清洁,使施工缝的防水可靠性降低,凸缝和阶梯缝则支模困难,不便施工。虽然目前这几种形式仍然在应用,但新修订的《地下工程防水技术规范》GB 50108—2001未将这几种形式列入,不再提倡。新规范推荐的施工缝防水的构造形式如图 2-1。

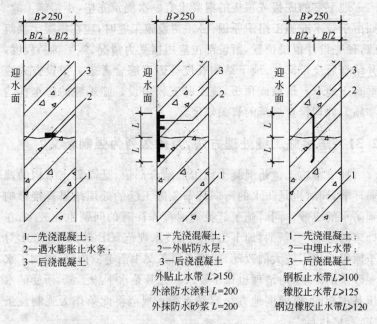

1—先浇混凝土;
2—遇水膨胀止水条;
3—后浇混凝土

1—先浇混凝土;
2—外贴防水层;
3—后浇混凝土
外贴止水带 $L \geq 150$
外涂防水涂料 $L=200$
外抹防水砂浆 $L=200$

1—先浇混凝土;
2—中埋止水带;
3—后浇混凝土
钢板止水带 $L \geq 100$
橡胶止水带 $L \geq 125$
钢边橡胶止水带 $L \geq 120$

图 2-1 施工缝防水构造

平缝形式在原来的基础上有了很大的改进与完善,通过内埋和外贴相结合的手法,解决了界面结合差的毛病,切实加强了施工缝这个防水的薄弱环节,如在缝上敷设遇水膨胀止水腻子条或遇水膨胀橡胶条,利用它们遇水膨胀的特性止住缝中的渗水通道。中埋止水带通过止水带延长水流通道来起到防水效果;外贴止水带、外涂防水涂料、外贴防水卷材和外抹防水砂浆等通过外加防水层的方法在迎水面将水止住。使施工缝的防水形成了一个完整的系统。

通过长期的施工实践,平缝防水系统能简化施工,克服了凹缝、凸缝、阶梯缝等企口缝的一些弊病,也加快了施工的速度,提高了防水的效果。

2.30 地下室垂直施工缝应如何留置？

地下室的底板或顶板的混凝土宜一次浇筑完毕，不留施工缝。如由于技术或施工组织原因，必须留设施工缝时，应在混凝土浇筑前，预先设计留设位置，留设部位应根据受力情况、施工难易程度，并结合后浇带部位、地下结构长度等因素综合考虑。留设方式应垂直于地下室地板或顶板，施工时支模留设。施工缝的防水构造和施工处理符合规范的有关规定。

2.31 防水施工缝处理方法，为什么列为强制条文？

地下室施工缝是混凝土施工的结合部位，是混凝土结构的薄弱环节，同时也是防水的薄弱环节。施工缝的处理结果直接影响到防水的成败。同时施工缝处理时操作注意的问题也比较多，在处理的方法上，新的《地下工程防水技术规范》GB 50108—2001 对于原规范作了较大的改动，删除了原条文中凿毛的内容，增加了水泥砂浆的厚度，对清理也作了要求。尤其是水平施工缝，所受的水压基本相同，有薄弱地方很容易渗漏。规范将此条作为强制性条文，严格执行。

在施工缝处继续浇筑混凝土时，已浇筑的混凝土抗压强度不应小于 $1.2N/mm^2$，混凝土达到 $1.2N/mm^2$ 的时间，可通过试验决定。施工缝施工的重点在界面的处理，对于水平施工缝，在混凝土终凝后（一般来说，夏季在混凝土浇筑后 24h，冬期则在 36～48h，具体视气温、混凝土强度等级而定，气温高、混凝土强度等级高者可短些）立即用钢丝刷将表面浮浆刷除，边刷边用水冲洗干净，并保持湿润，冬期施工时则应在缝表面采取防冻措施。因为这层浮浆是妨碍新老混凝土结合的障碍，清除后可使新老混凝土能紧密结合，不易产生渗漏水。然后再铺 30～50mm 厚的 1∶1 水泥砂浆或涂刷混凝土界面处理剂。特别注意的是铺水泥砂浆层或刷界面处理剂后，应及时浇筑混凝土，若时间间隔过久，水泥砂浆已凝固或界面处理剂固化后，则起不到使新老混凝土密切结合的作用,仍会留下渗漏的隐患。

对于垂直施工缝,浇筑混凝土前应将其表面清理干净,并涂刷水泥净浆或混凝土界面处理剂,并及时浇灌混凝土。

除了加强措施使新老混凝土密切结合外,防止渗漏还应在缝中敷设遇水膨胀止水条或中埋式止水带。遇水膨胀止水条应具有缓胀性能,其 7d 的膨胀率不应大于最终膨胀率的 60%,防止其由于降雨或施工用水等使遇水膨胀止水条过早膨胀,并应牢固地安装在缝表面或预留槽内。止水带也应固定牢靠,位置准确。

从施工缝处开始继续浇筑时,要注意避免直接靠近缝边下料。机械振捣前,宜向施工缝逐渐推进,并距 80～100mm 处停止振捣,但应加强对施工缝的捣实,使其紧密结合。

2.32 什么是混凝土界面处理剂?

混凝土浇筑在模板拆除后,界面都比较光滑,并且由于模板表面一般都涂有脱模剂,与抹灰和饰面材料的粘结力多比较差;施工缝中又由于表面浮浆和杂物的原因也影响粘结强度。过去采取表面凿毛的办法来提高粘结力。这样既费工又影响施工进度,后来在砂浆中加入 108 胶,形成初级的聚合物砂浆,提高砂浆的强度和粘结力,来提高新旧混凝土之间的粘结。这就是初期的界面处理剂,经过二十年的发展,形成了通过有机聚合物和无机粘结材料相结合改性的水泥砂浆,用其对混凝土表面进行处理时,它能湿润并渗透入基层表面并有一定的保水性能,和易性好,既和原混凝土基层有良好的粘结性能又与新混凝土(抹灰砂浆、加气混凝土)有很好的粘结性能,使新旧混凝土(砂浆)很好地结合在一起。

使用界面处理剂先清除基层浮灰和油污等杂物,然后将界面处理剂与砂浆制成的料调成厚糊状,但注意水灰比不宜太大,约在1∶3 左右,用喷涂或铁板涂刮约 2mm 的厚度,等界面处理剂稍收浆即可进行浇筑(抹灰)。这样既操作方便又有效,大大提高了施工质量和速度。

2.33 大体积防水混凝土施工,应采取什么措施?

大体积混凝土指的是最小断面尺寸大于 1m 以上的混凝土结构。大体积混凝土近年来在地下工程中的应用有明显增多。由于水泥水化热的作用,大体积混凝土内部的热量不如表面的热量散失得快,造成大体积混凝土有较大的内外温差,当内外温差超过 40℃,混凝土表面会出现较明显的温差裂缝。随着混凝土强度的增加,水泥水化作用逐步减弱,水化热减少,混凝土温度降低,混凝土的体积产生收缩,如混凝土受到外界约束条件的作用,如地下室底板混凝土受到垫层的约束,混凝土不能自由收缩所产生的收缩应力也可能会使混凝土开裂。因此必须根据厚度、水泥品种、强度等级、每立方米水泥用量等因素来考虑水化热作用,采取措施尽量减少水泥水化热,推迟放热高峰出现的时间,并进行进行良好的保温保湿养护,使混凝土硬化过程中产生的温差应力小于混凝土的抗拉强度。

1. 在设计许可的情况下,采用混凝土 60d 强度作为设计强度,充分利用混凝土的后期强度来降低水泥的用量。

2. 采用低热或中热水泥,掺加粉煤灰、磨细矿渣粉、硅粉等掺合料;掺入减水剂、缓凝剂、膨胀剂等外加剂。这样在材料选择和配料方面,通过良好的级配、掺加惰性材料、外加剂改善和易性和降低水灰比,以达到减少水泥用量、降低水化热的目的。

3. 在炎热的季节施工时,采用降低原材料温度、减少混凝土运输时吸收外界热量等降温措施;夏季可采用低温水和冰水搅拌混凝土,并对骨料喷冷水雾或冷气进行预冷或对骨料进行护盖或设置遮阳装置;运输工具也应搭设遮阳设施,以降低混凝土拌合物的入模温度。混凝土入模时,同时应加强通风,加速模内热量的散发。

4. 混凝土浇筑后,要做好混凝土的保温保湿养护,采用保温保湿措施使混凝土中心温度与表面温度的差值不大于 25℃,混凝土表面温度与大气温度的差值不大于 25℃。养护时间不小于

14d,缓缓降温,充分发挥徐变特性,降低温度应力。也可在混凝土内部预埋管道,进行水冷散热;采取长时间的养护,规定合理的拆模时间,延缓降温时间和速度,充分发挥混凝土"应力松弛效应"。

5. 改善约束条件,削减温度应力;采取分层或分块浇筑大体积混凝土,合理设置水平或垂直施工缝,或在适当的位置设置施工后浇带,以放松约束程度,减少每次浇筑长度的蓄热量,减少温度应力。

6. 加强混凝土的振捣,提高混凝土的密实度和抗拉强度,减少收缩变形,保证施工质量。

7. 在大体积混凝土基础内设置必要的温度配筋,在截面突变和转折处,底、顶板与墙转折处,孔洞转角及周边,增加斜向构造配筋,以改善应力集中,防止裂缝的出现。

2.34 大体积防水混凝土养护的重要性有哪些?

防水混凝土的养护是至关重要的,在混凝土浇筑完成后,如养护不及时,混凝土内水分将迅速蒸发,使水泥水化不完全。而水分蒸发造成毛细管彼此连通,形成渗水的通道;同时混凝土收缩增大,出现龟裂,使混凝土抗渗性能急剧下降,甚至完全丧失抗渗能力。若养护及时,防水混凝土在潮湿的环境中或水中硬化,能使混凝土内的游离水分蒸发缓慢,水泥水化充分,水泥水化生成物堵塞毛细孔隙,因而形成不连通的毛细孔,提高了混凝土的抗渗性。

大体积防水混凝土的养护主要是在养护期内保湿和保温。保湿可使水泥的水化顺利进行,并使混凝土始终处于在潮湿的环境中,可防止混凝土在强度发展阶段表面脱水而产生干缩裂缝,并提高混凝土的极限拉伸强度。温度的高低影响水泥水化的速度,当温度低于0℃时,混凝土的水结冰,对混凝土产生冻胀压力,混凝土停止水化并可能被胀裂,保温也是保证水泥水化的要素之一,同时保温使混凝土表面温度不至过快散失,减小混凝土内外的温度梯度,防止混凝土产生表面裂缝;充分发挥混凝土的潜力和材料的松弛特性，使混凝土的平均总温差产生的拉应力小于混凝土抗拉强度，防止产生贯穿裂缝。

混凝土养护的方法有：

1. 覆盖浇水养护，用适当的材料对混凝土表面加以覆盖并浇水，使混凝土在一定的时间内保持水泥水化作用所需要的适当温度和湿度条件。一般在混凝土浇筑完毕后的12h以内进行，对采用硅酸盐水泥、普通硅酸盐水泥或矿渣硅酸盐水泥拌制的混凝土不得少于7d；对掺用缓凝型外加剂或有抗渗要求的混凝土不得少于14d。大体积混凝土也可采用蓄水养护。

2. 薄膜布养护，采用不透水、气的薄膜布（如塑料薄膜布）养护，用薄膜布把混凝土表面敞露的部分全部严密地覆盖起来，保证混凝土在不失水的情况下得到充足的养护。这种养护方法的优点是不必浇水，操作方便，能重复使用，能提高混凝土的早期强度，但应保持薄膜内有凝结水。

3. 薄膜养生液养护，混凝土的表面不便浇水或使用塑料薄膜布养护时，可采用涂刷薄膜养生液，将可成膜的溶液喷洒在混凝土的表面，溶液中水分挥发后在混凝土表面凝结成一层薄膜，使混凝土表面与空气隔绝，防止混凝土内部水分蒸发的方法进行养护。

2.35 防水混凝土冬期施工的要求有哪些？

混凝土温度在4℃时，强度增长速度仅为15℃时的一半。当混凝土温度降到－4℃时，水泥水化作用停止，混凝土强度也停止增长。水冻结后，体积膨胀8%～9%，使混凝土内部产生很大的冻胀应力。如果此时混凝土的强度较低，就会被胀裂，使混凝土内部结构破坏，造成强度、抗渗性显著下降。因此当连续5d室外日平均气温低于＋5℃时，防水混凝土施工应采取下列冬期施工的措施：

1. 混凝土入模温度不应低于5℃；

2. 宜采用综合蓄热法、蓄热法、暖棚法等养护方法，并应保持混凝土表面湿润，防止混凝土早期脱水；

3. 采用掺化学外加剂方法施工时，应采取保温保湿措施。

2.36 穿过防水混凝土的固定模板用螺栓应怎么处理？

浇筑地下室外墙板时，为了防止炸模，模板的固定必须采用穿墙螺栓固定，为了防止穿墙螺栓成为渗水通道，必须采去下列措施进行防水处理：

1. 在螺栓上加焊方形止水环，延长渗水路线的长度；
2. 拆模后割除端部螺栓，将凹槽清理干净；
3. 用柔性密封材料将凹槽部位密封严密；
4. 密封材料外部用聚合物水泥砂浆封堵密实；
5. 在迎水面涂刷防水涂料增强处理。

2.37 防水混凝土抗渗试件怎么留置、制作和养护？

防水混凝土抗渗试件应在浇筑地点制作，使试件制作条件和混凝土的浇筑条件相同，这样使试件的结果更能反映混凝土构件的质量情况。

连续浇筑混凝土每 $500m^3$ 应留置一组抗渗试件，一组为六个抗渗试件，且每项工程不得少于两组。预拌混凝土的抗渗试件，留置组数应视结构的规模和要求，由业主代表、监理人员和承包商在混凝土浇筑前确定。随着地下工程规模的日益扩大，如果抗渗试件留置组数过多，必然造成工作量太大，所需试验时间过长，会因不及时而失去意义。

防水混凝土抗渗性能，应采用标准条件下养护混凝土抗渗试件的试验结果来评定。试件的养护条件不同，得到的结果也不同。自然养护的条件误差比较大，得到数据的说服力有限。采用加热养护会使毛细孔受蒸汽压力而扩张，使混凝土的抗渗性急剧下降。采用温度为 20±3℃ 和相对湿度为 90% 以上的潮湿环境或水中的标准条件下养护，这样对混凝土的质量评定能够统一、明确。

2.38 防水混凝土施工质量检验数量是怎么规定的？

《地下防水工程质量验收规范》GB 50208—2002 规定防水混

凝土的施工质量检验数量,应按混凝土外露面积每 100m² 抽查 1 处,每处 10m²,且不得少于 3 处;细部构造应全数检查。

《规范》认为抽查面积以地下混凝土工程总面积的 1/10 来考虑,具有足够的代表性。能实际地反映混凝土的质量情况。细部构造是地下防水工程渗漏的薄弱环节,细部构造一般是独立的部位,不能以抽检的百分率来确定地下防水工程细部构造的质量,因此施工质量检验时应全数检查,才能确保防水的质量。

2.39 防水混凝土质量检验主控项目有哪些？哪些是强制条文？

防水混凝土质量检验的主控项目为:

1. 防水混凝土的原材料、配合比及坍落度必须符合设计要求。

检验方法:检查出厂合格证、质量检验报告、计量措施和现场抽样试验报告。

2. 防水混凝土的抗压强度和抗渗压力必须符合设计要求。

检验方法:检查混凝土抗压、抗渗试验报告。

防水混凝土与普通混凝土配制原则不同,防水混凝土不但要满足强度要求,而且还必须满足设计的抗渗等级要求,这是防水混凝土与普通混凝土的最大区别。防水混凝土的强度和抗渗性能都会影响地下室的安全或使用功能要求,所以将这条列为强制性条文。

3. 防水混凝土的变形缝、施工缝、后浇带、穿墙管道、埋设件等设置和构造,均须符合设计要求,严禁有渗漏。

检验方法:观察检查和检查隐蔽工程验收记录。

本条也是质量检验的强制性条文。防水混凝土的变形缝、施工缝、后浇带、穿墙管道、埋设件等设置和构造均是地下工程防水容易出现渗漏的部位,在这些部位的防水设防都应是作为设防的重点,如变形缝既考虑工程结构的沉降、伸缩的可变性,又要保证其在变化中的密闭性;施工缝应有可靠的防水措施;后浇带应采用补偿收缩混凝土,其强度等级不得低于两侧混凝土;穿墙管道应在浇筑混凝土前预埋；埋设件端部或预留孔（槽）底部的混凝土厚度不得小于 250mm，当厚度小于 250mm 时，应采取局部加厚或加焊止水钢板的防水措施。这些部位施工质量应严格达到设计要求，质量检验也应作为重点。

2.40　防水混凝土质量检验一般项目有哪些？

防水混凝土质量检验的一般项目为：

1. 防水混凝土结构表面应坚实、平整，不得有露筋、蜂窝等缺陷；预埋件位置应正确。

检验方法：观察和尺量检查。

地下工程防水混凝土的表面质量要求，既是结构安全性的要求，也是地下建筑混凝土防水的保证。同时地下结构主体除采用防水混凝土外，往往在其结构表面采用卷材、涂料防水层，因此要求结构表面的质量应做到坚实、平整。特别是梁、柱和不同断面结合等部位钢筋密集，施工时必须事先制定措施，加强该部位的振捣，保证混凝土质量。

2. 防水混凝土结构表面的裂缝宽度不应大于 0.2mm，并不得贯通。

检验方法：用刻度放大镜检查。

工程渗漏水的程度主要取决于裂缝宽度和水头压力，当混凝土结构表面裂缝宽度小于 0.2mm，水头压力小于 15～20m 时，一般混凝土裂缝可以自愈，即混凝土内部的游离氢氧化钙一部分被溶出，浓度不断增大，并与空气中的 CO_2 发生碳化作用，形成白色碳酸钙结晶沉积在裂缝的内部和表面，使裂缝全部愈合，渗漏水现象消失。基于混凝土这一特性，确定地下工程混凝土结构裂缝宽度不得大于 0.2mm，并不得贯通。

3. 防水混凝土结构厚度不应小于 250mm，其允许偏差为 +15mm、−10mm；迎水面钢筋保护层厚度不应小于 50mm，其允许偏差为 ±10mm。

检验方法：尺量检查和检查隐蔽工程验收记录。

防水混凝土除了要求密实性好、开放孔隙少、孔隙率小以外，还必须有一定的厚度，从而可以延长混凝土的透水通路，加大混凝土的阻水截面，使得混凝土不发生渗漏。

2.41 什么是水泥砂浆防水层？适用范围如何？

水泥砂浆防水层是采用普通水泥砂浆、聚合物水泥防水砂浆、掺外加剂或掺合料防水砂浆等材料，采用多层抹压施工或机械喷涂形成的刚性防水层。它是依靠特定的施工工艺要求或在水泥砂浆内掺入外加剂、聚合物来提高水泥砂浆的密实性或改善水泥砂浆的抗裂性，从而达到防水抗渗的目的。水泥砂浆防水层与卷材、金属、混凝土等防水材料相比，具有施工操作简便，造价适宜，容易修补等优点，但普通水泥砂浆韧性差，较脆，极限拉伸强度较低。近年来，利用高分子聚合物材料制成聚合物改性砂浆提高了水泥砂浆的抗拉强度和韧性。

水泥砂浆防水层按掺入外加剂的不同分为四种：

1. 普通水泥砂浆防水层：利用不同配合比的水泥浆和水泥砂浆分层分次施工，相互交替抹压密实，充分切断各层次毛细孔网，构成一个多层防线的整体防水层。

普通水泥砂浆防水层的配合比应按表 2-11 选用。

普通水泥砂浆防水层的配合比　　　　表 2-11

名　　称	配合比（质量比）		水灰比	适 用 范 围
	水泥	砂		
水 泥 浆	1	—	0.55~0.60	水泥砂浆防水层的第一层
水 泥 浆	1	—	0.37~0.40	水泥砂浆防水层的第三、五层
水泥砂浆	1	1.5~2.0	0.40~0.50	水泥砂浆防水层的第二、四层

2. 防水砂浆防水层：在水泥砂浆中掺入各种防水剂配制而成。其防水剂为有机或无机化学原料组成的外加剂，如氯化物金属盐类、无机铝盐、金属皂类、硅类防水剂。掺入砂浆中可提高砂浆不透水性，可适用于水压较小的工程和其他防水层的辅助措施。

3. 聚合物水泥砂浆防水层：由水泥、砂和一定量的橡胶胶乳或树脂乳液以及稳定剂、消泡剂等助剂经搅拌混合均匀配制而成。各种乳胶有效地封闭水泥砂浆中的连续孔隙，提高了材料的固－液接触角，改善了材料的抗渗性，使其具有良好的抗渗性、韧性和耐磨性。

4. 纤维聚合物水泥砂浆防水层：在水泥砂浆内掺入纤维作增强材料提高水泥砂浆的机械力学性能，使水泥砂浆具有良好的抗裂性，以及良好的防水、抗渗能力。

水泥砂浆防水层适用于埋置深度不大、使用时不会因结构沉降、温度和湿度变化以及受振动等产生有害裂缝的地上及地下防水工程。

对于主体结构刚度较大、建筑物变形小及面积较小的工程，水泥砂浆防水层比较合适。面积或长度较大的工程必要时应设置变形缝分段设防。装配式混凝土结构因为刚度较差，不宜使用水泥砂浆防水层。

由于水泥砂浆防水层与混凝土具有良好的粘结能力，因此既可用于结构主体的迎水面，也可以在背水面作为大面积轻微渗漏时修补使用。

2.42 水泥砂浆防水层为什么可用于背水面防水？

水泥砂浆防水层的原材料主要为水泥、砂、防水剂和聚合物。以刚性防水为主，通过调整配合比，来抑制或减小孔隙率、改善空隙特征、增加密实性形成具有一定抗渗能力的防水层。它与基面的粘结强度较高，和基面能很好地结合，主体渗漏后产生的渗透水压，不会使水泥砂浆防水层与基层剥离，能充分防止水的渗入。同时，水泥砂浆防水层又具有较高的抗压强度，同时可兼作混凝土结构的保护层，克服了柔性防水层强度低，易穿刺的缺点。聚合物水泥砂浆防水层的发展提高了砂浆的密实性、韧性和抗裂性，修补混凝土中蜂窝、麻面等不密实的缺陷，可以很好地提高结构的防水性。

用于背水面防水的水泥砂浆应具有比普通水泥砂浆更高的粘结强度,抗渗能力大于基体混凝土,否则作为背水面防水材料就起不到应有的作用。

2.43 水泥砂浆防水层单层厚度以多大为宜?

水泥砂浆防水层的厚度是由防水砂浆的品种确定的。

普通水泥砂浆防水层施工时,必须采用水泥浆和水泥砂浆分层交替抹压密实的方法,以切断大部分毛细孔道,使残留的少量毛细孔无法形成连通的渗水孔道。迎水面施工采用五层抹面法,背水面采用四层抹面法。第一层水泥浆层厚2mm;第二层水泥砂浆厚4~5mm;第三层水泥浆层厚2mm;第四层水泥砂浆厚4~5mm;第五层水泥浆厚2mm。

防水砂浆防水层施工先在基层涂刷一层水泥浆,随后分层铺抹防水砂浆,每层厚度控制在5~10mm,各层叠加总厚度宜为18~20mm。每层应抹压密实,待下一层养护完全固化后再铺抹上一层。

聚合物水泥砂浆防水层种类很多,施工方法不尽相同,其单层砂浆厚度也不同,一般在基面上均匀涂刷聚合物水泥浆一遍,然后再抹聚合物水泥砂浆,一般单层施工厚度宜为6~8mm,双层抹面厚度宜为10~12mm。

以上数据仅仅是参考数据,主要应以抗渗能力和水压力的大小来确定水泥砂浆的厚度,抗渗能力的高低与砂浆层的厚度有关,也与防水砂浆的品种、施工工艺和施工技术水平有关。

2.44 水泥砂浆防水层对原材料有什么要求?

根据《地下工程防水技术规范》GB 50108—2001和《地下防水工程质量验收规范》GB 50208—2002的要求,水泥砂浆防水层所用的材料应符合下列规定:

1. 水泥品种应按设计要求选用,其强度等级不应低于32.5级,不得使用过期或受潮结块水泥。水泥是水泥砂浆防水层的主材,其质量对水泥砂浆防水层的性能影响极大。过期或受潮的水泥，活性下降，其水化速度和水化程度均会受到影响。必须严格控制；

2. 砂宜采用中砂，粒径3mm以下，含泥量不得大于1%，硫化物和硫酸盐含量不得大于1%；

3. 水应采用不含有害物质的洁净水；

4. 聚合物乳液的外观质量，无颗粒、异物和凝固物；

5. 外加剂的技术性能应符合国家或行业标准一等品及以上的质量要求。随着我国建材工业的发展，外加剂、掺和剂、聚合物的种类繁多、性能各异，掺入配制防水砂浆的方法也不尽相同。因此，要求外加剂的质量有一定的水平，才能保证符合规定配合比的防水砂浆技术性能满足防水工程的要求。

2.45 水泥砂浆防水层对基层有什么要求？

水泥砂浆防水层的基层质量至关重要，基层表面状态不好，不平整、不坚实，有孔洞和缝隙，则会影响水泥砂浆防水层的均匀性及与基层的粘结性。因此规范要求水泥砂浆防水的基层必须符合以下规定：

1. 水泥砂浆铺抹前，基层的混凝土和砌筑砂浆强度应不低于设计值的80%；

2. 基层表面应坚实、平整、粗糙、洁净，并充分湿润，无积水；

3. 基层表面的空洞、缝隙应用与防水层相同的砂浆填塞抹平；

4. 基层表面不得有起砂、起皮、酥松现象。

水泥砂浆施工前对基层进行处理，包括基层清理、浇水、补平等工作，须使基层表面保持潮湿、清洁、平整，以利与防水层粘结牢固。

新建混凝土工程，应在模板拆除后将表面清理干净，并在抹面前浇水湿润，涂刷基层界面剂后再进行防水砂浆的抹面施工；旧混凝土基面应将表面凿毛，清理整平后再冲洗干净，浇水湿润，涂刷基层界面剂后再进行防水砂浆的抹面施工。

新建砖砌体基层,只需将表面残留的灰浆等污物清理干净,并浇水冲洗;对于旧的砖砌体基面,需将砌体表面疏松表皮及污物清理干净,直至露出坚硬的砖面,然后用水冲洗干净。对于白灰砂浆或混合砂浆砌筑的砖砌体,需将砖缝剔成1cm深的直角沟槽以增加防水层和砖砌体的粘结强度。处理完毕后,均应先涂刷界面处理剂再进行防水砂浆施工。

2.46 聚合物改性后的水泥砂浆有什么特点?

聚合物水泥砂浆是由水泥、砂和一定量的橡胶胶乳或树脂乳液以及稳定剂、消泡剂等助剂经搅拌混合均匀配制而成。由于各种乳胶有效地封闭了材料中的连续孔隙,提高了材料的固一液接触角,改善了材料的抗渗性,使其具有良好的防水性、抗冲击性和耐磨性。

与水泥掺和使用的聚合物品种很多,有天然和合成橡胶胶乳、热塑性及热固性树脂乳液、水溶性聚合物等等。在水泥砂浆中掺入不同的聚合物,对水泥砂浆的抗渗能力均有提高,但对强度、弹性及韧性、抗冲击性等是否改变或改变的多少,与聚合物的品种有关。

聚合物水泥砂浆的各项性能不仅取决聚合物的品种,还取决于其在砂浆中掺量。掺入量低,改性程度低;掺入量高,改性的程度就高。掺入量过高,聚合物水泥砂浆的强度、粘结性及干缩等反而向不利方向发展。因此,不同聚合物在水泥砂浆中必须按一定的掺量加入才能达到我们所需要的综合质量要求。

为了使聚合物乳液具有对水泥水化物大量多价金属离子的化学稳定性,以及对于搅拌时产生的机械剪切的稳定性,避免胶乳在搅拌过程中产生析出、凝聚现象,要加入一定量的稳定剂。此外,为了防止搅拌时产生大量的气泡,导致材料的孔隙率增加,强度下降,还必须再加入适量的消泡剂等材料来稳定质量。

2.47 水泥砂浆防水层可分层施工吗?有什么要求?

水泥砂浆防水层施工务必分层交替抹压密实,以切断大部分毛细孔道,使残留的少量毛细孔无法形成连通的渗水孔网,才能保证防水层具有较高的抗渗防水性能。分层施工采用五层抹面法,用素灰层和水泥砂浆层交替施工。

施工要切实做好素灰抹面、水泥砂浆揉浆及收压三道关键工序,素灰层要薄而均匀,不宜过厚,否则会造成堆积。用铁抹子用力刮抹5~6遍使素灰填充基层孔隙,以增强防水层的粘结力;水泥砂浆揉浆要使水泥砂浆与素灰相互渗透结合牢固,先薄薄地抹上一层水泥砂浆,用铁抹子来回用力压实,使其渗入素灰层,揉压和赶压砂浆的过程中严禁加水,否则砂浆吃水不一,容易开裂;在水泥砂浆初凝前,收水70%时,就可以进行收压,收压应注意:砂浆不宜过湿,收压不宜过早,但也不宜迟于初凝;用铁板抹压而不能用刮压;收压一般做两道,第一道收压表面要粗毛,第二道收压表面要细毛,使砂浆密实,强度高且不易起砂。

施工时应注意素灰层与砂浆层应在同一天内完成,防水层的前两层基本上连续操作,后两层(或后三层)基本上连续操作。切勿抹完素灰后放置时间过长,否则,会出现粘结不牢与空鼓等现象,影响防水质量。

施工缝是水泥砂浆防水层的薄弱环节,必须留槎时,系用阶梯坡形槎,但离开阴阳角处不得小于200mm,接槎要依层顺序操作。阴阳角处应做成圆弧。

水泥砂浆防水层施工完成后应及时做好养护工作。

2.48 防水砂浆施工后怎么养护?

为了防止水泥砂浆防水层早期脱水,产生干缩裂缝导致渗水,在水泥砂浆终凝后(约12~24h)应及时进行养护。

水泥砂浆防水层养护一般采用自然养护的方法,即在温度不低于5℃的自然条件下,采用浇水、或覆盖含水材料浇水等方法,保持水泥砂浆的湿润状态,养护时间不得少于14d。

聚合物水泥砂浆防水层在未达到硬化状态时,不得浇水养护或直接受雨水冲刷,硬化后应采用干湿交替的养护方法,以使聚合物在干燥状态下固化。在潮湿环境中，可在自然条件下养护。

使用特种水泥、外加剂、掺合料的防水砂浆，养护应按产品有关规定执行。

2.49 水泥砂浆防水层质量检验的数量是怎么规定的？

《地下防水工程质量验收规范》GB 50208—2002 规定：水泥砂浆防水层的施工质量检验数量，应按施工面积每 $100m^2$ 抽查 1 处，每处 $10m^2$，且不得少于 3 处。从施工实践来看，水泥砂浆防水层工程施工质量的检验数量，按抽查面积与防水层总面积的 1/10 考虑，这一比例对被检验的防水层质量情况有很好的概率代表性，充分地反映防水层的质量。不少于 3 处的要求对面积小的部位代表性更切实。

2.50 水泥砂浆防水层质量检验的主控项目有哪些？哪条是强制性条文？

水泥砂浆防水层质量检验的主控项目为：

1. 水泥砂浆防水层的原材料及配合比必须符合设计要求。

检验方法：检查出厂合格证、质量检验报告、计量措施和现场抽样试验报告。

由于水泥砂浆防水层中外加剂、掺合剂、聚合物的种类多、掺入量差异大，对水泥砂浆的质量影响大。因此，配制过程中必须做到原材料的品种、规格和性能符合国家标准或行业标准。同时计量应准确，搅拌应均匀，现场抽样试验应符合设计要求。

2. 水泥砂浆防水层各层之间必须结合牢固，无空鼓现象。

检验方法：观察检查和用小锤轻击检查。

水泥砂浆防水层属刚性防水，适应变形能力较差，必须与基层粘结牢固，连成一体，共同承受外力及水压力的作用，才能切实起到防水的作用。因此水泥砂浆防水层各层之间必须结合牢固，无空鼓现象。否则，空鼓极易引起水泥砂浆防水层开裂，使防水失败。《地下防水工程质量验收规范》将其作为强制性条文。

2.51 水泥砂浆防水层质量检验的一般项目有哪些?

水泥砂浆防水层质量检验的一般项目为:

1. 水泥砂浆防水层表面应密实、平整,不得有裂纹、起砂、麻面等缺陷;阴阳角应做成圆弧形。

检验方法:观察检查。

水泥砂浆防水层不同于普通水泥砂浆找平层,必须保证水泥充分水化,使表面坚固、密实、平整,才能确保防水层的质量。水泥砂浆防水层各层施工完成后,均需进行认真的检查,表面无缺陷后才能进行下一道工序的施工,以确保防水层质量。

2. 水泥砂浆防水层施工缝留槎位置应正确,接槎应按层次顺序操作,层层搭接紧密。

检验方法:观察检查和检查隐蔽工程验收记录。

施工缝是水泥砂浆防水层的薄弱环节,由于施工缝接槎不严密或位置留设不当极易导致防水层渗漏水。因此应尽可能不留施工缝,必须留槎时,应采用阶梯坡形槎,按层次顺序操作,层层搭接紧密,接槎部位离开阴阳角处不得小于200mm。质量检查应在施工过程中进行。

3. 水泥砂浆防水层的平均厚度应符合设计要求,最小厚度不得小于设计值的85%。

检验方法:观察和尺量检查。

水泥砂浆防水层必须具有一定的厚度保证才能达到防水效果,一般由设计根据水泥砂浆品种和工程实际确定。如设计无规定时,普通水泥砂浆防水层和掺外加剂或掺合料的水泥砂浆防水层其厚度在18~20mm,聚合物水泥砂浆防水层的厚度为6~8mm。水泥砂浆防水层的厚度应在施工过程中进行检查。

2.52 地下工程卷材防水层的性能有什么要求?

合成高分子防水卷材和改性沥青防水卷材具备以下性能:

1. 不透水性:即在一定水压的作用下不会被水穿透;

2. 较高的抗拉强度、延伸率和抗断裂性：即能够承受施工过程中开卷、铺贴等产生的应力；在建筑结构允许范围内的变形和裂缝作用下不断裂；

3. 具有较好的耐腐蚀能力，在有一定腐蚀性的地下水作用下，仍能保持良好的防水性能；

4. 温度稳定性和低温柔韧性：即在高温下不流淌、不起泡、不滑动、低温下不脆裂，易于施工。

由于防水卷材具有的上述性能特点，规范中规定在防水等级为一级、二级和三级的地下工程中均可选用防水卷材作为附加防水层，尤其适合于受侵蚀性介质作用或受振动的地下工程的防水层。

2.53 迎水面防水和背水面防水的基本概念是什么？

在直接接触水的基层面上进行防水称为迎水面防水，水的压力是作用在防水层上，防水层依附在刚性的基层上，如地下室混凝土墙面外防水层，屋面找平层上的防水层，均是迎水面防水的典型。只要防水层的不透水性合格，防水层就能牢固地依附在基层上，不会受到破坏。如果地下室墙面未作迎水面设防，结果水从基层渗到室内，因此要求在室内的基层表面进行防水，称为背水面防水，如地下室底板和墙体在内表面进行防水设防。背水面防水时，结构主体本身基本不起防水作用，因此在可能条件下均应作迎水面防水设防。

2.54 用于背水面的防水材料应具有什么性能？

用于背水面防水的涂料应具备合格的不透水性和耐水性，更为重要的是与基层的粘结力应超过水的渗透压力。目前多数有机材料均达不到要求，只有聚合物防水砂浆和无机防水防水涂料能达到此要求，所以在背水面的基层上只能使用防水砂浆和水泥基防水涂料进行防水设防。如一定要进行有机材料涂料防水，则必须有压埋层，对防水层进行压埋，否则由于水压会将防水从墙面剥落而损害防水层。

2.55 卷材防水层为什么要设在主体结构混凝土迎水面？

卷材防水层设在主体结构混凝土迎水面，称为外防水，其目的是：

1. 保护主体结构混凝土不受侵蚀性介质的作用，避免地下水渗入结构混凝土内部，腐蚀钢筋和混凝土；
2. 防水卷材与混凝土基面的粘结强度较低，如作背水面防水，地下水通过结构混凝土作用于卷材防水层时，防水层会产生起鼓现象，使卷材与基面脱离破坏，失去防水作用。如卷材防水层必须设置在结构背水面，则必须采用复合式衬砌形式，即在防水层内加结构内衬作为防水层的承托结构。

2.56 地下防水工程采用卷材时应使用多厚卷材？

卷材的厚度在防水层的施工和使用过程中，对保证地下工程防水质量起到关健的作用。如卷材厚度太薄，耐穿刺能力差，施工和使用过程中易被戳破；长期耐水压渗透能力差，在地下工程长期水压的作用下，容易产生渗漏现象，而且高聚物改性沥青卷材大都采用热熔法施工，卷材厚度小于 3mm 时，热熔时很容易烧穿卷材。同时地下工程防水施工完成后，将被回填土填埋，很难翻修。要求防水施工，尤其是防水卷材的施工，更加要强调其可靠性。卷材防水层必须具有一定的厚度，才能保证具有足够的抗渗和耐穿刺能力，保证防水的可靠性和耐久性。所以《地下工程防水技术规范》GB 50108—2001 以强制性条文规定：卷材防水层为一或二层。高聚物改性沥青防水卷材厚度不应小于 3mm，单层使用时，厚度不应小于 4mm，双层使用时，总厚度不应小于 6mm；合成高分子防水卷材单层使用时，厚度不应小于 1.5mm，双层使用时，总厚度不应小于 2.4mm。

2.57 卷材怎么才能成为封闭防水层？

地下工程的底面和四周往往都有地下水存在，为了保证地下工程卷材防水层的防水效果,底面卷材防水层和侧面防水层必须形成一个整体,才能达到要求的防水效果。因此防水设防时应作好以下工作:

1. 地下工程卷材防水层应作迎水面防水,即底面卷材防水层应作在底板的下面,侧墙卷材防水层作在墙体的外侧,并形成连续的防水层;

2. 底板卷材防水层施工时,应留出足够的甩槎接头,并采取覆盖措施,保证甩槎卷材的完好程度,在地下主体工程施工完毕后,能上翻至立面,与立面卷材防水层充分搭接;

3. 卷材间搭接缝应粘接牢固、密封严密。卷材的搭接宽度应符合规范规定;热熔法施工的卷材,接缝部位粘接后应有热熔胶溢出,冷粘法施工应选用与卷材配套的粘接剂粘接牢固,焊接法施工应保证具有足够的焊接宽度,并焊接牢固,无虚焊或脱焊现象;接缝口采用与卷材材性相容的密封材料封严,宽度不应小于10mm。

2.58 地下防水工程中转角处应作何处理?

地下防水工程中基层的转角处应做成圆弧。圆弧半径应根据卷材种类选用,见表2-12。

转角处圆弧半径　　　　　　　　表2-12

卷材种类	圆弧半径(mm)
沥青防水卷材	100~150
	50
合成高分子防水卷材	20

涂料防水层的基层的转角处也应做成圆弧,圆弧半径在20~50mm之间。由于转角为应力集中处,往往此处的防水层相对于大面上的防水层,更易提前老化、破坏,因此防水层在这些部位加作增强附加层,附加层可采用涂料加筋涂刷,或采用卷材条加铺。阴角处常以全粘实铺为主,阳角处常采用空铺为主,附加层的宽度按设计规定,一般每边粘贴50mm为宜。

2.59 用于地下防水工程的合成高分子防水卷材应具有什么指标?

适用于地下工程的合成高分子卷材的类型有:

1. 硫化橡胶类卷材:主要有三元乙丙(EPDM)橡胶卷材(JL_1)和氯化聚乙烯橡胶共混卷材(JL_2);
2. 非硫化橡胶类卷材:主要有氯化聚乙烯(LYX-603)卷材(JF_3);
3. 合成树脂类卷材:主要有聚氯乙烯(PVC)卷材(JS_1);
4. 纤维胎增强类卷材:主要有丁基橡胶、氯丁橡胶、聚氯乙烯、聚乙烯、氯化聚乙烯等产品。

考虑到地下工程使用年限长,质量要求高,工程渗漏水治理时卷材无法更换等特点,在要求合成高分子防水卷材品种规格、外观质量符合现行国家标准或行业标准的同时,主要物理性能应符合表 2-13 的要求。

合成高分子防水卷材的主要物理性能　　　　表 2-13

项　目	性　能　要　求				纤维胎增强类
	硫化橡胶类		非硫化橡胶类	合成树脂类	
	JL_1	JL_2	JF_3	JS_1	
拉伸强度(MPa)	≥8	≥7	≥5	≥8	≥8
断裂伸长率(%)	≥450	≥400	≥200	≥200	≥10
低温弯折性(℃)	-45	-40	-20	-20	-20
不透水性	压力 0.3MPa,保持时间 30min,不透水				

2.60 用于地下防水工程的高聚物改性沥青防水卷材应具有什么指标?

适用于地下工程的高聚物改性沥青防水卷材的主要品种有:

1. 弹性体改性沥青防水卷材,是用苯乙烯—丁二烯—苯乙烯嵌段共聚物(简称 SBS)对沥青进行改性后涂覆在聚酯毡(PY)或

玻纤毡(G)胎体上制成;

2. 塑性体改性沥青防水卷材是用无规聚丙烯(APP或APAO)对沥青进行改性后涂覆在聚酯毡或玻纤毡胎体上制成;

根据地下工程防水的特殊性,要求高聚物改性沥青卷材应具有良好的耐水性、耐久性、耐穿刺性、耐腐蚀、耐菌性、主要物理性能指标应符合表2-14和表2-15的要求。

弹性体改性沥青防水卷材的主要物理性能　　　　表2-14

胎　基		PY		G	
型　号		Ⅰ	Ⅱ	Ⅰ	Ⅱ
可溶物含量 (g/m²)≥	2mm	—		1300	
	3mm	2100			
	4mm	2900			
不透水性	压力(MPa)≥	0.3		0.2	0.3
	保持时间(min)	30			
耐热度(℃)		90	105	90	105
		无滑动、流淌、滴落			
拉力 (N/50mm)≥	纵　向	450	800	350	500
	横　向			250	300
最大拉力时延伸率 (%)≥	纵　向	30	40	—	—
	横　向				
低温柔度(℃)		-18	-25	-18	-25
		无裂纹			

塑性体改性沥青防水卷材的主要物理性能　　　　表2-15

胎　基		PY		G	
型　号		Ⅰ	Ⅱ	Ⅰ	Ⅱ
可溶物含量 (g/m²)≥	2mm	—		1300	
	3mm	2100			
	4mm	2900			

续表

胎 基		PY		G	
型 号		I	II	I	II
不透水性	压力(MPa)≥	0.3		0.2	0.3
	保持时间(min)	30			
耐热度（℃）		110	130	110	130
		无滑动、流淌、滴落			
拉力 (N/50mm)≥	纵 向	450	800	350	500
	横 向			250	300
最大拉力时延伸率 (%)≥	纵 向	25	40		
	横 向				
低温柔度（℃）		−18	−25	−18	−25
		无 裂 纹			

2.61 卷材的胶粘剂有何要求？

卷材胶粘剂种类很多。工程中使用的胶粘剂应与铺贴的卷材材性相容。根据《地下工程防水技术规范》其质量应符合下列要求：

1. 高聚物改性沥青卷材间的粘结剥离强度不应小于 8N/10mm。

2. 合成高分子卷材胶粘剂的粘结剥离强度不应小于 15N/10mm，浸水 168h 后剥离强度保持率不应小于 70%。

3. 双面胶粘带剥离状态下的粘结剥离强度不应小于 6N/10mm，浸水 168h 后保持率不应小于 70%。

粘贴合成高分子防水卷材的胶粘剂的性能和卷材及基层应有亲和性。进入施工现场的胶粘剂应有质量证明文件，应按规定抽样复试，经具有资质的质量检验部门检测合格，确保其质量符合材料标准和设计要求。不合格者严禁在工程中使用。《高分子防水卷材胶粘剂》JC 863—2000 对适用于高分子防水卷材冷粘结的、以合成弹性体为基料的胶粘剂提出的物理力学性能要求见表 2-16。

高分子防水卷材胶粘剂的物理力学性能　　　表 2-16

序号	项目		技术指标		
			基底胶 J	搭接胶 D	通用胶 T
1	黏度（Pa·s）		规定值±2%		
2	不挥发物含量(%)		规定值±2		
3	适用期(min)≥		180		
4	剪切状态下的粘合性	卷材—卷材	标准试验条件(N/mm)≥	—	2.0	2.0
			热处理后保持率 80℃×168h(%)≥	—	70	70
			碱处理后保持率(%)≥ 10%Ca(OH)$_2$,168h	—	70	70
		卷材—基底	标准试验条件(N/mm)≥	1.8	—	1.8
			热处理后保持率 80℃×168h(%)≥	70	—	70
			碱处理后保持率(%)≥ 10%Ca(OH)$_2$,168h	70	—	70
5	剥离强度		标准试验条件(N/m)≥	—	1.5	1.5
			浸水 168h 后保持率(%)≥	—	70	70

2.62　地下工程防水层的材料为什么要重视耐腐蚀、耐霉菌性能？

地下工程防水设防比屋面工程防水设防要求更高、更严格，因为地下工程将长期受到地下水的浸泡和地下水中有害物质的影响。

地下水是一种相当复杂的溶液,常含有溶解的气体、矿物质和有机质等,其中已经发现的化学元素有60多种,常见的有氯离子(Cl^-)、硫酸根(SO_4^{--})、重碳酸离子(HCO_3^-)、碳酸根(CO_3^{--})、以及钠(Na^+)、钾(K^+)、钙(Ca^{++})、镁(Mg^{++})等碱金属和碱土金属离子。溶解的气体有氧、氮、碳酸气,偶而也有硫化氢、沼气等。这些溶解于水中的物质,使地下水具有各种特性,当酸、碱、盐及有害气体的含量超过一定限度时,地下水就会侵蚀,腐蚀地下工程的防水层。另外,地下工程的回填土中也含有一定量的有机物,在土壤潮湿环境中细菌很容易繁殖,侵害防水层。因此地下工程防水层的材料要重视耐腐蚀、耐霉菌性能。

2.63 卷材防水层对基层有什么要求?

基层是卷材防水层的依附层,其质量好坏将直接影响到防水层的质量,所以要求基层的混凝土或砂浆配比准确,具有足够强度,表面平整、干净、干燥,表面不酥松、不起皮、不起砂、不开裂。

1. 基层应具有足够的强度。基层若采用水泥砂浆找平时,强度要大于5MPa。二次压光,充分养护。要求表面平整,用2m长度的直尺检查,最大空隙不应超过5mm,无松动、开裂、起砂、空鼓、脱皮等缺陷。如强度过低,防水层失去基层的依托,且易产生起皮、起砂的缺陷,使防水层难以粘结牢固,产生空鼓现象。基层表面平整度差,卷材不能平服地铺贴于基层,也会产生空鼓问题;

2. 地下室墙板与底板的交接处,桩基、地梁等与底板的转角等部位是平面与立面应力集中、变形频繁的部位,所以最易发生裂缝,因此,应根据不同性能的防水卷材对阴阳角作出规定的圆弧半径;

3. 基层应干燥,如在潮湿的基层上施工防水层,防水层与基层粘结困难,易产生空鼓现象,立面防水层还会下坠。因此基层干燥是保证防水层质量的重要环节,基层干燥与否的简易检查方法是将$1m^2$卷材平坦地干铺在基层上,静置3~4h后掀开检查,找平层覆盖部位与卷材上未见水印即为达到要求,可铺贴卷材。

4. 施工缝、变形缝、穿墙螺栓、穿墙管道、设备、预埋件等节点部位应事先做好防水处理。

2.64 基层处理剂有哪些种类？其作用是什么？配制与施工有什么规定？

基层处理剂是涂刷在防水层表面、增加防水层与基层粘结强度的涂料。沥青卷材或改性沥青卷材可采用沥青冷底子油,合成高分子卷材一般采用配套的基层处理剂。防水涂料与基层的粘结强度高,基本上不需要基层处理剂。如需要增加涂膜防水层与基层的粘结能力,可采用防水涂料与相应的溶剂按厂家提供的比例调稀后作为基层处理剂使用。

2.65 地下室侧墙立面卷材铺贴时,应采取什么措施防止卷材下滑？

地下室侧墙立面铺贴卷材时,由于卷材本身重力大于粘结力而使防水层发生下滑现象,尤其是沥青防水卷材和高聚物改性沥青防水卷材,对温度的敏感性大,在高温季节发生下坠和流淌现象。因此必须采取措施来保证墙立面卷材的下滑。立面卷材应采用满粘法施工,以应保证立面卷材有较强的粘结力。在粘结力不足时,可采取机械固定的方法,采用带垫片的钉子直接钉于基层,钉帽用密封材料封严,或采用压条钉压固定。压条和钉子的间距应视卷材材性而定,一般每幅卷材宽度内应不少于二个钉子。

2.66 地下防水工程卷材搭接宽度有何规定？

地下工程卷材防水层施工时,卷材的搭接宽度与施工方法有关,当采用热熔法或冷粘法施工时,短边和长边的搭接宽度均不应小于100mm;合成树脂类的热塑性卷材,采用焊接法施工时,搭接宽度宜为50mm,焊缝有效宽度不应小于30mm。采用双层卷材时,上下两层和相邻两幅卷材的搭接缝要相互错开,其中长边搭接缝应错开1/2～1/3幅宽,短边搭接缝要错开500mm以上。在墙面上铺贴叠层卷材如需接长时,应用叉接法进行搭接缝连接。

2.67 卷材搭接缝怎么做才能严密？

卷材防水层是通过卷材在施工现场搭接形成整体防水层的,因此搭接缝施工质量是卷材防水层成败的关键。

我国卷材防水层的接缝均要求采用搭接的形式,因此足够的接缝宽度是保证接缝质量的基础,必须严格按有关规范的要求执行。

高聚物改性沥青热熔卷材在搭接缝施工时应充分加热,及时进行排气、辊压,使缝口有沥青胶溢出,并及时刮抹封口。

合成高分子卷材的搭接缝应采用卷材生产厂家配套的专用接缝胶粘剂粘结,胶粘剂质量应符合有关规范的要求。施工时先将搭接的卷材翻起并临时固定。将卷材接缝胶粘剂用刷子均匀涂刷在上下层卷材的粘结面,待手指触胶不粘手时,再用手一边压合,一边由内向外驱除空气。粘合平服后,用手压辊,按顺序认真辊压一遍。

接缝粘结完成后,在搭接的卷材边口用材性相容的密封材料封严,宽度不应小于10mm。或采用宽度25mm左右的密封胶带封口。

2.68 地下室底板、顶板侧墙防水层应作什么保护层？

为保证已做好的防水层在支模、绑扎钢筋、浇筑混凝土、回填土等工序中不受损伤,防水层上应设置保护层。

顶板防水层上应作细石混凝土保护层,厚度不应小于70mm,为避免刚性保护层变形时,柔性防水层不受上部变形的影响,防水层与保护层之间应设置隔离层。

底板防水层上要进行底板扎筋、支模、浇筑混凝土等工作,因此底板防水层上应采用厚度不小于50mm的细石混凝土作为保护层。

地下室侧墙防水层宜采用聚苯乙烯泡沫板、聚乙烯泡沫板等软保护,或铺抹1∶3水泥砂浆作保护层。施工时,涂膜防水层在最后一遍涂料涂刷时,撒上细砂,卷材防水层在表面涂刷胶粘剂,撒上细砂,以增加水泥砂浆保护层与防水层间的粘结力,防止保护层脱落。

2.69 卷材搭接缝为什么不宜留在转角处?

卷材搭接缝是卷材防水层的薄弱部位,接缝处的抗拉强度比卷材母材的强度要低,而防水层基层的转角部位,结构上会产生应力集中现象,相对而言变形较大,如卷材接缝留在转角处,接缝口容易被拉脱,造成渗漏现象;另外,转角部位,卷材施工难度大,如有卷材搭接缝,则施工质量很难保证。所以卷材搭接缝不宜留在转角部位。

2.70 地下工程卷材防水层的施工质量应符合哪些要求?

冷粘法铺贴的卷材防水层施工质量应符合下列要求:
(1) 胶粘剂涂刷应均匀,不露底,不堆积;
(2) 铺贴卷材时应控制胶粘剂涂刷与卷材铺贴的间隔时间,排除卷材下面的空气,并辊压粘结牢固,不得有空鼓;
(3) 铺贴卷材应平整、顺直,搭接尺寸正确,不得有扭曲、皱折;
(4) 接缝口应用密封材料封严,其宽度不应小于 10mm。

热熔法铺贴的卷材防水层施工质量应符合下列要求:
(1) 火焰加热器加热卷材应均匀,不得过分加热或烧穿卷材;厚度小于 3mm 的高聚物改性沥青防水卷材,严禁采用热熔法施工;
(2) 卷材表面热溶后应立即滚铺卷材,排除卷材下面的空气,并辊压粘结牢固,不得有空鼓、皱折;
(3) 滚铺卷材时接缝部位必须溢出沥青热熔胶,并应随即刮封接口使接缝粘结严密;
(4) 铺贴后的卷材应平整、顺直,搭接尺寸正确,不得有扭曲。

焊接法铺贴使用于热塑类卷材,其防水层施工质量应符合下列要求:

(1) 卷材的铺设应平整、顺直,搭接尺寸正确,无扭曲、皱折现象;

(2) 底板焊接卷材可采用空铺法;立面卷材铺贴前,应先将暗钉圈固定在立面基层上,卷材边铺边将其与暗钉圈焊接牢固;

(3) 两幅卷材的搭接宽度应为100mm,搭接缝宜采用双条焊缝焊接,单条焊缝的有效焊接宽度不应小于10mm。

2.71 地下工程卷材防水层的施工质量检验数量是多少?

地下工程卷材防水层的施工质量检验数量,应按铺贴面积每$100m^2$抽查1处,每处$10m^2$,且不得少于3处。施工质量检验时,应根据工程的构造、形状、面积事先划分抽查区域,确定抽查数量。工程的卷材防水层的转角处、变形缝、穿墙管道等细部做法应作全数检查。检查的内容和方法见有关的施工质量验收规范。

2.72 地下工程卷材防水层施工质量检验的主控项目有哪些?

地下工程卷材防水层施工质量检验的主控项目为:

1. 卷材防水层所用卷材及主要配套材料必须符合设计要求。

检验方法:检查出厂合格证,质量检验报告和现场抽样试验报告。

对进场的防水卷材及主要配套材料应按照《地下防水工程质量验收规范》附录B的要求进行工程抽样复验,高聚物改性沥青防水卷材应符合国标《弹性体沥青防水卷材》GB 18242—2000或《塑性体沥青防水卷材》GB 18243—2000的要求。合成高分子防水卷材应符合国标《高分子防水材料》(第一部分片材)GB 18173.1—2000的要求。

2. 卷材防水层及其转角处、变形缝、穿墙管道等细部做法均须符合设计要求。

检验方法:观察检查和检查隐蔽工程验收记录。

细部节点施工完成后会被大面防水层覆盖,因此节点施工过程中,应及时进行节点处理质量的检查,并填写好隐蔽工程验收单备查。

2.73 卷材防水层施工质量检验的一般项目有哪些?

卷材防水层施工质量检验的一般项目:

1. 卷材防水层的基层应牢固,基面应洁净、平整,不得有空鼓、松动、起砂和脱皮现象;基层阴阳角处应做成圆弧形。

检验方法:观察检查和检查隐蔽工程验收记录。

本项目属隐蔽工程,会被防水层所覆盖,因此在施工过程中应及时检查,并做隐蔽工程验收记录。

2. 卷材防水层的搭接缝应粘(焊)结牢固,密封严密,不得有皱折、翘边和鼓泡等缺陷。

检验方法:观察检查。

卷材接缝质量是卷材防水层成败的关键,应逐条仔细检查验收。

3. 侧墙卷材防水层的保护层与防水层应粘结牢固,结合紧密,厚度均匀一致。

检验方法:观察检查。

4. 卷材搭接宽度的允许偏差为$-10mm$。

检验方法:观察和尺量检查。

2.74 地下工程涂料防水层可采用哪些涂料?如何选用?

地下工程中涂料防水层可采用反应型涂料、水乳型涂料、聚合物水泥防水涂料、水泥基防水涂料和水泥基渗透结晶型防水涂料。在地下工程中,防水涂料的选择主要根据防水层处于迎水面还是背水面、基层条件、施工期的气候条件等因素综合考虑。

1. 迎水面防水时防水涂料的选择面较宽,上述防水涂料均可使用,可根据基层和气候条件选用具体品种。背水面防水需选用与基面有较强的粘结力、凝固快的水泥基防水涂料或水泥基渗透结晶型防水涂料。

2. 潮湿基层宜选用与基层粘结力大的聚合物水泥防水涂料、

水泥基防水涂料或水泥基渗透结晶型防水涂料,或采用先涂水泥基类材料而后涂有机涂料的复合涂层。

3. 冬期施工宜选用反应型涂料,如采用水乳型涂料,温度不得低于5℃。

4. 埋置深度较深的重要工程、有振动或较大变形的工程宜选用高弹性防水涂料。

5. 有腐蚀性的地下环境宜选用耐腐蚀性较好的反应性、水乳型、聚合物水泥涂料并做刚性保护层。

2.75 防水涂料的性能指标应符合什么要求?

用于地下工程的防水涂料应具备下列性能要求:
(1) 具有良好的耐水性、耐久性、耐腐蚀性及耐霉菌侵蚀能力;
(2) 无毒、无害,施工和使用过程中不污染周围环境;
(3) 水泥基或水泥基渗透结晶型无机防水涂料应具有良好的耐穿刺能力和在潮湿基层条件下较高的粘结强度;有机防水涂料应具有较好的延伸性及较大适应基层变形能力。

有机防水涂料的性能指标应符合表2-17的要求。

有机防水涂料的性能指标 表2-17

涂料种类	可操作时间(min)	潮湿基面粘结强度(MPa)	抗渗性(MPa)			浸水168h后拉伸强度(MPa)	浸水168h后断裂伸长率(%)	耐水性(%)	表干(h)	实干(h)
			涂膜(30min)	砂浆迎水面	砂浆背水面					
反应型	≥20	≥0.3	≥0.3	≥0.6	≥0.2	≥1.65	≥300	≥80	≤8	≤24
水乳型	≥50	≥0.2	≥0.3	≥0.6	≥0.2	≥0.5	≥350	≥80	≤4	≤12
聚合物水泥	≥30	≥0.6	≥0.3	≥0.8	≥0.6	≥1.5	≥80	≥80	≤4	≤12

注:1. 浸水168h后的拉伸强度和断裂延伸率是在浸水取出后只经擦干即进行试验所得的值。
2. 耐水性指标是指材料浸水168h后取出擦干即进行试验,其粘结强度及抗渗性的保持率。

无机防水涂料的性能指标应符合表 2-18 的要求。

无机防水涂料的性能指标　　　　　表 2-18

涂料种类	抗折强度（MPa）	粘结强度（MPa）	抗渗性（MPa）	冻融循环
水泥基防水涂料	>4	≥1.0	>0.8	>F50
水泥基渗透结晶型防水涂料	≥3	≥1.0	>0.8	>F50

2.76　涂层厚度怎样规定？

涂层厚度应根据《屋面工程质量验收规范》(GB 50207—2002)和《地下防水工程施工质量验收规范》(GB 50208—2002)的规定，按照防水等级、材料性能确定不同的涂层厚度，见表 2-19。

涂膜防水层厚度　　　　　表 2-19

| 防水等级 | 屋面工程 | | 地下工程 | | | | |
| | 合成高分子涂料 | 改性沥青涂料 | 有机涂料 | | | 无机涂料 | |
			反应型	水乳型	聚合物水泥	水泥基	水泥基渗透结晶型
Ⅰ	≥1.5mm	—	1.2~2	1.2~1.5	1.5~2.0	1.5~2.0	≥0.8
Ⅱ	≥1.5mm	≥3m	1.2~2.0	1.2~1.5	1.5~2.0	1.5~2.0	≥0.8
Ⅲ	≥2.0mm	≥3m	—	—	≥2.0 复合≥1.5	≥2.0 复合≥1.5	—
Ⅳ		≥2m					

2.77　为什么说基层质量是保证涂料防水层质量的关键？

涂料防水层是采用不定型防水涂料经涂刷于基层后成膜为防水层，它与基层粘结牢固，随基层形状定型成连续的防水膜。因此，基层应平整，才有涂膜的平整和厚薄均匀；基层坡度准确，不积水，才能保证防水层的准确坡度；基层应该不起砂、不起皮、不酥松、干燥才能使涂料粘结牢固，不会损坏防水膜；更主要是基层不允许任意开裂,因为涂膜与基层粘结好,基层开裂很容易拉裂防水层。所以涂膜防水层的基层必须做到排水坡度准确、表面平整,干净、干燥、不起砂、不起皮、不酥松,更不能有裂缝,这些都是保证防水层质量的关键。

2.78 为什么要强调涂料的配制工作？

涂料按成份分为单组分和多组分,按材性分为水乳型、溶剂型、热熔型等,不管哪一种涂料在储存、静置时都会有不同程度的沉淀或分层,因此在使用前必须进行搅拌。对于双组分或多组分涂料,一般多属反应型材料,所以必须按要求称量准确,严格参照投料顺序,并充分搅拌均匀。称量不准,搅拌不匀,会造成两组分得到充分反应,涂膜难以固化或影响固化后涂膜防水层的质量。许多工程实例中,许多双组分涂料在施工后不能结膜或产生析出物,造成防水层质量问题,就是涂料配比不准或搅拌不匀造成的。

2.79 什么是水泥基渗透结晶型防水涂料？

水泥基渗透结晶型防水材料是一种刚性防水材料。与水作用后,材料中含有的活性化学物质通过载体向混凝土内部渗透,在混凝土中形成不溶于水的结晶体,堵塞毛细孔道,从而使混凝土致密、防水。分为防水涂料和防水剂两种,水泥基渗透结晶型防水涂料是一种粉状材料,经与水拌合可调配成刷涂或喷涂在水泥混凝土表面的浆料;亦可将其以干粉撒覆并压入未完全凝固的水泥混凝土表面。水泥基渗透结晶型防水剂是一种掺入混凝土内部的粉状材料。水泥基渗透结晶型防水材料具有下列特点：

1. 水泥基渗透结晶型防水材料中所含活泼化学物质对水有很强亲合力,这种材料见水后促使混凝土进一步水化生成纤维状晶体,使混凝土和砂浆中的空隙被堵塞；

2. 对环境气候条件要求低,只要气温在4℃以上、不下雨就可以施工;对基层表面平整度要求不高,只要混凝土表面粗糙即可；

3. 施工操作工艺简单,可用刮板刮抹或用铁抹子抹压至规定厚度；

4. 对混凝土、钢筋、水泥砂浆无任何腐蚀作用,对动植物无毒、无害；

5. 使用范围广泛,可用于地下防水工程、水坝工程、隧道工程等；

6. 水泥基渗透结晶型防水材料仅适用于混凝土和水泥砂浆防水；

7. 水泥基渗透结晶型防水材料是一种刚性防水材料,不能在变形较大的工程中使用。

水泥基渗透结晶型防水材料匀质性指标和物理力学性能应符合表 2-20、表 2-21 的规定；掺水泥基渗透结晶型防水剂的混凝土的物理力学性能应符合表 2-22 的规定。

水泥基渗透结晶型防水材料匀质性指标　　　表 2-20

序号	试验项目	指标
1	含 水 量	应在生产厂控制值相对量的 5% 之内
2	总碱量($Na_2O+0.65K_2O$)	
3	氯离子含量	
4	细度(0.315mm 筛)	应在生产厂控制值相对量的 10% 之内

注：生产厂控制值应在产品说明书中告知用户。

水泥基渗透结晶型防水涂料的物理力学性能　　　表 2-21

序号	试验项目		性能指标	
			Ⅰ	Ⅱ
1	安 定 性		合 格	
2	凝结时间	初凝时间(min)≥	20	
		终凝时间(h) ≤	24	
3	抗折强度(MPa)≥	7d	2.80	
		28d	3.50	
4	抗压强度(MPa)≥	7d	12.0	
		28d	18.0	

续表

序号	试验项目		性能指标	
			I	II
5	潮湿基面粘结强度(MPa)	≥	1.0	
6	抗渗压力(MPa)(28d)	≥	0.8	1.2
7	第二次抗渗压力(MPa)(56d)	≥	0.6	0.8
8	渗透压力比(%)(28d)	≥	200	300

掺水泥基渗透结晶型防水剂的混凝土的物理力学性能　　表 2-22

序号	试验项目			性能指标
1	减水率(%)		≥	10
2	泌水率比(%)		≤	70
3	抗压强度比(%)	7d	≥	120
		28d	≥	120
4	含气量(%)		≤	4.0
5	凝结时间差	初凝(min)		>90
		终凝(min)		—
6	收缩率比(%)(28d)		≤	125
7	渗透压力比(%)(28d)		≥	200
8	第二次抗渗压力(MPa)(56d)		≥	0.6
9	对钢筋的锈蚀作用			对钢筋无锈蚀危害

2.80 涂料防水层施工质量检验数量怎么抽取？

涂料防水层的施工质量检验数量，应按涂层面积每 100m² 抽查一处，每处 10 m²，且不得少于 3 处，施工质量检验时，应根据工程的构造、形状、面积事先划分抽查区域，确定抽查数量。涂料防水层的转角处、变形缝、穿墙管道等细部做法应作全数检查。检查的内容和方法见有关的施工质量验收规范。

2.81 涂料防水层质量检验的主控项目是什么？

涂料防水层质量检验的主控项目为：

1. 涂料防水层所用材料及配合比必须符合设计要求。现场抽样检测的涂料的物理性能指标必须符合国家标准的有关规定。

检验方法：检查出厂合格证、质量检验报告、计量措施和现场抽样试验报告。

防水涂料原材料质量是保证涂膜防水层质量的基础，材料进场后应按规范规定的批量进行抽样检验，不合格的防水涂料严禁在建筑工程中使用。

2. 涂料防水层及转角处、变形缝、穿墙管道等细部做法须符合设计要求。

检验方法：观察检查和检查隐蔽工程验收记录。

地下工程的防水设防要求，应根据使用功能、结构型式、环境条件、施工方法及材料性能等因素合理确定。按设防要求的规定进行地下工程构造防水设计，设计人员应绘出大样图或指定采用建筑标准图集的具体作法。转角处、变形缝、穿墙管道等处是防水薄弱环节，施工较为困难。为保证防水的整体效果，对上述细部做法必须严格操作和加强检查。

2.82 涂料防水层质量检验的一般项目是什么？

涂料防水层质量检验的一般项目为：

1. 涂料防水层的基层应牢固，基面应洁净、平整，不得有空鼓、松动、起砂和脱皮现象；基层的阴阳角处应做成圆弧形。

检验方法：观察检查和检查隐蔽工程验收记录。

基层质量是保证涂料防水层质量的基础，基层在防水层施工后被覆盖，因此应在涂料防水层施工前对基层质量进行检查验收，并填写隐蔽工程验收记录。

2. 涂料防水层应与基层粘结牢固、表面平整、涂刷均匀，不得有流淌、皱折、鼓泡、露胎体和翘边等缺陷。

检验方法：观察检查。

涂膜防水层是经过多遍涂刷形成的，每遍涂料涂布完成后，均应对涂层的表面质量进行观察检查,对出现的质量缺陷进行修补,验收合格后再进行下一遍涂刷。

3. 涂料防水层的平均厚度应符合设计要求,最小厚度不得小于设计厚度的 80%。

检验方法:针测法或割取 20mm×20mm 实样用卡尺测量。

涂膜厚度是保证防水功能和防水层耐久性的主要指标。在工程实践中,经常出现材料用量不足或涂刷不匀的缺陷,因此控制涂层的平均厚度和最小厚度是保证涂膜防水层质量的重要措施。施工时,可采用控制材料用量和多遍涂刷来保证涂层的平均厚度和最小厚度。

4. 侧墙涂料防水层的保护层与防水层粘结牢固,结合紧密,厚度均匀一致。

检验方法:观察检查。

2.83 地下防水工程中塑料板有哪些品种?

地下防水工程中使用的塑料板目前主要有乙烯—醋酸乙烯共聚物(EVA)、乙烯—共聚物沥青(ECB)、聚氯乙烯(PVC)、高密度聚乙烯(HDPE)、低密度聚乙烯(LDPE)类或其他性能详尽的以合成树脂为基料制成的防水卷材。

乙烯—醋酸乙烯共聚物(EVA)卷材是国标 GB/T 17643—1998 中 GL-2 土工膜,是柔软性较好的防水土工膜。

乙烯—共聚物沥青(ECB)卷材是由乙烯共聚物与沥青共混复合而成,即国际 GB 18173.1—2000 中的 JS3 乙烯醋酸乙烯改性沥青共混卷材。

聚氯乙烯(PVC)防水材料是以聚氯乙烯树脂为主要原料,掺加增塑剂、填充剂、抗氧剂、紫外线吸收剂、其他外加剂等加工而成的建筑防水材料。分为均质型和复合型两个品种。

聚乙烯(PE)卷材是以聚乙烯树脂为基料,加入抗氧剂、紫外线吸收剂、填充料等配制而成的防水土工膜。其中低密度聚乙烯(LDPE)土工膜即国标 GB/T 17643—1998 中的 GL-1 土工膜,其承载能力大,较柔软,低温性能好;高密度聚乙烯(HDPE)土工膜即国标 GB/T 17643—1998 中 GH-1 和 GH-2 土工膜,其耐老化、耐腐蚀型、抗戳穿性等综合性能优良。

2.84 塑料板应具备什么性能指标才能满足地下防水工程的要求?

用于地下工程的塑料防水板应具有下列性能特点:

(1) 具有足够的抗拉强度。在地下工程中,塑料防水板置于初期支护与二次衬砌之间,在塑料防水板施工和二次衬砌浇筑时会受到一定的拉力,故应有足够的抗拉强度;

(2) 耐穿刺性好。耐穿刺性好是塑料防水板的施工要求,地下工程的初期支护都不做找平处理,基层的平整度较差,二次衬砌施工时,绑扎钢筋、浇筑混凝土等会对塑料防水板造成损伤,故要求防水板有一定的耐刺穿性,以免塑料防水板被刺破;

(3) 具有优良的抗渗性。塑料防水板长期处于地下水的渗透作用,必须具有优良的抗渗能力,在地下水的长期作用下,不会被渗透;

(4) 耐久性好。地下工程的防水层一旦施工完毕,无法进行修补和替换,并长期处于地下水的侵蚀状态,故应具有良好的耐久性、耐腐蚀性和耐菌性。

塑料防水板的物理性能指标应符合表 2-23 的要求。

塑料防水板的主要物理性能　　　　表 2-23

项　　目		性　能　要　求			
		EVA	ECB	PVC	PE
拉伸强度(MPa)	≥	15	10	10	10
断裂延伸率(%)	≥	500	450	200	400
不透水性 24h(MPa)	≥	0.2	0.2	0.2	0.2
低温弯折性(℃)	≤	−35	−35	−20	−35
热处理尺寸变化率(%)	≤	2.0	2.5	2.0	2.0

2.85 塑料板防水层铺设的要求有哪些？

在地下工程中，塑料防水板置于初期支护与二次衬砌之间，施工时先在初期支护上用暗钉圈将缓冲衬垫固定在基层上，然后将塑料防水板与暗钉圈焊接在一起，再将塑料防水板的搭接缝用双焊缝焊接连接。塑料防水板施工时应符合下列要求：

1. 塑料板与暗钉圈应焊接牢固；
2. 两幅塑料板的搭接宽度应为100mm，下部塑料板应压住上部塑料板；
3. 搭接缝宜采用双焊缝焊接，单条焊缝的有效焊接宽度不应小于10mm；
4. 复合式衬砌的塑料板铺设与内衬混凝土的施工距离不应小于5m。

2.86 塑料板防水层质量检验数量是怎么规定的？

塑料板防水层施工质量检验数量，应按铺设面积每100m^2抽查1处，每处10m^2，但不少于3处。焊缝的检验应按焊缝数量抽查5%，每条焊缝为1处，但不少于3处。

2.87 塑料板防水层质量检验主控项目有哪些？

塑料板防水层质量检验主控项目为：

1. 防水层所用塑料板及配套材料必须符合设计要求。材料进场后，应由生产厂家提供出厂合格证和质量检验报告，并按规定要求进行现场的见证抽样和见证送样，并由具有检测资质的检测单位检验合格。
2. 塑料板的搭接缝必须采用热风焊接，不得有渗漏。这是塑料板防水层施工质量检验的强制性条文，因为在地下工程中，塑料板与初期支护是空铺的，如搭接缝有细小的焊接不严，出现渗漏，都会导致整个防水层的失效，因此，搭接缝焊接完成后，应在双焊缝间的空腔内充气检查焊缝质量，以保证塑料板防水层的质量。

2.88 塑料板防水层质量检验一般项目是哪些？

塑料板防水层质量检验一般项目为：

1. 塑料板防水层的基面应坚实、平整、圆顺，无漏水现象；阴阳角处应做成圆弧形。

检验方法：观察和尺量检查。

2. 塑料板的铺设应平顺并与基层固定牢固，不得有下垂、绷紧和破损现象。

检验方法：观察检查。

3. 塑料板搭接宽度的允许偏差为－10mm。

检验方法：尺量检查。

2.89 金属板施工质量检验数量怎么确定？

金属板防水层的施工质量检验数量，应按铺设面积每 $10m^2$ 抽查 1 处，每处 $1m^2$，但不少于 3 处。焊缝检验应按不同长度的焊缝各抽查 5%，但均不得少于 1 条。长度小于 500mm 的焊缝，每条检查 1 处；长度 500～2000mm 的焊缝，每条检查 2 处；长度大于 2000mm 的焊缝，每条检查 3 处。

2.90 金属板质量检验主控项目有哪些？

金属板防水层质量检验主控项目为：

1. 金属防水层所采用的金属板材和焊条（剂）质量必须符合设计要求。

检验方法：检查出厂合格证或质量检验报告和现场抽样试验报告。

2. 焊工必须经考试合格并取得相应的执业资格证书。

检验方法：检查焊工执业资格证书和考核日期。

2.91 金属板质量检验一般项目有哪些？

金属板防水层质量检验一般项目为：

1. 金属板表面不得有明显凹面和损伤。

检验方法：观察检查。

2. 焊缝不得有裂纹、未熔合、夹渣、焊瘤、咬边、烧穿、弧坑、针状气孔等缺陷。

检验方法：观察检查和无损检验。

3. 焊缝的焊波应均匀，焊渣合飞溅物应清除干净；保护涂层不得有漏涂、脱皮合反锈现象。

检验方法：观察检查。

2.92 地下工程变形缝设计应遵守什么原则？

变形缝是指地下工程中存在的伸缩缝、沉降缝，这些缝是防水的薄弱环节，变形缝处引起的渗漏在工程中屡见不鲜，直接影响到工程的正常使用，甚至给工程带来严重后果。因此，地下工程变形缝设计时应遵守以下原则：

1. 在建筑布置上，应尽可能减少变形缝的数量，可根据不同的工程结构类别及工程地质情况采用后浇带、诱导缝、加强带等替代措施。设置变形缝时，应设置在施工方便和检修容易的部位。

2. 控制伸缩缝的间距：伸缩缝是为了防止温度变化引起的热胀冷缩和湿度变化引起的湿胀干缩造成混凝土结构的开裂破坏，而设置的一种变形缝。主要是为了满足混凝土结构变形的需要。钢筋混凝土结构伸缩缝的最大间距可按表 2-24 选用。位于气候干燥地区、夏季炎热且暴雨频繁地区的结构，经常处于高温作用下的结构，材料收缩较大或室内结构因施工外露时间较长时，应适当减小伸缩缝间距。

钢筋混凝土结构伸缩缝最大间距(m)　　表 2-24

结构类别		室内或土中	露 天
排架结构	装配式	100	70
框架结构	装配式	75	50
	现浇式	55	35

续表

结构类别		室内或土中	露天
排架结构	装配式	100	70
剪力墙结构	装配式	65	40
	现浇式	45	30
地下室墙等类结构	装配式	40	30
	现浇式	30	20

3. 控制沉降缝的最大允许沉降差值：沉降缝主要用于在上部建筑变化明显的部位及地基差异较大的部位，根据变形缝的构造，及用于变形缝处理的材料特性，沉降缝的最大允许差值不得大于30mm。

4. 变形缝的防水构造应能够承受一定的水压力。建筑工程的地下室一般都在地下水位以下，地下室在使用过程中长期受地下水的浸泡，尤其在南方沿海地区，地下水位很高，多层地下室变形缝处的水压可达0.15～0.20MPa，因此地下室的变形缝长期处于地下水压的作用之下，要求变形缝具有能够承受长期水压的能力。

5. 地下室变形缝在热胀冷缩、湿胀干缩和变形缝两侧沉降差的作用下，具有较大的变形，并处于经常变化的状态，因此变形缝应能适应结构的变形或沉降差，在一定的外力作用下不致破坏。

6. 和主体结构的防水层四面相互衔接，形成一个整体以防渗漏。

7. 变形缝材料应具有足够的耐久性，尤其是中埋式止水带、遇水膨胀橡胶条或嵌缝材料等嵌填于缝中的材料，难以更换或维修，其耐久性应与建筑物同寿命。

2.93 变形缝处混凝土结构厚度为什么必须达到300mm以上？

因为变形缝处是防水的薄弱环节，特别是采用中埋式止水带时，止水带将此处的混凝土分为二部分，如混凝土断面厚度过小，施工时不易振捣密实，会对变形缝处的混凝土抵抗地下水渗漏造成不利影响；同时会影响变形缝部位结构的整体强度和局部强度，因此在变形缝两侧各350mm范围内的混凝土结构厚度不得小于300mm。

2.94 用于沉降的变形缝为什么要规定最大允许沉降差值？

沉降缝主要用于在上部建筑变化明显的部位及地基差异较大的部位，根据变形缝的构造，及用于变形缝处理的材料（如中埋式止水带、外贴式止水带、遇水膨胀橡胶条、嵌缝材料）适应变形处理的能力，沉降缝的最大允许差值不得大于30mm，否则，变形缝中的止水带会被拉断或从两侧的混凝土中脱开。当计算沉降缝差值大于30mm时，应在设计时采取措施使沉降差值小于30mm。如在预定设置变形缝的部位，先构筑地梁，尤其是在软土中的地下工程更为必要。地梁可采用钢筋混凝土预制构件，设置在垫层的上面，这样可以使两边的结构在地梁处保持均匀沉陷，以免止水结构遭到破坏。

2.95 变形缝宽度多少为宜？密封材料的嵌入深度宜为多少？

对防水要求来说，如果变形缝的宽度过大，则会使处理变形缝的材料在同一水头情况下所承受的压力增加，这对防水是不利的，但如变形缝宽度过小，在采取一些防水措施时施工有一定难度，无法按设计要求施工。根据目前工程实践，用于沉降的变形缝的宽度宜为20～30mm，用于伸缩的变形缝的宽度宜小于此值。如果工程有特殊要求，可根据实际确定宽度。

密封材料的嵌入深度一般为宽度的0.5～0.7。在假定密封材料体积不变的条件下，变形缝宽度变化时，不同嵌入深度的密封材料形状变化如图2-2所示。从图中可以看出，在缝宽不变的情况下，嵌入深度越大，接缝发生位移时，其负担越重，同时，密封材料的体积越大，造价越高，但与基层的粘结面积大，在相同粘结强度的条件下，粘结力大，施工容易保证。而当嵌入深度小时，接缝发生位移所造成的密封材料变形小,负担就小,同时,密封材料的体积小,造价低,但与基层的粘结面积小,不易施工。综合考虑各种因素及实际施工经验,变形缝处密封材料的嵌入深度为0.5~0.7倍宽度为宜。

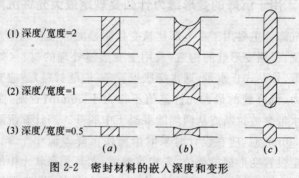

图 2-2 密封材料的嵌入深度和变形
(a) 施工时;(b) 拉伸时;(c) 压缩时

为了防止混凝土膨胀时,密封材料被挤出变形缝表面,同时对缝两侧混凝土起到装饰作用,密封材料表面应比接缝表面低5~10mm,如图2-3所示。

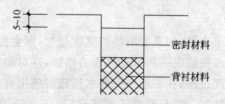

图 2-3 密封材料嵌缝

2.96 变形缝为什么应采取多道防水设防?

随着高层建筑的增多和地下空间的开发利用,地下室及地下建筑越来越多,埋置深度越来越深,作用于变形缝的水头压力也越来越大。由于变形缝是防水的薄弱环节,因此变形缝的渗漏成为地下工程的通病之一。究其原因,除变形缝施工难度较大外,原来的防水措施仅考虑一道防线过于单薄也是原因之一。因此变形缝必须采取多道防水设防,并根据不同防水等级选用不同的防水措施,防水等级越高,拟采取的措施越多,一方面可以较好地解决目前变形缝渗漏率高的状况,另一方面,由于在地下工程中,相对于结构主体来说变形缝的工程量要小的多,采用多种措施所增加的费用不多,却能较好地解决地下室的渗漏问题。

不同防水等级的明挖法地下室和逆作法地下室内衬结构变形缝的防水设防作法见表2-25。设计时应根据地下建筑的施工方法、防水等级、当地习惯作法和材料供应情况等因素选用。

地下建筑工程变形缝防水设防作法　　　表 2-25

施工方法	防水措施	防水等级			
		一级	二级	三级	四级
明挖法	中埋式止水带	应选	应选	应选	应选
	外贴式止水带	应选二种	应选一～二种	宜选一～二种	宜选一种
	可卸式止水带				
	防水嵌缝材料				
	外贴防水卷材				
	外涂防水涂料				
	遇水膨胀止水条				
逆作法	中埋式止水带	应选	应选	应选	应选
	外贴式止水带	应选二种	应选一～二种	宜选一种	宜选一种
	可卸式止水带				
	防水嵌缝材料				
	遇水膨胀止水条				

从防水的功能要求来看,地下室或地下建筑一般应采用一级或二级防水设防,从表中可以看出,中埋式止水带是变形缝防水处理中必须采用的,同时应采用其他防水措施配套使用,这样才能达到地下建筑工程的防水设防要求。

变形缝的几种常用复合防水构造形式见图2-4～图2-6。

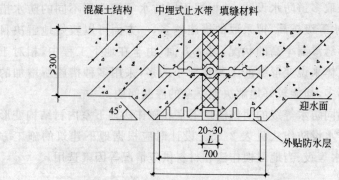

图 2-4 中埋式止水带与外贴防水层复合使用

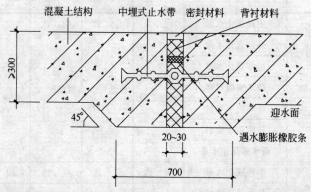

图 2-5 中埋式止水带与遇水膨胀橡胶条、密封材料复合使用

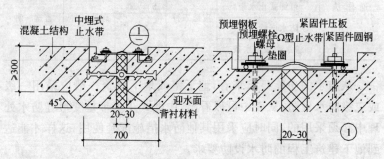

图 2-6 中埋式止水带与可卸式止水带复合使用

2.97 在温度较高时,变形缝的止水带应采用什么材料,什么形式?

在环境温度较高时,橡胶止水带、遇水膨胀橡胶条、密封材料等的性能会有较大的下降,尤其是老化速度大大加快,因此《地下工程防水技术规范》GB 50108—2001 第 5.1.7 条规定:对于环境温度高于 50℃处的变形缝,可采用 2mm 厚的紫铜片或 3mm 厚的不锈钢等金属止水带。由于金属止水带适应变形的能力较差,制作时应将其中间作成圆弧形,见图 2-7。

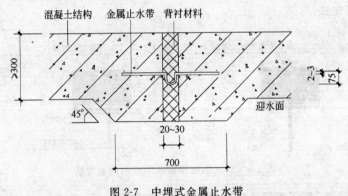

图 2-7 中埋式金属止水带

2.98 遇水膨胀橡胶止水条的施工操作方法有哪些?

遇水膨胀橡胶止水条可分为制品型、腻子型和自粘型三类,不同的类型有相应的施工操作方法。

1. 制品型遇水膨胀橡胶止水条的施工方法有预留槽安置法和平整表面安置法两种。

(1) 预留槽安置法:在第一次混凝土浇筑时预留凹槽,凹槽应平整光洁。将凹槽清理干净,刷除表面浮灰,用氯丁胶胶水、水泥钉、射钉等将橡胶条牢固紧密地贴在预留凹槽内,如图 2-8 所示。

(2) 平整表面安置法:在平整的混凝土表面沿施工缝长度方

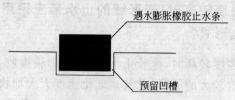

图 2-8 遇水膨胀橡胶条预留槽安置法

向居中位置安放遇水膨胀橡胶条,用水泥钉将其固定牢固,较厚的产品用水泥射钉固定,使其紧密地贴在水泥面上,或在混凝土表面涂刷氯丁胶胶水,稍干后,贴上遇水膨胀橡胶条,粘贴牢固,如图2-9所示。

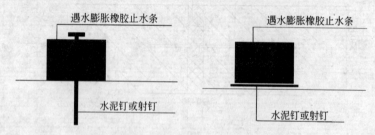

图 2-9 遇水膨胀橡胶条平整表面安置法

2. 腻子型遇水膨胀橡胶条的施工方法

在浇筑施工缝另一侧混凝土之前,将已施工的混凝土施工缝表面清理干净,撕去遇水膨胀橡胶腻子的隔离纸,沿施工缝长度方向居中摆放好,用手在其上施加压力,使其与混凝土紧密接触,然后每隔500~1000mm用水泥钉或射钉固定,以防止混凝土浇筑时移位。

腻子条搭接时,将欲搭接的两个端部50mm范围分别压扁1/2,上下重叠搭接,用手按压,使其与混凝土面紧密接触,再在搭接中部用水泥钉或射钉固定。

3. 自粘型遇水膨胀橡胶条的施工

自粘型遇水膨胀橡胶条中加入了高黏性树脂,本身具有黏性,不需要采取其他的固定措施。施工时,在清理干净的施工缝上,将自粘型遇水膨胀橡胶条直接粘贴在基面上,用手压紧,使其紧贴施工缝基面,在混凝土浇筑前撕去表面隔离纸即可。

2.99 中埋式止水带应采取什么固定措施,施工时有哪些注意事项？

中埋式止水带是指埋设在混凝土结构的变形缝或施工缝中部的止水带,施工时先将其安装固定在两侧结构的配筋上,再浇筑两侧混凝土。中埋式止水带施工时应注意以下问题：

1. 中埋式止水带的埋设位置应正确,中埋式止水带中心线应和变形缝中心线重合。

2. 止水带宜采用专用钢筋套或扁钢固定,不得穿孔或用铁钉固定。采用扁钢固定时,止水带端部应先用扁钢夹紧,固定扁钢用的螺栓间距宜为500mm,并将扁钢与结构内钢筋焊牢。

3. 由于顶、底板止水带下部的混凝土不易振捣密实,气泡也不易排出,而且混凝土水化凝结过程产生的收缩易使止水带与下面的混凝土产生缝隙,从而导致变形缝漏水,因此顶、底板内止水带应成盆式安设,见图2-10。

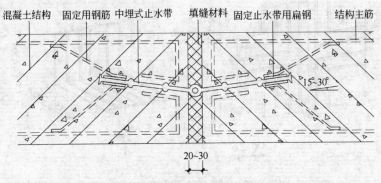

图 2-10 顶、底板中埋式止水带的固定

4. 由于止水带的接缝是止水带本身的防水薄弱处,因此接缝的数量愈少愈好,接缝位置应设在边墙较高位置上,不得设在结构转角处,接头宜采用热压焊。

5. 转弯处宜采用直角专用配件,并做成圆弧形,橡胶止水带的转角半径不得小于200mm,钢边橡胶止水带不得小于300mm,而且转角半径应随止水带的宽度增大而相应加大,以便于止水带的安设。

6. 混凝土浇筑前应校正止水带位置,表面清理干净,止水带损坏处应修补;先施工一侧混凝土时,其端模应支撑牢固,严防漏浆;顶、底板止水带的下侧混凝土应振捣密实,边墙止水带内外侧混凝土应同步浇筑,以保持止水带位置正确、平直,无卷曲现象。

2.100 变形缝施工应符合哪些要求?

1. 变形缝所使用材料的外观、物理性能和规格应符合有关的材料标准和设计要求。

2. 安设在结构内侧的可卸式止水带应一次配齐所需配件,转角处应做成45°折角,并增加紧固件的数量。

3. 外贴式止水带施工时,其相交部位与转角处宜采用图2-11所示的专用配件。

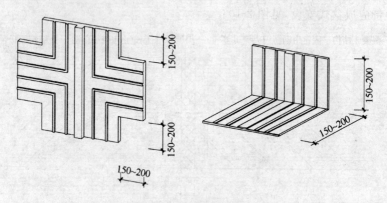

图2-11 止水带专用配件

4. 当采用遇水膨胀橡胶条时,由于实心的遇水膨胀橡胶条在三个方向都会发生膨胀,其中只有横方向的膨胀有助于挤密缝隙,对防水有利,另两个方向上的膨胀不是我们所需要的,反而会使止水条胀出缝外,因此在构造上,对遇水膨胀橡胶条应有限制措施,防止止水条胀出缝外,同时,可以增加横向的挤密效果。在材料的选择上,宜采用遇水膨胀橡胶与普通橡胶复合的复合型橡胶条、中间夹有钢丝或纤维织物的遇水膨胀橡胶条或中空圆环型遇水膨胀橡胶条等。

5. 密封材料嵌填施工前,应预先在缝底设置背衬材料,将缝内两侧清理干净,并涂刷与密封材料相容的基层处理剂。嵌填应密实,与两侧粘结牢固。

2.101 为保证施工缝的防水效果,施工缝设置有哪些要求?

施工缝是指由于技术或组织原因混凝土不能连续浇筑时,先后浇筑的混凝土之间的结合面。由于施工缝处混凝土之间的粘结较差,是混凝土构件上的一个薄弱环节。因为混凝土在构件中主要起抗压和抗剪作用,而粘结力削弱对构件的抗压影响较小,对抗剪能力的影响较大,因此,施工缝应设在构件受剪力较小且便于施工的部位。

地下室顶板和底板不宜留施工缝,如有后浇带或必须留设时,应留设成垂直缝。墙体应留设水平施工缝,留设在高出底板表面不小于300mm的墙体上。拱(板)墙结合的水平施工缝,宜留在拱(板)墙接缝线以下150~300mm处。墙体有预留孔洞时,施工缝距孔洞边缘不应小于300mm。

2.102 怎么进行施工缝的防水设防?

施工缝是混凝土结构的薄弱环节,也是地下建筑工程易引起渗漏的部位,因此,地下建筑施工缝的防水设防应采用多道设防的处理方法。不同防水等级的明挖法地下室和逆作法地下室内衬结构变形缝的防水设防做法见表2-26。设计时应根据地下建筑的施工方法、防水等级、当地习惯作法和材料供应情况等因素选用。

施工缝防水的基本构造形式见图2-12。实际工程应用时应根据设防等级要求复合使用。

地下建筑工程施工缝防水设防作法　　　　表 2-26

施工方法	防水措施	防水等级			
		一级	二级	三级	四级
明挖法	遇水膨胀止水条	应选二种	应选一～二种	宜选一～二种	宜选一种
	中埋式止水带				
	外贴式止水带				
	外抹防水砂浆				
	外涂防水涂料				
逆作法内衬砌施工缝	外贴式止水带	应选二种	应选一～二种	宜选一种	宜选一种
	遇水膨胀止水条				
	防水嵌缝材料				
	中埋式止水带				
	外涂防水涂料				

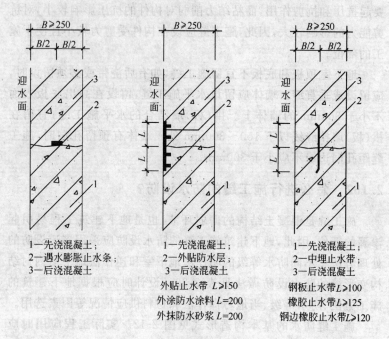

1—先浇混凝土；
2—遇水膨胀止水条；
3—后浇混凝土

1—先浇混凝土；
2—外贴防水层；
3—后浇混凝土
外贴止水带 $L \geqslant 150$
外涂防水涂料 $L=200$
外抹防水砂浆 $L=200$

1—先浇混凝土；
2—中埋止水带；
3—后浇混凝土
钢板止水带 $L \geqslant 100$
橡胶止水带 $L \geqslant 125$
钢边橡胶止水带 $L \geqslant 120$

图 2-12　施工缝防水基本构造

2.103 防水混凝土施工缝处继续施工时如何保证质量？

为保证施工缝处的防水效果，施工缝处继续浇筑混凝土时应采取以下措施：

1. 已浇筑的混凝土应有足够的抗压强度，以避免后浇混凝土施工时混凝土浇筑、振捣产生的震动力使已浇混凝土产生裂纹等缺陷。一般混凝土抗压强度不得小于 1.2MPa。

2. 继续浇筑混凝土前，应清除已硬化混凝土表面的垃圾、水泥薄膜、松动的砂石和软弱混凝土层，用水冲洗干净并成分湿润，无明水。

3. 水平施工缝处先铺抹一层 20～30mm 厚、与混凝土内砂浆同成份的水泥砂浆。垂直施工缝处，已浇混凝土表面先涂刷水泥净浆或混凝土界面处理剂，并及时浇筑混凝土。

4. 继续浇筑混凝土时，应离开施工缝一定距离开始，逐渐向缝边推进，振捣应仔细，使新、旧混凝土紧密结合。

2.104 地下工程防水用的密封材料应怎样选择？

地下工程防水用的密封材料有止水带和膏状密封材料两类，在地下工程变形缝中常复合使用，以提高变形缝防水设防的可靠性。

1. 止水带的选择

（1）止水带的选择，应根据地下工程的重要性、变形缝的变形量及水压、止水带的工作环境、经济因素等条件综合考虑确定。

（2）止水带材质的选择应考虑：地下水对止水带的腐蚀影响，霉菌对止水带的侵蚀作用，温度、臭氧、紫外线等的老化作用，多次重复变形引起的疲劳等。

（3）止水带断面形状的选择：变形缝中埋式止水带应采用中间有孔的止水带，外贴式止水带或施工缝中使用的中埋式止水带，应选用平板式止水带。如变形缝的宽度变化较大时，为防止止水带与混凝土脱离，宜选用钢边止水带。

（4）止水带宽度和厚度应根据变形缝的水平及垂直方向变形量、水压力、结构断面尺寸等因素选择。当结构断面尺寸大于500mm时，止水带的宽度不应小于300mm。

止水带宽度和厚度与变形缝的水平及垂直变形量的关系见表2-27。

止水带宽度和厚度与水压的关系见表2-28。

止水带尺寸与变形量的关系　　　　　　表2-27

止水带宽度 (mm)	止水带常用厚度 (mm)	变形缝的水平或垂直变形量(mm)				
		10	20	30	40	50
200	5	合适				
250	5	可用	合适			
300	6	可用	可用	合适		
350	8	可用	可用	合适		
400	10		可用	可用	合适	
450	12			可用	可用	合适
500	12			可用	可用	合适

止水带尺寸与水压的关系　　　　　　表2-28

止水带常用厚度(mm)	止水带宽度 (mm)	水头高度(m)							
		2	4	6	8	10	12	14	16
5	200	可用	合适						
5	250	可用	可用	合适					
6	300		可用	可用	合适				
8	350			可用	可用	合适			
10	400				可用	可用	合适		
12	450					可用	可用	合适	
12	500						可用	可用	合适

2. 膏状密封材料的选择

（1）膏状密封材料应根据变形缝的相对变形量、承受水压的大小、地下水的水质、使用的环境条件、造价等因素选用。如变形缝外露时,尚应考虑与表面装饰材料的相容性。

(2) 膏状密封材料与混凝土基面应有良好的粘结能力。

(3) 应根据变形缝的变形量确定膏状密封材料的延伸率与拉伸—压缩循环性能要求。

(4) 根据地下水的水质及酸、碱离子的含量选用耐酸、耐碱或耐盐腐蚀的性能。

(5) 当有卫生要求时,选择密封材料应满足无毒要求。

2.105 后浇带应怎样进行防水设防?

后浇带是一种刚性接缝,当地下建筑工程不允许留设变形缝时,为了减少混凝土的干缩、水化收缩可在结构受力和变形较小的部位设置后浇带,以减少或避免混凝土收缩引起的混凝土结构裂缝。后浇带是一种刚性接缝,其设置和防水处理应按以下要求进行:

1. 地下建筑工程的后浇带应设在受剪力和变形较小的部位,一般在跨中1/3范围内,因为设置后浇带后会在缝两侧出现两条施工缝,成为受力的薄弱部位,而混凝土在结构中主要承受剪力,跨中1/3范围内的剪力较小。而且后浇带的接缝是刚性接缝,所以也应设在变形较小的部位。

2. 设置后浇带的目的是为了减少混凝土的收缩裂缝,但同时也增加了两条施工缝,成为受力和防水的薄弱部位,故不宜多设。根据近年来工程实际经验,后浇带的间距以 30~60m 为宜,宽度宜 700~1000mm。

3. 考虑到施工方便,后浇带的接缝可作成平直缝或阶梯缝,为了使后浇带在受力上尽量与主体结构相同,主筋不宜在缝中断开,如必须断开,则主筋搭接长度应大于 45 倍主筋直径,并按设计要求加设附加钢筋。

4. 为加强后浇带两侧施工缝的防水能力,后浇带两侧的施工缝应采用遇水膨胀橡胶条、外贴式止水带或外设附加防水层等进行增强处理。其防水构造见图 2-13~图 2-15。

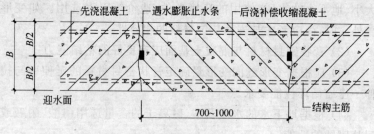

图 2-13 后浇带防水构造（一）

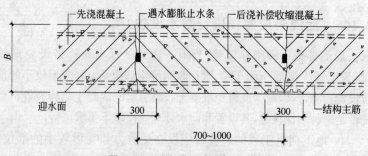

图 2-14 后浇带防水构造（二）

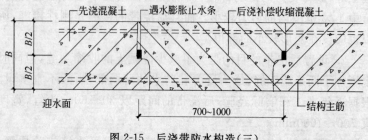

图 2-15 后浇带防水构造（三）

2.106 后浇带对后施工的混凝土有何要求？

设置后浇带的目的是为了减少或避免混凝土收缩引起的混凝土结构裂缝，为保证后浇带部位防水的可靠性，防水施工时应符合以下要求：

1. 后浇带应在其两侧混凝土龄期达到42d后再施工，高层建筑的后浇带应在结构顶板浇筑混凝土 14d 后进行,使后浇带两侧的混凝土有足够的时间完成干缩和水化收缩。

2. 后浇带的接缝处理应符合《地下工程防水技术规范》GB 50108—2001 规定和设计要求。

3. 后浇带混凝土施工前,后浇带部位和外贴式止水带应采取保护措施,以免杂物落入底板后浇带的预留缝中和损坏外贴式止水带。

4. 后浇带应采用补偿收缩混凝土浇筑,其强度等级不应低于两侧混凝土。

5. 为减少后浇混凝土的收缩,后浇混凝土的养护时间不得少于 28d。

2.107 什么是后浇带超前止水,其构造形式如何?

后浇带超前止水是指地下工程底板在后浇带混凝土浇筑之前,在迎水面预先设置防水设防措施的后浇带防水构造。采用后浇带超前止水时,后浇带部位的混凝土应局部加厚,并增设外贴式止水带或中埋式止水带,见图 2-16。

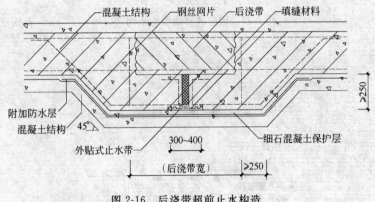

图 2-16 后浇带超前止水构造

2.108 预埋穿墙管的防水构造种类及特点?

当有管道穿过地下结构的墙板时,由于受管道与周边混凝土的粘结能力、管道的伸缩、结构变形等因素的影响,管道周边与混凝土间的接缝就成为防水的薄弱环节,应采取措施进行防水设防。根据结构变形或管道伸缩量的大小,穿墙管道的防水构造可分为以下两种:

1. 结构变形或管道伸缩量较小时,穿墙管可采用直接埋入混凝土内的固定式防水法,在穿墙管上满焊止水环,迎水面的管道周边预留凹槽,槽内用密封材料嵌填密实,见图2-17、图2-18。

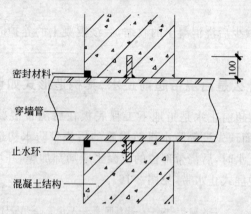

图 2-17 固定式穿墙管防水构造(一)

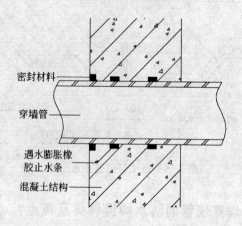

图 2-18 固定式穿墙管防水构造(二)

180

2. 结构变形或管道伸缩量较大,以及管道有更换要求时,应采用套管式防水法,套管应加焊止水环,套管与穿墙管间应用橡胶圈填塞紧密,迎水面用密封材料嵌填密实。如图 2-19。

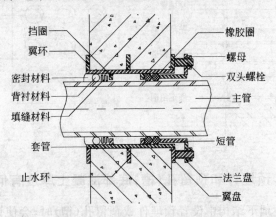

图 2-19 套管式穿墙管防水构造

3. 穿墙管与内墙角、凹凸部位的距离应大于 250mm,以便于进行穿墙管周边的防水设防处理。另外转角部位在结构上受力较集中,如穿墙管从该部位穿过,对结构受力影响较大,易发生墙体开裂现象。

4. 穿墙管(盒)、套管或群管穿墙的封口钢板均应在混凝土浇筑前进行预埋,这样既可以在其周边预先设置止水环或遇水膨胀橡胶条等防水设防措施,同时可以使其与地下室墙体的混凝土能牢固粘结,以加强穿墙管与混凝土之间的防水设防。

2.109 穿墙群管的构造是怎样的?

当穿墙管线较多时,设计应尽可能将其集中起来,采用穿墙盒方法进行防水设防,如图 2-20。穿墙盒的封口钢板应与墙上的预埋角钢焊严,从预留孔中穿过的穿墙管与封口钢板间焊接封严,然后向钢板的预留浇筑孔中注入改性沥青柔性密封材料或细石混凝土进行密封处理。

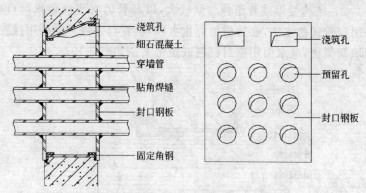

图 2-20 穿墙群管构造

2.110 预埋件和预留孔(槽)底部混凝土厚度有何要求?

当在地下结构中设置预埋件或预留孔(槽)时,会使该部位防水混凝土结构的厚度减少,防水抗渗能力减弱,预埋件或预留孔(槽)底部的混凝土厚度不得小于 250mm,当厚度小于 250mm 时,应采取局部加厚的措施,如图 2-21～图 2-23 所示。

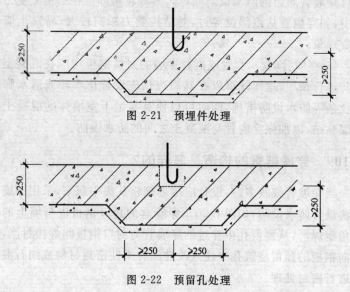

图 2-21 预埋件处理

图 2-22 预留孔处理

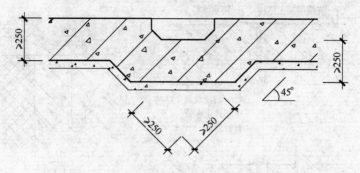

图 2-23 预留槽处理

2.111 预留通道接头处理方法有哪几种？

预留通道是指地下室的进出口或地下室与地下通道之间的接口部位。该部位往往处于上部结构的变化部位或地下室与室外坡道的连接处等，接缝两侧具有一定的沉降差，因此接缝构造应采用柔性接口，使其具有适应变形的能力，如图 2-24～图 2-26 所示。

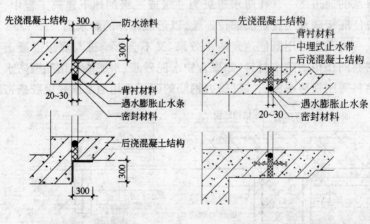

图 2-24 预留通道
接头防水构造（一）

图 2-25 预留通道
接头防水构造（二）

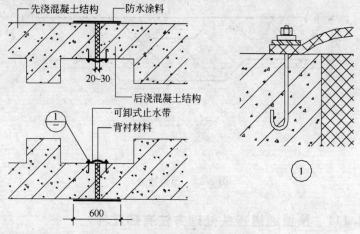

图 2-26　预留通道接头防水构造（三）

2.112　为什么要对桩头进行防水设防？

桩头部位桩的混凝土与底板混凝土是分二次浇筑的，桩的受力钢筋伸入底板，该部位混凝土断面受到削弱，桩的受力钢筋成为渗水的通道之一。在防水等级为一级或二级的地下建筑工程中，应使底板防水层在桩头部位连续，以形成整体的防水层。

桩头应采用既能达到防水效果，又不会影响桩与底板混凝土的共同作用的防水材料，如聚合物水泥砂浆、水泥渗透结晶型防水涂料等刚性防水涂层。桩受力钢筋的四周采用遇水膨胀橡胶条密

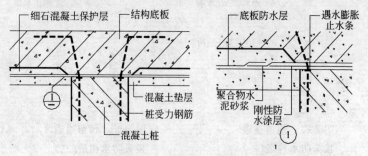

图 2-27　桩头防水构造（一）

封严密。

桩头防水构造形式见图 2-27、图 2-28。

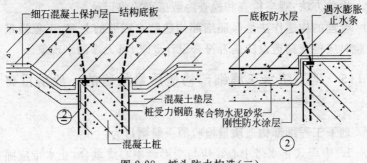

图 2-28 桩头防水构造（二）

2.113 为什么对地下工程细部构造要做全数检验？

地下工程细部构造是指地下工程的变形缝、施工缝、后浇带、穿墙管道、埋设件、预留通道接头、桩头、窗井和通风孔等孔口、坑、池等。这些部位数量不多，但却是防水的薄弱环节，应作为防水的重点设防部位，工程质量检验时也应作为重点，因此在《地下防水工程质量验收规范》GB 50208—2002 规定地下工程的细部构造应做全数检验，以保证细部构造防水设防的可靠性。

2.114 地下防水工程细部构造质量检验的主控项目有哪些？

地下工程细部构造质量检验的主控项目为：

1. 细部构造所用止水带、遇水膨胀橡胶腻子止水条和接缝密封材料必须符合设计要求。

检验方法：检查出厂合格证、质量检验报告和进场抽样试验报告。

细部构造防水处理用的原材料是保证工程质量的基础，在施工现场应检查其品种和规格是否符合设计要求，并对进场的材料分期分批进行抽样复验，其外观质量和物理性能必须达到相应的材料标准和设计要求。不合格的材料严禁在建筑工程中使用。

2. 变形缝、施工缝、后浇带、穿墙管道、埋设件等细部构造作法,均须符合设计要求,严禁有渗漏。

检验方法:观察检查和检查隐蔽工程验收记录。

合理的构造作法是保证细部构造防水成败的关键,工程质量检验时应检查构造设防是否符合设计要求,有无渗漏水现象。

2.115 地下防水工程细部构造质量检验的一般项目有哪些?

地下工程细部构造质量检验的一般项目为:

1. 中埋式止水带中心线应与变形缝中心线重合,止水带应固定牢靠、平直,不得有扭曲现象。

检验方法:观察检查和检查隐蔽工程验收记录。

中埋式止水带是变形缝和诱导缝防水设防必选的防水设防措施,在地下工程防水设防中是最常见的。施工质量验收应在中埋式止水带安装完毕后进行,检查止水带的位置是否居中,止水带是否平直,与两侧的钢筋有否固定牢靠,是否有扭曲现象,检查完毕后应及时填写隐蔽工程验收记录。如变形缝两侧混凝土分二次浇筑时,在先浇筑的混凝土模板拆除后,进行第二次检查,如出现损坏现象时,应及时进行修补或采取补救措施。

2. 穿墙管止水环与主管或翼环与套管应连续满焊,并作防腐处理。

检验方法:观察检查和检查隐蔽工程验收记录。

检查验收应在混凝土浇筑前进行,并应注意观察止水环或翼环的位置是否准确。

3. 接缝处混凝土表面应密实、洁净、干燥;密封材料应嵌填严密、粘结牢固,不得有开裂、鼓泡和下榻现象。

检验方法:观察检查。

在密封材料嵌填前,应仔细检查接缝处混凝土的表面质量,这是保证接缝密封质量的关键。密封材料嵌填完毕后应检查密封材料的嵌填质量。

2.116 地下连续墙用作结构主体墙体时应有什么防水措施?

地下连续墙用作结构主体墙体时,应采取以下防水设防措施:

1. 地下连续墙应根据工程要求和施工条件划分单元槽段,应尽量减少槽段数量。墙体幅间接缝应避开拐角部位。

2. 地下连续墙的厚度宜大于 600mm。

3. 地下连续墙应采用防水混凝土,水泥的强度等级不得低于 32.5MPa。水泥用量:采用卵石时不得少于 $370kg/m^3$,采用碎石时不得少于 $400 kg/m^3$,坍落度宜为 $180\sim220mm$。

4. 幅间接缝方式应优先选用工字钢或十字钢板接头,并应符合设计要求。使用的锁口管应能承受混凝土灌注时的侧压力,灌注混凝土时不得位移和发生混凝土绕管现象。

5. 浇筑混凝土前必须清槽、置换泥浆和清除沉渣,接缝面的泥土、杂物用专用刷壁器清刷干净。

6. 墙体与工程顶板、底板、中楼板的连接处均应凿毛,清洗干净,并宜设置 $1\sim2$ 道遇水膨胀止水条。

7. 地下连续墙用作防水等级为一、二级的工程时,应选用聚合物水泥砂浆、聚合物水泥防水涂料或渗透结晶型防水涂料等作内防水处理。或与内衬构成复合式衬砌,在地下连续墙与内衬间设置防水层。

2.117 地下连续墙的混凝土施工时试块怎么留置?

因为每个单元槽段在不同的时间施工,混凝土制备的条件可能会有较大的差异,所以地下连续墙施工时,混凝土应按每个单元槽段留置一组抗压强度试块。考虑到抗渗检测的周期较长、费用较高,故每五个单元槽段留置一组抗渗试块。

2.118 地下连续墙施工质量检验数量怎么确定?

地下连续墙的施工质量检验数量,应按连续墙每 10 个槽段抽查 1 处,每处为 1 个槽段,且不得少于 3 处。

2.119 地下连续墙工程质量检验主控项目有哪些?

地下连续墙工程质量检验的主控项目为:

1. 防水混凝土所用原材料、配合比及其他防水材料必须符合设计要求。

检验方法:检查出厂合格证、质量检验报告、计量措施和现场抽样试验报告。

地下连续墙作为墙体的一部分时,其混凝土应采用防水混凝土,防水混凝土应由实验室根据设计的抗渗等级要求经试配确定配合比,混凝土制备应严格按要求的配合比进行。配套的防水材料应经抽样检验合格。

2. 地下连续墙混凝土抗压强度试块和抗渗压力必须符合设计要求。

检验方法:检查混凝土抗压、抗渗试验报告。

地下连续墙的防水混凝土应采用见证取样、见证送样的方法留置抗压、抗渗试件,由具有相应资质的试验单位进行试验和出具试验报告。

2.120 地下连续墙工程质量检验一般项目有哪些?

1. 地下连续墙的槽段接缝以及墙体与内衬结构接缝应符合设计要求。

检验方法:观察检查和检查隐蔽工程验收记录。

地下连续墙的槽段接缝处和墙体与内衬结构接缝部位,由于受施工时各种条件的制约,需通过构造进行防水处理,在施工过程中应检查槽段接缝做法是否符合设计要求,墙体与内衬结构接缝部位的防水构造是否正确。

2. 地下连续墙墙面的露筋部分应小于1‰墙面面积,且不得有露石和夹泥现象。

检验方法:观察检查。

3. 地下连续墙墙体表面平整度的允许偏差,当墙体为临时支护墙体时 50mm,作为单一或复合墙体时为 30mm。

检验方法:尺量检查。

测量时随机抽查,用 2m 靠尺或直尺,靠在墙面上,用卷尺测量最大空隙尺寸。

2.121 地下防水子分部工程验收时应提交哪些文件和记录?

地下防水子分部工程验收时,在检验批、分项工程验收的基础上,施工单位应按表 2-29 整理和提供地下防水工程验收文件和记录。

地下防水工程验收的文件和记录　　　　表 2-29

序号	项目	文件和记录
1	防水设计	设计图及会审记录、设计变更通知单和材料代用核定单
2	施工方案	施工方法、技术措施、质量保证措施
3	技术交底	施工操作要求及注意事项
4	材料质量证明文件	出厂合格证、产品质量检验报告、试验报告
5	中间检查记录	分项工程质量验收记录、隐蔽工程检查验收记录、施工检验记录
6	施工日志	逐日施工情况
7	混凝土、砂浆	试配及施工配合比,混凝土抗压、抗渗试验报告
8	施工单位资质证明	资质复印证件
9	工程检验记录	抽样质量检验及观察检查
10	其他技术资料	事故处理报告、技术总结

其中地下防水隐蔽工程验收记录应包括以下主要内容:

1. 卷材、涂料防水层的基层;
2. 防水混凝土结构和防水层被掩盖的部位;
3. 变形缝、施工缝等防水构造的做法;
4. 管道设备穿过防水层的封固部位;
5. 渗排水层、盲沟和坑槽;
6. 衬砌前围岩渗漏水处理;
7. 基坑的超挖和回填。

2.122 地下防水工程验收应如何进行？

地下防水工程施工应按工序或分项进行验收，先将地下防水工程划分成若干检验批，进行验收批验收，一个分项工程的验收批全部合格后，进行分项工程的验收，所有分项工程验收完毕后进行子分部工程验收。

1. 根据《建筑工程施工质量验收统一标准》GB 50300—2001的有关规定，地下防水工程是一个子分部工程，其分项工程的划分应符合表2-5的要求。

2. 施工质量检验批可根据施工及质量控制和专业验收的需要进行划分，一般按变形缝、施工段、楼层等进行划分，如面积较大时，可按 $1000m^2$ 左右面积作为一个检验批。

3. 检验批应由监理工程师（建设单位项目技术负责人）组织施工单位项目专业质量（技术）负责人等进行验收。检验批合格质量应符合下列规定：

（1）主控项目和一般项目的质量经抽样检验合格；

（2）具有完整的施工操作依据、质量检查记录。

4. 分项工程应由监理工程师（建设单位项目技术负责人）组织施工单位项目专业质量（技术）负责人等进行验收。分项工程质量验收合格应符合下列规定：

（1）分项工程所含的检验批均应符合合格质量的规定；

（2）分项工程所含的检验批的质量验收记录应完整。

5. 地下防水工程子分部应由总监理工程师（建设单位项目负责人）组织施工单位项目负责人和技术、质量负责人等进行验收。地下防水工程子分部质量验收合格应符合下列规定：

（1）子分部工程所含分项工程的质量均应验收合格。

（2）质量控制资料应完整。

（3）地下防水工程功能检验应符合有关规定要求。

6. 如地下防水工程子分部由防水专业施工队伍分包施工时，分包单位对所承包的防水工程子分部应按验收程序进行检查评定,总包单位应派人参加。分包工程完成后,应将工程有关资料交总包单位。

2.123 明挖法地下工程施工时,地下水位降至工程底部 500mm 以下为何定为强制标准?

在《地下工程防水技术规范》GB 50108—2001 中,采用强制性条文的形式规定:明挖法地下工程施工时,地下水位应降至工程底部最低高程 500mm 以下,降水作业应持续至回填完毕。其目的是为了保证地下工程基础和底板及防水工程的施工质量,根据各地的工程实践,地下水位降到工程底部最低 500mm 以下较为合理,如距离过小,往往会造成施工困难。

由于一般工程的抗浮验算均考虑上部覆土的重量,如在防水工程完工而尚未回填时就停止降水,则有可能由于水位上升而造成工程上浮,导致工程防水层破坏,因此规范规定降水作业应持续至回填完毕。

2.124 基坑怎么回填才能防止损坏防水层?

明挖法地下工程在防水层和保护层施工质量检验合格后,应及时回填。为防止防水层受回填施工的影响,保证回填土的施工质量,回填施工时应满足以下要求:

1. 回填前应清除基坑内的杂物和积水。
2. 工程周围 800mm 范围内应采用灰土、黏土或亚黏土回填,如取土困难,可采用原土回填,但不得含有石块、碎砖、灰渣及有机杂物,也不得有冻土。
3. 回填施工应对称进行,并分层压实。由于回填压实时土中产生的压应力随着深度增加而逐渐减少,超过一定深度后,工程回填压实的作用很小,所以人工夯实时每层铺土厚度不大于 250mm,机械夯实每层厚度不大于 300mm。
4. 采用人工或机械压实时,夯实机械应避免碰撞防水层的保护层。

5. 工程顶板回填土厚度超过 500mm 时,才允许采用机械回填碾压,以保护防水层不受损坏。因为根据测试,10t 压路机在最佳含水率状态下,其压实影响深度可达 0.45m。

2.125 地下工程渗漏水治理的原则是什么？

地下工程渗漏水是普遍存在的现象,渗水形式也多种多样,因此在渗漏水治理时,应根据工程的不同渗水情况采用"堵排结合、因地制宜、刚柔相济、综合治理"的原则灵活掌握应用。

堵排结合是指在地下工程渗漏水治理中应根据工程的具体情况采用以堵漏为主、以排水为主或堵漏与排水并举的治理方案。

因地制宜是指渗漏水治理时应充分考虑渗漏水的面积、渗水通道的走向、渗漏水量、渗漏水的变化规律、结构稳定情况,以及当地可能提供的堵漏材料和方法等选用合适的治理方法。

刚柔相济是指在渗漏水治理时,在结构刚度较好、结构稳定的部位可采用刚性材料如聚合物水泥砂浆、超细水泥、环氧树脂等进行抹面修补或堵水、加固,对于结构刚度差、有一定变形的部位采用聚氨酯、遇水膨胀橡胶腻子、防水涂料等柔性材料进行渗漏水治理,以适应变形的需要。

综合治理是指抹面、注浆、嵌缝等多种方法,多种刚柔性材料共同使用进行渗漏水治理。首先疏通漏水孔洞,引水泄压,大面积的渗水基面采用速凝防水材料、刚性防水材料或柔性防水材料刮涂止水,然后采用注浆、快硬水泥封堵等堵住引水孔洞。必要时采用贴壁式混凝土衬砌加强。

2.126 地下工程渗漏水治理前,应先调查哪些内容？

地下工程渗漏水治理的关键是查清渗漏原因及渗水对工程的破坏程度,找准渗水的确切位置对症下药。因此渗漏水治理前应掌握工程原防、排水系统的设计、施工、验收资料,并调查渗漏水的现状、水源及影响范围,渗漏水的变化规律,衬砌结构的损害程度和结构稳定情况及监测资料等有关内容,掌握渗漏水的第一手资料。

渗漏水查找可采用以下方法:漏水量较大或比较明显的部位,可直接观察确定。慢渗或不明显的渗漏水,可将潮湿表面擦干,均匀撒一层干水泥粉,出现湿痕处即为渗水孔眼或缝隙。对于大面积慢渗,可用速凝胶浆在漏水处表面均匀涂一薄层,再撒一层干水泥粉,表面出现湿点或湿线处即为渗漏水位置。

2.127 地下工程渗漏有哪些方法治理?

地下工程渗漏水按照渗漏的部位和渗漏水量的不同分为大面积的严重渗漏、大面积一般渗漏、裂缝渗漏、和细部构造渗漏等多种情况,治理方法应根据不同的渗漏状态选择。

1. 大面积的严重渗漏水一般采用综合治理的方法,首先疏通漏水孔洞,引水泄压,在分散的低压力渗水基面上涂抹速凝防水材料,然后涂抹刚性或柔性防水材料,最后封堵引水孔洞。如有必要时可增加贴壁式衬砌加强处理。

2. 大面积的一般渗漏水是指漏水不十分明显,只有湿迹和少量滴水的点。这种情况渗漏水的水压很小,可直接采用速凝材料进行大面积封堵,也可对漏水点注浆堵漏后用聚合物水泥砂浆、防水砂浆、水泥基渗透结晶型防水涂料等材料抹面封堵。

3. 裂缝渗漏水一般根据漏水量和水压力来采取堵漏措施。对于水压较小和渗水量不大的裂缝,可将裂缝按设计要求剔成一定深度和宽度的"V"形槽,槽内用速凝材料填压密实。对于水压和渗水量都较大的裂缝常采用注浆方法处理。裂缝渗漏水处理完毕后,表面用防水砂浆、聚合物水泥砂浆或防水涂料等作增强防水。

4. 地下工程细部构造渗漏水是地下工程渗漏水的主要部位,主要集中在变形缝、施工缝、穿墙管和预埋件等部位。变形缝、施工缝一般采用注浆、嵌缝和抹面保护相结合的治理方法,即先将变形缝内原嵌填材料清除,深度约100mm,施工缝沿缝凿槽,清洗干净,漏水较大部位埋设引水管,把缝内主要漏水引出缝外,对其余较小的渗漏水用快凝材料封堵,然后嵌填密封材料,抹水泥砂浆或压钢板保护，完成后从引水管注浆堵水。

穿墙管与预埋件的渗漏水处理，先将穿墙管和预埋件四周的混凝土凿开，找出最大漏水点处，用快凝材料或注浆堵水，然后嵌填密封材料或涂刷防水涂料增强，再用聚合物水砂浆或防水砂浆进行表面保护。

5. 地下工程渗漏水治理中要重视排水工作，主要是将大的渗漏水排走，减小渗漏水压，给防水创造条件。排水的方法通常有两种，一种是自流排水，另一种是机械排水。当地形条件允许时应尽可能采用自流排水，只有受到地形条件限制时，才将渗漏水通过排水沟引至集水井内，用水泵定期将水排出。

2.128 目前有哪些注浆材料，其适用性如何？

注浆材料应具有较好的可注性、良好的粘接性、抗渗性、耐久性和化学稳定性，固结收缩小，无毒，对环境污染小。目前常用的注浆材料有水泥类浆液和化学浆液两类。

水泥类浆液有普通水泥浆液、掺入外加剂改性的水泥浆液和超细水泥浆液等，水泥类浆液无毒，不存在环境污染，但浆液颗粒较粗，渗透性能比化学浆液差，适合于围岩注浆、回填注浆、衬砌内注浆和宽度大于 2mm 的混凝土裂缝注浆。裂缝注浆所选用水泥的细度应符合表 2-30 的要求。

裂缝注浆水泥的细度　　　　表 2-30

项　目	普通硅酸盐水泥	磨细水泥	湿磨细水泥
平均粒径（D_{50}，μm）	20～25	8	6
比表面（cm^2/g）	3250	6300	8200

化学浆液有环氧树脂、聚氨酯、甲基丙烯酸甲酯等。化学浆液的颗粒细，渗透能力强，适合于宽度小于 2mm 的混凝土裂缝注浆。

2.129 什么是氰凝防水材料？

氰凝是聚氨酯类的一种，分非水溶性聚氨酯、水溶性聚氨酯和弹性聚氨酯三类。是以多异氰酸酯和多羟基的聚醚反应制成的预聚体，其遇水与—OH反应固化成稳定结构的防水材料。

非水溶性聚氨酯：是甲苯二异氰酸酯和羟基聚醚树脂加增韧剂、溶剂等反应制成的预聚体。

水溶性聚氨酯：是甲苯二异氰酸酯和环氧丙、乙烷聚醚加增韧剂、溶剂等反应制成的预聚体。

弹性聚氨酯：是多异氰酸酯和多元醇加增韧剂、溶剂等反应制成的预聚体。

氰凝的使用方法主要有灌浆法、涂层法、嵌缝法等。

（1）灌浆法：氰凝灌浆料可施工于地基加固、采矿、钻井、石油开采、隧道、坝基裂缝渗漏与补强等。其工艺是：混凝土表面处理→布注浆管→封闭→压水试验→灌浆→封孔。使用设备有空压机、缓冲罐、灌浆罐、手动灌浆机等。

（2）涂层法：用氰凝做涂层，其工艺是：基面清理干净，如有裂缝应沿缝成U形槽，在槽内涂刷氰凝基液，再用氰凝—水泥腻子嵌缝压实；然后大面积涂刷数遍氰凝涂料，亦可采用玻璃布加固的作法。因为其太薄，延伸小、抗裂和耐穿刺能力差，防水效果不理想。

（3）嵌缝法：主要用于工程堵漏，用氰凝浆液加填料（干燥过筛的水泥）调成腻子（稀稠适度）填入混凝土裂缝或缺陷处，嵌满后表面用玻纤布压实，再刷一层氰凝涂层即可。

2.130 地下防水工程施工质量检验批验收要求有哪些？

1. 检验批应由监理工程师（建设单位项目技术负责人）组织施工单位项目专业质量（技术）负责人等进行验收；

2. 检验批合格质量应符合下列规定：主控项目和一般项目的质量经抽样检验合格；具有完整的施工操作依据、质量检查记录；

3. 地下防水工程检验批验收合格后应由施工项目专业质量检查员填写检验批质量验收记录，监理工程师（建设单位项目专业技术负责人）填写验收结论并签字认可。

检验批质量验收记录见表2-31。

检验批质量验收记录 表2-31

工程名称		分项工程名称		验收部位	
施工单位			专业工长	项目经理	
施工执行标准名称及标号					
分包单位		分包项目经理		施工班组长	

		质量验收规范的规定	施工单位检查评定记录	监理(建设)单位验收记录
主控项目	1			
	2			
	3			
	4			
	5			
	6			
	7			
	8			
	9			
一般项目	1			
	2			
	3			
	4			
施工单位检查评定结果		项目专业质量检查员：　　　年　月　日		
监理(建设)单位验收结论		监理工程师 (建设单位项目专业技术负责人)　　　年　月　日		

2.131 地下防水工程分项工程质量检验要求有哪些？

1. 分项工程应由监理工程师（建设单位项目技术负责人）组织施工单位项目专业质量（技术）负责人等进行验收；

2. 分项工程质量验收合格应符合下列规定：分项工程所含的检验批均应符合合格质量的规定；分项工程所含的检验批的质量验收记录应完整；

3. 地下防水工程分项工程验收合格后应由施工单位项目专业技术负责人填写分项工程质量验收记录，监理工程师（建设单位项目专业技术负责人）填写验收结论并签字认可。

分项工程质量验收记录见表 2-32。

分项工程质量验收记录　　　　　　表 2-32

工程名称		结构类型		检验批数	
施工单位		项目经理		项目技术负责人	
分包单位		分包单位负责人		分包项目经理	
序号	检验批部位、区段	施工单位检查评定结果	监理（建设）单位验收结论		
1					
2					
3					
4					
5					
6					
7					
8					
9					
10					
11					

续表

工程名称		结构类型		检验批数	
施工单位		项目经理		项目技术负责人	
分包单位		分包单位负责人		分包项目经理	

序号	检验批部位、区段	施工单位检查评定结果	监理(建设)单位验收结论
12			
13			
14			
15			
16			
17			

检查结论	项目专业技术负责人 年 月 日	验收结论	监理工程师 (建设单位项目专业技术负责人) 年 月 日

2.132 地下防水工程子分部工程质量检验要求有哪些？

1. 地下防水子分部工程由总监理工程师(建设单位项目负责人)组织施工单位项目负责人和技术、质量负责人等进行验收；

2. 子分部工程质量验收合格应符合下列规定：子分部工程所含分项工程的质量均应验收合格；质量控制资料应完整；地下防水工程防水效果检查结果符合地下工程防水等级标准；

3. 地下防水子分部工程验收合格后应由施工单位或分包单位项目专业技术负责人填写子分部工程质量验收记录，总监理工程师(建设单位项目专业技术负责人)填写验收结论并签字认可。

子分部工程质量验收记录见表 2-33。

子分部工程验收记录　　　　　表 2-33

工程名称		结构类型		层数		
施工单位		技术部门负责人		质量部门负责人		
分包单位		分包单位负责人		分包单位负责人		
序号	分项工程名称	检验批数	施工单位检查评定	验 收 意 见		
1						
2						
3						
4						
5						
6						
	质量控制资料					
	安全和功能检验(检测)报告					
	观感质量验收					
验收单位	分包单位	项目经理		年	月	日
	施工单位	项目经理		年	月	日
	监理(建设)单位	总监理工程师(建设单位项目专业负责人)		年	月	日

2.133 喷射混凝土在地下工程防水中的作用和技术要求是什么？

在地下工程中，喷射混凝土可用于防水等级为三、四级的工程内衬做支护结构，或作为防水等级为一、二级的复合式衬砌的初期支护。喷射混凝土在地下防水工程中应用时应符合以下要求：

1. 喷射混凝土的抗渗等级不应小于 P6。在喷射混凝土中宜掺入速凝剂、减水剂、膨胀剂或复合外加剂等材料，其品种及掺量应通过试验确定；

2. 喷射混凝土的厚度应大于 80mm，对地下工程变截面及轴线转折点的阳角部位，应增加 50mm 以上的厚度；

3. 喷射混凝土设置预埋件时，应做好防水处理；

4. 喷射混凝土终凝 2h 后，应喷水养护，养护的时间不得少于 14d。

3 屋面工程

3.1 屋面防水分为哪四个等级？

屋面防水等级按《屋面工程质量验收规范》GB 50207—2002 规定分为Ⅰ、Ⅱ、Ⅲ、Ⅳ级，见表 3-1。

屋面防水等级和设防要求　　　　表 3-1

项目	屋面防水等级			
	Ⅰ	Ⅱ	Ⅲ	Ⅳ
建筑物类别	特别重要或对防水有特殊要求的建筑	重要的建筑和高层建筑	一般的建筑	非永久性的建筑
防水层合理使用年限	25 年	15 年	10 年	5 年
防水层选用材料	宜选用合成高分子防水卷材、高聚物改性沥青防水卷材、金属板材、合成高分子防水涂料、细石防水混凝土等材料	宜选用高聚物改性沥青防水卷材、合成高分子防水卷材、金属板材、合成高分子防水涂料、高聚物改性沥青防水涂料、细石防水混凝土、平瓦、油毡瓦等材料	宜选用三毡四油沥青防水卷材、高聚物改性沥青防水卷材、合成高分子防水卷材、金属板材、高聚物改性沥青防水涂料、合成高分子防水涂料、细石防水混凝土、平瓦、油毡瓦等材料	可选用二毡三油沥青防水卷材、高聚物改性沥青防水涂料等材料
设防要求	三道或三道以上防水设防	二道防水设防	一道防水设防	一道防水设防

我国过去由于防水材料单一,性能低,也没有必要划分等级。20世纪80年代后期,防水材料及防水技术都有了很大发展,品种多样,质量差别也很大。尤其是经济发展带动建筑事业的发展,房屋建筑不但越来越多、越大、越高,而且用途、使用功能、重要程度不同差别也很大。但是由于我国的经济发展刚刚起步,整体经济实力尚不高,因此有必要根据建筑物重要程度、使用功能和建筑类型划分等级,根据等级制定相应的合理使用年限,根据合理使用年限规定设防要求、适用的材料和限制使用的材料,以确保其工程质量。这便形成了特别重要或对防水有特殊要求的建筑、重要建筑和高层建筑、一般建筑、非永久性建筑的分类。重要建筑工程,使用功能要求高、建筑对防水要求高,要求设防严密,使用性能优良、厚度较厚、价格较高的防水材料;一般建筑工程,防水合理使用年限可短一些,设防较简单,材料的耐久性要求也较低,这样做是必要的、合理的,符合我国当前的国情的。但是必须明确要求在合理使用年限内屋面都不应当发生渗漏,这是本规定的前提,决不是等级高的不允许渗漏,等级低的可以马虎,可以渗漏,这种认识是错误的,是对规范中防水等级划分的误解。

这里将屋面分为永久性工程和非永久性工程,永久性工程中又根据工程性质,对国家、人们生活重要程度和使用功能要求分为Ⅰ～Ⅲ级。Ⅰ级设防的是指特别重要,对防水有特殊要求的工程,如国家级国际政治活动中心,国家级博物馆、档案馆,国际机场,重要纪念性建筑,像人大会堂、国宾馆、国家图书馆、故宫博物馆等,影响国际声誉的建筑,一旦渗漏会造成珍藏物不可挽回的损失的使用场所和工业建筑仓库、实验室建筑,一旦渗漏就会造成严重灾害的建筑等,均属Ⅰ级设防,要求合理使用年限25年。Ⅱ级设防是大部分,为重要的建筑和高层建筑,如城市中较大型的公共建筑、重要的博物馆、图书馆、医院、星级宾馆、影剧院、会堂、车站、大型厂房、恒温恒湿车间、实验室、别墅等,包括超过12层的高层建筑,合理使用年限为15年。Ⅲ级指一般建筑,包括一般的工业与民用建筑、普通住宅、一般办公楼、学校、旅馆等,合理使用年限10

年。Ⅳ级为临时永久建筑,如简易宿舍、车间、计划改建的临时防水的建筑,合理使用年限定为 5 年。

根据防水等级的划分,建筑的合理使用年限不同,即返修周期长短不同,所以其防水层设防层次也有区别,Ⅰ级为三道以上,Ⅱ级为二道,Ⅲ级为一道。这充分体现了耐用年限的不同,使用周期长,肯定防水层用材要多。同时也与使用材料的材质相联系,如Ⅲ级可选用的三毡四油防水,高聚物改性沥青涂料、平瓦、油毡瓦在Ⅰ级防水工程中就不能作为一道主要防水层,这在表 3-1 中均有反应。

3.2 什么是防水层合理使用年限?

规范中根据防水等级规定了合理使用年限,这对提高工程质量和综合经济效益,改变防水工程落后面貌起决定性作用。合理使用年限,即在工程完工致防水层老化不能再继续使用需要返修的周期年限,在这个年限中屋面不得渗漏。这与过去人们认识有所不同,防水层在使用过程中,往往会受到某方面的损害使防水能力减弱,但要求不致造成渗漏,马上要进行维修,而不是目前人们习惯的作法,待出现渗漏水叫人赶快来修理,这时渗漏已出现,有时已很严重,造成很大损失了。

从多年社会调查看,我国屋面的渗漏仍极其严重,过去一直在50%以上居高不下,尤其按照合理使用年限内不渗漏的要求,渗漏率就更高了。事实上我国用于屋面返修的费用常常大于新建工程,因为拆除、垃圾外运还需一笔费用,尤其高层建筑垂直运输更是困难,加上施工环境条件,维修费用很高。而且维修时对用户、周边环境影响很大。但是耐用年限不能过长,这会使一次性投资过大而造价不能承受,因此应有一个合理使用年限,这个年限和经济发达程度、产品的更新周期相关,和城市及建筑的发展相关。因此规范作此规定。

采取一些技术措施来实现合理使用年限内不渗漏和延长使用寿命,是非常科学的。根据防水技术的发展和规范中的有关精神,已有很多新观念、新技术、新构造能提高防水层的耐久性,如防水层应有保护层,在有保护层的情况下,防水层受损害程度大大降低;"复合防水"、"刚柔并用",使防水材料得到充分发挥优点,相互弥补其短处,相辅相成,也会使防水层更耐用;"倒置式屋面"将防水层埋在保温层下层,得到全面的保护,使防水层的使用年限可延长3～5倍;"全面设防、节点密封"使防水层更严密,大大提高了防水设防的可靠性,使防水工程质量得到保证和提高。

3.3 防水材料复合使用对提高防水工程质量起什么作用?

防水材料复合使用是将两种以上的防水材料应用于一道防水层或者作为两道防水设置进行设防,以充分利用各种防水材料技术性能上的优势,提高屋面工程的整体防水功能的防水作法。

复合防水的作法有:

1. 同一屋面不同部位采用不同材料进行复合使用,如大平面采用铺贴卷材,它厚度、质量均一致,施工简便,施工质量容易得到保证,而表面复杂不平整的部位,如天沟、斜沟、节点部位则采用涂料,使它成为连续任意形状无接缝的防水膜,避免了卷材由于接缝过多,与基层粘贴不平服的弊病。提高了屋面整体防水的可靠性;

2. 同一屋面上下层采用不同性能材料进行复合,如底层先涂一层涂料,它与基层粘结牢固,使其形成连续的防水层,而上面铺以卷材,保证了防水层的厚度和较高的强度、延伸性和耐穿刺性,一旦卷材被穿刺或接缝不良时,涂膜防水层起作用而不致于马上发生渗漏,涂膜又在卷材的保护下更能发挥其作用。又如柔性卷材或涂料防水层与刚性细石混凝土防水层复合,柔性防水层适应各种变形能力强,而刚性混凝土层则耐老化、耐穿刺好,保护了柔性防水,延长了使用寿命;

3. 采用性能不同的材料组成一道防水层或上下两种材料进行复合组合形成一种防水材料。如表面为三元乙丙、底面为再生橡胶组成复合三元乙丙卷材,价格便宜,又解决了再生橡胶耐紫外线、臭氧能力差的缺陷。在节点部位更应当采用多种不同材料如卷材、涂料、密封材料的复合防水,形成多道设防。

复合防水是现代防水技术的一个很大特点,只有出现多种性能各异的防水材料,才有可能采用复合防水的技术,但多种材料复合时材性应相容,相互不腐蚀,相互能粘结相连,否则不能进行复合,如焦油聚氨酯涂料对高分子卷材和涂料都有侵蚀作用,使后者变黄、变硬,即使将焦油聚氨酯涂料先涂于卷材或涂料的底面,几天后焦油及溶剂还能渗出来,又如溶剂性的涂料均会有侵蚀作用,很难与其他材料复合,许多高分子卷材相互间的搭接粘结性能差,需要专用粘结剂才能达到粘结牢固,因此均不适合相互复合。

在复合防水中,为充分发挥各种防水材料技术性能上的优势,应将耐老化、耐穿刺的防水材料放在最上面;将粘结力强可随意形成形状的涂料用于表面复杂不平整的部位;将密封材料嵌于屋面变形大,常发生裂缝或已设分格缝的部位;增强部位常采用应变能力强的涂料,而变形大且强烈的则要用合成高分子防水卷材。

3.4 什么叫一道防水设防?

一道防水设防是指具有单独防水能力的一个防水层次。单独防水能力是指规范中规定满足合理使用年限 10 年的厚度。因此在《屋面工程质量验收规范》GB 50207—2002 第 4.3.6 条和第 5.3.4 条规定了卷材和涂料防水层的最小厚度,小于规定厚度不能算作一道防水设防。所以在防水材料中除了材质以外,厚度是关键因素。如施工期间和竣工后使用期间,人们践踏、外力穿刺,自然老化等,小于一定厚度是保证不了 10 年耐用年限的,所以规范明确规定,不论单一或是复合使用的材料必须达到要求厚度才是一道防水设防。两种不同材料或同一种材料上下并用时称为叠层,如果叠层厚度仅为一道设防厚度,也只能算一道,如果每层均达到规定厚度,则应被视为二道防水,而不是一道。因此一道防水设防可以用单一材料,也可以采用二种材料复合成为一道防水。

3.5 屋面防水层施工前应做好哪些准备工作?

为保证屋面防水层的施工质量,必须做好切实的准备工作,只有作好充分准备工作,才能保证工程施工顺利进行。施工前的准备工作,就是充分考虑施工过程中的每一工序步骤,提前作好计划和技术、物资、人力的储备,预料可能出现的困难和问题,作好应对措施。准备工作有技术准备、物资准备和现场准备三个方面,并做好可能出现的各种问题的预防和应对措施,确定工程质量检验的项目和方法,以确保防水施工的质量。

1. 技术准备:包括图纸会审和学习,施工方案、技术措施和质量要求的制订,技术培训,检验项目和方法确定等。

(1) 防水工程图纸要通过各方会审,审查设计是否符合规范规定,设计图纸是否全面,防水层是否连续,设计选材是否合理,防水材料能否得到供应,施工能否达到设计要求;通过审查得到各方认同,使各方对防水设防有充分认识,使防水施工人员更了解设计者的意图和技术要点,熟悉屋面构造、细部节点构造、设防层次、采用的材料以及规定的施工工艺和技术要求;通过审查对不了解、不熟悉的技术、材料得到了学习,更好地理解防水的设防技术、防水材料的性能和使用条件,以及施工技术和要点,同时也加深了对防水工程保证质量措施的理解,这是保证防水工程施工质量的前提。

(2) 施工前防水工程专业施工队伍应根据设计图纸制订全面的施工方案,方案内容包括:具体质量要求和目标,质量保证体系,施工程序,工艺安排,施工进度计划,劳力组织,保证质量的技术措施,技工培训和技术交底,成品保护及安全注意事项等内容。

(3) 为了确保工程质量,将质量缺陷消灭在施工过程中,应事先确定检验程序和控制质量的关键工序,制订施工过程的质量保证措施和预控的项目、标准、检查方法,进行中间检验和工序检验。

(4) 建立施工档案;作好施工记录。防水工程施工过程中应详细记录施工全过程,以作为今后维修的依据和总结经验教训的参考。记录应包括如下内容:

1) 工程基本状况。包括工程项目、地点、性质、结构、层数、建筑面积和屋面防水面积、设计单位、屋面及防水层构造层次、防水层用材及单价等。

2）施工状况。包括施工单位、负责人、施工日期、气候、环境条件、基层及相关层次质量、材料名称、材料质量、材料质量检验情况、材料用量及节点处理方法等。

3）工程验收。包括中间验收、完工后的试水检验、质量等组评定、施工过程中出现的质量问题和解决方法等。

4）经验教训、改进意见。

2. **物资准备**：根据现场实际情况、施工面积和施工进度计算施工期内各时期材料需要量，并按进度要求运到现场，核准材料出厂质量证明文件，检验品种、规格和物理性能是否符合设计要求，确定密封材料、收头固定材料、增强材料、搭接材料、粘结材料等配套材料性能、数量，确定机具、工具的型号、数量，到现场后要进行试运转，保持良好地工作状态，小型工具亦应及时购置备足。

3. **现场条件准备**：准备现场材料、工具储存堆放场所，堆放场地应通风、无热源；材料应按品种、规格分类堆放，应避免日晒雨淋，对易燃物挂牌标明，严禁烟火，并准备消防设备；准备运输工具，接通电源、水源、清理道路；工作面清扫干净，检查找平层排水坡度是否符合设计要求，强度、表面平整度是否符合规范规定，有否缺陷，有缺陷时应事先予以处理；预埋件和伸出屋面管道、设施是否安装完毕、是否牢固；相邻和高跨屋面施工会否影响或损害本工作面防水层的施工和成品保护。

4. 根据工程特点明确施工中各种安全注意事项，如高空作业要求，劳动保护和防护措施。

3.6 卷材应在什么气温条件下施工才能保证质量？

卷材分为合成高分子卷材、高聚物改性沥青卷材、沥青卷材。

合成高分子卷材耐高、低温性能均很好，开卷不存在问题，不同的施工方法对气温条件有不同的要求。冷粘法主要考虑高低温对胶粘剂的影响，高分子卷材的胶粘剂分溶剂挥发型、双组分反应固化型和热熔型三种，前两种在低温时挥发或反应速度过慢，因此要求在5℃以上条件施工，而热熔胶粘剂在－10℃施工完全可以。

焊接法施工的高分子卷材,因为只对卷材搭接部位加热后焊接,在-10℃气温条件下亦可以施工。自粘型卷材低温性能均较好,开卷后在负温下作业,虽然粘结力减弱,如铺贴在平面上,当气温回升后粘度增大,在使用过程中可产生再粘结过程,而在立面和搭接缝部位,在温度较低时可采用热风加热方法对搭接、立面部位进行施工,所以亦允许在-10℃以上气温条件下作业。

高聚物改性沥青卷材低温施工时会碰到二个问题,一是开卷困难,除了低温柔性达到-18℃的弹性体改性沥青卷材;二是难以粘结,热熔法施工时,加热卷材底面热熔胶同时也加热基层,所以可以在低温-10℃以上条件下作业,但能耗较大。

沥青卷材由于受开卷温度的限制,应在5℃以上气温环境条件下施工。

高温环境,规定为35℃以下气温条件作业,主要是考虑到施工工人的作业条件要求,过高气温对工人的人身会造成伤害,所以高温环境均允许为在35℃以下环境条件下作业。

根据上述要求,《屋面工程质量验收规范》GB 50207—2002第3.0.10条规定了卷材施工的环境气温条件,如表3-2所示。

卷材施工环境气温条件 表3-2

序号	项目		施工环境气温
1	沥青防水卷材		不低于5℃,不高于35℃
2	高聚物改性沥青卷材	热熔法	不低于-10℃,不高于35℃
		冷粘法	不低于5℃,不高于35℃
3	合成高分子卷材冷粘工艺		不低于5℃,不高于35℃
4	合成高分子卷材焊接工艺		不低于-10℃,不高于35℃
5	自粘卷材		不低于-10℃,不高于35℃

3.7 防水涂料在什么温度条件下施工才能保证质量?

防水涂料分为水乳型、溶剂型、反应型、热熔型。水乳型、溶剂型涂料是要求挥发材料中的溶剂或水而固化,在气温较低时不易挥发,而且水乳型涂料在0℃以下时会受冻破乳,所以溶剂型涂料只能在-5℃以上环境条件下施工,水乳型涂料只能在5℃以上环境条件下施工;反应型涂料在低温时反应过慢,成膜差,为保证成膜质量,可在0℃以上条件下作业;热熔型涂料,是加热后加热刮涂施工,冷却固化成膜,因此可以在-10℃环境条件下作业,如果加温允许温度更高时,还可以在更低一点气温环境条件下作业,不会影响成膜,但在刮涂施工时上料、刮涂施工应配合得当、施工快速,以免涂料在低温条件下降温过快,难以涂刮。高温环境条件下施工时,工人易疲劳、中暑,可能会对人身造成伤害,所以一般也限制在35℃以下气温条件作业。而且对于挥发型涂料,当气温过高或在阳光直射条件下施工表面挥发结膜过快,而当涂膜过厚时,下部溶剂不易挥发,会发生鼓泡现象而影响成膜质量,这是值得注意的。防水涂料施工环境气温条件见表3-3。

涂膜施工环境气温条件　　　　　　　　表3-3

序号	项目	施工环境气温
1	水乳型涂料	不低于5℃,不高于35℃
2	溶剂型涂料	不低于-5℃,不高于35℃
3	反应型涂料	不低于0℃,不高于35℃
4	热熔型涂料	-10℃,不高于35℃

3.8 雨天、雪天、五级风以上天气防水层为何不宜施工?

除了在雨天能补漏的防水材料之外,防水层在雨天均不能施工,因为下雨使基层潮湿,使胶粘剂与基层脱离、卷材粘结不牢;对于防水涂料,雨水会冲走未固化的涂料,或使涂料不能固化,尤其是水乳型、溶剂型、反应型涂料,当下雨前未能固化就不得施工,因此作业者必须了解气象预报,预计下雨时间,计算下雨前固化时间。热熔型涂料则只要下雨前终止施工就可以。雪天,在初始降雪时,融化为水,也不能施工防水层,积雪时当然也不可能施工。

五级以上的大风天气,大风易将尘土从相邻或自身手脚架上刮起污染基层,导致防水层不能施工,另外大风会刮坏施工的卷材,造成撕裂、铺扭、铺歪、不平整。大风会吹散涂料或灰污染涂料造成质量事故。因此雨、雪、大风天气防水层是不宜施工的,施工的防水层质量是得不到保证的。

3.9 温度过低为什么不宜对卷材进行施工?

改性沥青类卷材的温度敏感性强,温度过低使卷材柔度降低,变硬、变脆,开卷不易;热熔法或热粘贴施工能量消耗大,卷材粘贴面温度降低快,施工困难,难以保证卷材的粘接质量。

合成高分子卷材大都采用胶粘剂冷粘施工,温度过低时胶粘剂稠度会增大,不利于涂刮,其中溶剂很难挥发,影响卷材的粘结。故规范规定温度过低时卷材"不宜"进行施工。

3.10 涂料为什么不宜在气温 35℃以上天气进行施工?

环境气温过高时,水性防水涂料或溶剂性防水涂料施工时水或溶剂挥发太快,涂料在施工过程中逐渐变稠,涂刷困难,影响施工质量;在成膜过程中,温度过高造成涂层表面水分或溶剂挥发过快,而底部涂料中水分或溶剂得不到充分挥发,成膜反而困难,容易被误认为涂膜已干燥可继续施工,水分埋在涂层下,发生起泡现象,同时涂膜易产生收缩而出现裂纹。

反应型涂料是两种组分发生化学反应而固化,温度高反应速度快,固化时间短,施工可操作时间缩短,提高了施工操作的难度,增加了出现施工质量问题的可能性。

另外,工人在高温气候条件下操作,易产生疲劳、脱水、中暑等现象,影响工程质量。

综合材料特性和防水涂料的施工实践,防水涂料不宜在气温 35℃以上天气施工。

3.11 屋面防水层的基层(找平层)分为哪几种,有何技术要求?

防水层的基层从广义上讲包括结构基层和直接依附防水层的找平层,从狭义上讲,防水层的基层是指在结构层上面或保温层上面起到找平作用并作为防水层依附的层次,俗称找平层。防水层的基层是防水层依附的一个层次,为了保证防水层不受各种变形的影响,基层坚固,具有足够的强度和刚度,变形小,当然还要有足够的排水坡度,使雨水能迅速排出。传统的防水层基层的找平层有细石混凝土,水泥砂浆和沥青砂浆,它们的技术要求见表3-4规定。

从表中可以看出,由于细石混凝土刚性好、强度大,适用于基层较松软的保温层上或结构层刚度差的装配式结构上。而在多雨或低温气候条件时混凝土和砂浆无法施工和养护,可采用沥青砂浆,但因造价高、工艺复杂,采用较少。

随着新型建筑材料的开发应用和建筑技术的发展,聚合物水泥砂浆或干粉聚合物水泥砂浆在屋面工程找平层中逐步推广应用,或者在水泥砂浆中掺加抗裂纤维作为找平层,提高了找平层的粘结强度、韧性和抗裂能力,使找平层的质量大大提高。

找平层厚度和技术要求　　　　　表3-4

类 别	基 层	厚度(mm)	技 术 要 求
水泥砂浆找平层	整体现浇混凝土	10~20	1∶2.5~1∶3(水泥∶砂)体积比,水泥强度等级不低于32.5级
	整体或板状材料保温层	20~25	
	装配式混凝土板、松散材料保温材料	20~30	
细石混凝土找平层	松散材料保温层	30~35	混凝土强度等级不低于C20
混凝土随浇随抹	整体现浇混凝土	—	原浆或聚合物浆将表面刮平

找平层是防水层的依附层,其质量好坏将直接影响到防水层的质量,所以要求找平层必须做到"五要"、"四不"、"三做到"。五要:一要坡度准确,排水流畅,二要表面平整,三要坚固,四要干净,五要干燥。四不:一是表面不起砂,二是表面不起皮,三是表面不酥松,四是不开裂。三做到:一要做到混凝土和砂浆配比准确,二要做到表面二次压光,三要做到充分养护。

但是不同材料的防水层对找平层的各项性能要求也有侧重，有些要求必须严格，达不到就会直接危害防水层质量，造成对防水层的损害，有些可要求低些，有些还可以不予要求。具体要求见表3-5。

不同防水层对找平层各项要求　　表3-5

项目	卷材防水层		涂膜防水层	密封材料	刚性防水层	
	实铺	点、空铺			混凝土防水层	砂浆防水层
坡度	足够排水坡	足够排水坡	足够排水坡	无要求	一般要求	一般要求
强度	较好强度	一般要求	较好强度	坚硬整体	一般要求	较好强度
表面平整	不积水	不积水	平整无抹痕不积水	一般要求	一般要求	一般要求
起砂起皮	不允许	少量允许	严禁出现	严禁出现	无要求	无要求
表面裂缝	少量允许	不限制	不允许	不允许	无要求	无要求
干净	一般要求	一般要求	一般要求	严格要求	一般要求	一般要求
干燥	干燥	干燥	干燥	严格干燥	无要求	无要求
光面或毛面	光面	毛面	光面	光面	毛面	毛面
混凝土原表面	可直接铺贴	可直接铺贴	刮浆平整	刮浆平整	可直接施工	可直接施工

3.12 防水层的基层(找平层)的缺陷对防水层质量会产生哪些影响？

找平层的缺陷会直接危害防水层，有些会造成渗漏，因此必须重视找平层的质量，找平层缺陷对防水层的影响见表3-6。

找平层缺陷对防水层的影响　　表3-6

序号	找平层缺陷	对防水层的危害
1	坡度不足或不平整而积水	长期积水，增加渗漏概率；使卷材、涂料、密封材料长期浸泡降低性能，在太阳或高温下水分蒸发，使防水层处于高热、高湿环境，并经常处于干湿交替环境，使防水层加速老化

续表

序号	找平层缺陷	对防水层的危害
2	强度差而酥松	使卷材或涂膜不能粘结,造成空鼓;使密封材料与基层不粘,立即造成渗漏
3	表面起砂,起皮,不干净	同上
4	不干燥,含水率高	使卷材或涂膜与基层不能粘结,造成起鼓而破坏
5	开裂	会拉裂涂膜;会拉裂卷材或使卷材防水层产生高应力而加速老化

防水层积水是不允许的,在规范中将屋面(含天沟、檐沟)找平层的排水坡度必须符合设计要求列为强制性条文,可见积水的严重性。长期积水,不但使渗漏概率增加,更主要的是在干湿交替过程中,太阳照射、水分蒸发形成的高湿热状态会使所有的防水材料加速老化破坏,冬季积水冰冻也会破坏防水层,长期积水,使防水层吸水也是对防水层的损害。无论有机材料如卷材或涂料防水层,还是无机材料如细石混凝土防水层都会遭到一定程度的损害。

找平层的强度和表面硬度能达到5MPa就可以承担防水层的依托作用,一般1:3水泥砂浆和1:0.4:5混合砂浆均能达到。如果强度差到酥松程度,那是绝对不允许的,那样防水层不但不能与找平层粘结,也不能起支承作用,人们行走、踩踏,都会造成防水层的破坏,有些工程将找平层水泥砂浆配合比降低至1:6~1:8,强度只有1~2MPa,虽然不会立即造成防水层的破坏,但埋下了质量隐患,同时也降低了表面粘结力。

表面不完善对防水层影响极大,防水层要牢固地依附于找平层,必须有很好的表面质量,如找平层表面起砂、起皮,有浮砂、碎石,不但使防水层无法粘结,也可能破坏防水层的完整性,尤其对防水涂料和密封材料更甚,起砂、起皮的基层上嵌填密封材料基层必漏无疑。

3.13 屋面找平层存在质量问题怎么修补?

由于施工中出现的种种问题使找平层达不到规定的要求,存在某一方面的缺陷,在施工中是很常见的。如果找平层强度不够,是无法补救的,必须返工。其他的缺陷,为了避免过大的损失和工期的延误,可以采取一定的措施进行补救,使找平层的质量达到规定的要求。找平层质量缺陷的修补方法见表 3-7。

找平层质量缺陷的修补方法　　　表 3-7

找平层缺陷	修补方法和材料
积水,不平整	聚合物水泥砂浆找补
起砂、起皮、麻面	聚合物水泥浆刮涂
转角圆弧不合格	水泥砂浆,聚合物水泥砂浆补抹
分格缝未设	切割机割缝
裂缝	涂抗裂胶(压敏胶)
强度不够	返工
潮湿	刮一道水不漏、确保时或潮湿基层表面处理剂

1. 积水、不平整的修补:采用聚合物水泥砂浆(水泥:砂:聚合物胶 = 1:2:0.06～0.08)修补,如果修补厚度超过 10mm,则应适当掺加(也可后嵌入)小石屑。修补前,低凹处用水冲洗干净,使表面湿润无明水,为使聚合物水泥砂浆与基层粘结良好,可先涂一道聚合物胶,然后再铺抹砂浆,抹压平整后覆盖塑料膜养护。

2. 起砂、起皮、麻面的修补:先将聚合物胶稀释(胶:水=1:2～3)后涂刷于需修补的基层,干燥后刮涂一道厚度约 0.5～2mm 的聚合物水泥浆(水泥:胶:水=1:0.2～0.3:0.3)。干燥凝固后覆盖塑料膜养护。

3. 裂缝修补:找平层一旦开裂,就会随着砂浆混凝土的后期收缩和温差变化而变化,因此硬灌堵嵌效果不一定好,应采取在裂缝宽度内涂刷一层压敏胶,再施工防水层,这样裂缝处的变形因有了压敏胶的蠕变作用,使防水层的受拉伸宽度大大增加而不会导致开裂。

3.14 屋面(包括檐沟)找平层排水坡度有何要求?

平屋面防水技术以防为主,以排为辅,但也要求屋面雨水在一定时间内迅速排走,以减少渗漏,这就要求屋面有一定的排水坡度。过去规定平屋面坡度不小于2%,当时考虑减少材料找坡的厚度,减轻荷重和造价。但实际上2%的坡度施工时很难准确掌握,在施工允许误差范围内常常会造成积水或排水不畅。新规范《屋面工程质量验收规范》GB 50207—2002中改大了排水坡度,并规定提倡结构找坡,找坡不小于3%,即在顶层室内有吊顶或室内允许有坡度时应采取结构找坡,它既省去找坡层(目前我国找坡材料符合要求的太少了),又减轻了荷载,减少了工序,降低了造价,排水坡度也可以尽量放大,对排水有利。材料找坡度宜为2%,由于排水坡度小,所以一定要精心施工,浇筑结构混凝土或做找平层时必须先做好标志。

天沟、檐沟是雨水集中流经的部位,常常由于排水不畅而积水,因此规范规定天沟、檐沟的纵向坡度不应小于1%,横向亦应有相应坡度。沟底水落差不得超过200mm,这也就规定了排水线路不得过长,最长不得超过20m。排水线路长,水落管就少,纵向坡度就只得更少,排水更不会通畅。所以在设计时一定要认真考虑这些要求,尽量使排水通畅。施工时,也必须拉线找坡、作出标志,以获得合理的排水坡度。

水落口周围最容易积水,因此规定在水落口周围500mm范围内要加大坡度,要求不小于5%的排水坡度,使该处成为凹坑,便于排水。

3.15 找平层转角为什么应作成圆弧?

屋面找平层转角处,均是平面立面相交部位,是构件断面变化,结构受力变化而产生应力集中的部位,很容易由于结构变形引起开裂,同时防水层有一定厚度、有些防水材料比较硬,弯折易断,所以要求在转角处做成圆弧,减少或避免找平层开裂,使卷材或涂料弯折不受伤害。另一方面,不同的防水材料,它的变形不同,厚度不同,硬度不同,所需要圆弧大小亦不同,如合成高分子卷材较薄且软,圆弧可以小点,而高聚物改性沥青卷材厚且硬,圆弧直径要大,沥青防水卷材低温差,三毡四油厚度更厚更硬,需要更大的圆弧。各类卷材对找平层转角弧度的要求见表3-8。

找平层转角弧度　　　　　　　　表3-8

卷 材 种 类	圆 弧 半 径 （mm）
沥青防水卷材	100～150
高聚物改性沥青防水卷材	50
合成高分子防水卷材	20

我国的作法大部分在抹找平层水泥砂浆时就做成圆弧,国外有许多配套成品,它在阴角处随防水材料配套放置要求大小的硬泡三角条,这样构造是很合理的,防水层粘在泡沫条上,避免了基层变形对它的影响,防水层在该处就不会被拉裂。而且施工也简便,是值得学习和借鉴的。

3.16　有哪些措施可减少或克服找平层开裂?

混凝土或水泥砂浆找平层,由于受多余水分蒸发、水泥胶凝体收缩温差变形和结构变形的影响,这些因素叠加后,往往会导致找平层开裂,结构变形造成的开裂以轴裂为主,其他因素造成的开裂以龟裂、毛细裂缝居多。为了减少或克服找平层开裂,目前有诸多方法,有时几个方法可同时采用。

1. 在混凝土和砂浆中掺加减水剂,减少水的用量,可以减少多余水分蒸发引起的体积收缩,效果非常明显;

2. 在混凝土和砂浆中掺加微膨胀剂,在混凝土、砂浆硬化过程中有一定的膨胀作用,以补偿他们的收缩,减少或克服裂缝的产生;

3. 在混凝土和砂浆中掺加聚丙烯短纤维,每 $1m^2$ 砂浆或细石混凝土中掺入 0.7～1kg,纤维砂浆、混凝土每平方分米断面中至

少有十几到几十根纤维,提高了它的抗拉力,抵抗了混凝土、砂浆被拉力;

4. 掺加聚合物胶成为聚合物砂浆。一般使用在较平整的基层,厚度在 2～8mm 左右,起掺量为:聚合物胶固体成分的重量为水泥用量的 0.03～0.04,即聚灰比为 0.03～0.04,如 50% 固体含量的乳液,其掺量为水泥重量的 6%～8%。它能克服砂浆找平层的开裂和其他表面缺陷;

5. 加铺网格布。在水泥砂浆或聚合物水泥砂浆中加铺浸塑耐碱玻纤网格布或聚丙烯网格布等,这样更能提高抗裂性,避免了找平层的微裂缝的产生;

6. 掺石灰制作成混合砂浆。在水泥砂浆中掺入石灰浆,一般配比为水泥:石灰:砂 = 1:0.4:4～5。混合砂浆的强度一般大于 5MPa,能满足作为基层的强度要求,并在很大程度限制了找平层的开裂;

7. 设置分格缝。当混凝土或砂浆找平层厚度大于 20mm 时,应按规范要求设分格缝,缝间距不大于 4m,一般设在板端缝处。这样将找平层开裂变形集中于此,再在缝中嵌上密封胶,能使平面裂缝减少或不发生;

8. 表面压光:对混凝土或水泥砂浆找平层的表面抹平后进行二次压光工艺或采用机械压光机压光,使表面裂缝得到有效的控制;

9. 充分养护。混凝土或水泥砂浆养护是至关重要的,一要及时养护,二要养护到位,保证混凝土和砂浆表面湿润,三养护时间不少于 7d。只有这样前面所有的措施才能发挥应有作用,否则采取了多种措施而不进行养护,就会前功尽弃;

10. 增强结构刚度,减少结构变形对找平层的影响,这是结构完善设计的体现。

上述多种措施对克服或减少找平层开裂都是有一定效果,目前许多工程设计人员根据需要采取其中几种措施来达到保证找平层质量的目的。

3.17 屋面找平层质量检验的主控项目有哪些？其中强制性条文是什么？

屋面找平层质量检验的主控项目为：

1. 找平层的材料质量及配合比，必须符合设计要求。

检验方法：检查出厂合格证、质量检验报告和计量措施。

找平层的材料质量和配合比是保证找平层质量的基础，材料不合格或不按配合比施工，就不可能达到设计规定的质量要求，所以首先必须有合格的材料，这里的材料还包括各种掺合料和各种掺入的材料质量和掺入量的准确性。检查材料质量，先要查材料合格证，质量检验报告，当然现场还要进行目测检查包装完整性、出厂日期、批号等，有怀疑时应抽样送检。配合比是否准确，应在施工过程中进行抽样，另外检查计量措施、计量工具准确性、计量执行情况。

2. 屋面（含天沟、檐沟）找平层的排水坡度，必须符合设计要求。

检验方法：用水平仪（水平尺）、拉线和尺量检查。

找平层的坡度包括天沟、檐沟、水落口部位等，排水坡度必须符合设计要求，使雨水顺利排走，不致于在屋面形成积水，它与屋面防水不得渗漏一样是一条强制性条文，是屋面不得渗漏的一条辅助条文。因为找平层的排水坡度准确，才能保证防水层坡度的准确，它是防水层的基础，两者密切相关。排水坡度检查应用水平仪按点抽查或拉线检查和用 2m 直尺和塞尺检查。也可以采取养护浇水检查，有否积水现象，这是最直接的。坡度准确是为了排水流畅，不积水，排水通畅，也说明坡度是符合要求的。

3.18 屋面找平层质量检验的一般项目有哪些？

找平层施工质量检验一般项目为：

1. 屋面与突出屋面结构的交接处和基层的转角处，均应做成圆弧形，且整齐平顺。

检验方法:观察检查。

找平层的转角可以直接用砂浆抹成,也可以用聚苯板等材料制作后粘钉于屋面交角处,尺寸用尺测量。

2. 水泥砂浆、细石混凝土找平层应平整、压光,不得有酥松、起砂、起皮现象;沥青砂浆找平层不得有拌合不匀、蜂窝现象。

检验方法:观察检查。

这是找平层的首要功能,使防水层所依托的表面有了质量保证,检查时采用摸、肉眼观察或用鞋底搓等方法。

3. 找平层分格缝的位置和间距应符合设计要求。

检验方法:观察和尺量检查。

找平层划分分格缝是为了减少或避免找平层开裂。检查时一要检查分格缝设置的位置是否准确,按设计要求的位置;二是要检查分格缝的间距是否符合规定;三是要检查分格缝的边是否符合要求,检查时可用尺量,肉眼观察。

4. 找平层表面平整度的允许偏差为5mm。

检验方法:用2m靠尺和楔形塞尺检查。

表面平整度的要求是为了防止出现凸块或局部凹坑现象。有时虽然排水坡度够,可以排水,如局部不平,坑坑洼洼也是不允许的,这条规定是过去常规检查的一项方法之一。

3.19 屋面找平层干燥程度对保证防水层质量有何影响?

屋面找平层干燥程度分为找平层表面干湿程度、找平层整个厚度上的干湿程度,还有找平层下面保温层的干湿程度。在潮湿的高含水率找平层上铺设防水层,一是粘结不牢,二是当气温升高或被太阳曝晒时,找平层中的水分气化,体积大大增大,使原本粘结不好的防水层鼓泡,当气温下降,鼓泡变小或变平,水气冷凝为水,但防水层因拉伸疲劳不能完全恢复。当气温再升高,水分又气化,鼓泡又会出现,这样反复进行,找平层中,尤其保温层中的水分不断地被"抽"到鼓泡中,使鼓泡变大,导致防水层破裂,使屋面渗漏。因此找平层含水率过大,对防水层的质量损害是严重的,尤其是保温层含水率过大,不但损害防水层,而且还会大大降低保温性能,在防水层严密的封闭下,水分永远排不出,达不到设计的要求。

找平层干燥后表面有露水或雨后潮湿,无明水,对于水乳型的防水材料和聚合物水泥类的防水材料的施工无害,且有好处,它能使水乳型防水材料沿表面潮湿界面渗入找平层的毛细孔中,像扎根那样,使防水层粘结更牢。

找平层绝对干燥是难做到的,找平层的含水率以多少为无害,过去规范规定,找平层含水率应相当于在当地自然湿度下的平衡含水率,这规定与地区有关、与当时风干的湿度、气温有关,是一个不确定的数据,《屋面工程施工及验收规范》GB 207—83 制订时,全国呼吁要求规范中给一个准确的数值,最后向全国各省市建工局、建委和研究所征求意见,这些意见从 8%～25% 不等,他们认为通过当地测试,他们所提供的数据是可靠的,对防水层质量可以保证的,因此规范根本无法统一规定数据,《屋面工程技术规范》GB 50207—94 修订时,根据国外经验和日本规范,制订了有效可行的简易检验方法,即将 $1m^2$ 左右的卷材(或塑料膜)平坦地干铺在找平层上,静置 3～4h 后掀开检查,找平层覆盖部位与卷材上未见水印,即可铺设防水层。该方法直接明瞭(用透明塑料膜随时可观察到)、简便、易行,因此被迅速推广。

3.20 屋面的保温层材料有哪几种,怎么保证保温层质量?

《屋面工程质量验收规范》GB 50207—2002 要求保温层材料是具有吸水率低、表观密度较小、导热系数较小,并有一定强度的材料。以上几个主要指标的限定使屋面保温层材料质量有了保证。我国解放初期民用建筑使用表观密度大、导热系数大的炉渣,工业建筑使用泡沫混凝土水泥体发泡,20 世纪 70 年代开发了膨胀蛭石、膨胀珍珠岩及制品,80 年代又发展加气混凝土、微孔硅酸钙,90 年代开始使用聚苯乙烯泡沫板、硬泡聚氨酯、硬质聚乙烯泡沫和泡沫玻璃。上述保温材料按组成材料可以分为有机和无机保温材料两种,有机保温材料为:聚苯乙烯泡沫板、硬泡聚氨酯和硬质聚乙烯板;无机保温材料为:泡沫玻璃、膨胀珍珠岩,膨胀蛭石、微孔硅酸钙,泡沫混凝土,加气混凝土。按形状划分为松散保温材料、板状保温材料和整体保温材料,松散保温材料有:膨胀珍珠岩和膨胀蛭石;板状保温材料有:泡沫玻璃、聚苯乙烯泡沫板、硬质聚乙烯泡沫板、微孔硅酸钙板、憎水珍珠岩块、沥青珍珠岩、加气混凝土和泡沫混凝土等;整体保温材料有:硬泡聚氨酯、水泥珍珠岩、水泥蛭石、泡沫混凝土;按吸水率的大小划分为高吸水率和低吸水率两种,高吸水率(>20%)保温材料有:泡沫混凝土、加气混凝土、膨胀珍珠岩及制品、膨胀蛭石及制品、微孔硅酸钙;低吸水率(≤6%)保温材料有:泡沫玻璃、聚苯乙烯泡沫板、聚乙烯泡沫板和硬泡聚氨酯等。目前我国屋面保温层所采用的保温材料一般表观密度小于 500kg/m³,导热系数小于 0.1W/(m·K)以下,强度大于0.15MPa,倒置式屋面限制使用高吸水率(>6%)保温材料,正置式保温层,要求施工后保温层含水率符合设计规定或不再吸水(施工时保温层要干燥),即在施工前保温材料应是干燥的,施工时保温层不浸水,施工后上部有防水层,雨水不得深入,高吸水率保温材料在这种环境下还是可以使用的。但对于水泥珍珠岩和水泥蛭石现浇保温层规范已予取消,因为现浇水泥珍珠岩、水泥蛭石施工用水量较大,很难蒸发。

保温层的质量首先要求保温材料导热系数稳定,符合设计要求,使用过程中不吸湿、不老化,同时要求有一定强度,不变形(有荷重不压缩),收缩率低,其次保证设计要求的厚度。达到这些基本要求后,尽可能要求保温材料表观密度小,综合价格便宜,施工方便。

3.21 各种保温层材料应具有什么性能?

各种保温层材料的性能指标见表3-9。

保温层材料性能指标 表3-9

种类	序号	名称	表观密度(kg/m³)(堆积密度)	导热系数[W/(m·K)]	强度(MPa)	吸水率	蓄热系数[W/(m²·K)]	使用温度(K)
松散保温材料	1	松散膨胀珍珠岩	40~250	0.05~0.07		250		-200~800
	2	松散膨胀蛭石	80~200	0.04~0.07		200		-200~1000
整体保温材料	3	水泥珍珠岩	400~500	0.16	0.4~0.5	120~220	2.49	650
	4	水玻璃珍珠岩	170~310	0.097	0.3~0.4			-20~650
	5	沥青珍珠岩	400	0.12	0.6~0.8	憎水	1.99	
	6	憎水珍珠岩块	200~250	0.056~0.08	0.5~0.7	200~220		-20~650
块体保温材料	7	水泥蛭石	400~600	0.14	0.3~0.6	120~220	1.99	650
	8	微孔硅酸钙	250	0.06~0.076	0.5	87	1.00	650
	9	泡沫混凝土	500			281		
	10	加气混凝土	400~800		3	35~40	2.81	200
	11	水泥聚苯板	300	0.9	0.3		1.54	-20~100
	12	硬泡聚氨酸	40	0.027	0.15	3	0.36~0.4	-50~74
	13	挤出式聚苯板	32	0.03	0.15	1.5	0.36	-200~130

续表

种类	序号	名　称	表观密度 （kg/m³） （堆积密度）	导热系数 [W/ (m·K)]	强度 (MPa)	吸水率	蓄热系数 [W/ (m²·K)]	使用温 度(K)
块体 保温 材料	14	模压式 聚苯板	30	0.042	0.15	2	0.47	−50～ 74
	15	硬质 聚乙烯					0.70	
	16	泡沫玻璃	130～180	0.068	0.4～ 0.8	0.5		−200～ 500

3.22　倒置式屋面和使用屋面对保温层有何要求？

倒置式屋面能否推广实行的一个主要因素取决于有没有低吸水率、耐水、耐老化的保温材料，因为倒置式屋面是将防水层设在保温层的下面，保温层是暴露的，可能被雨水浸入，受高湿高热老化。而正置式屋面是将防水层设在保温层的上面，这时保温层受防水层保护，只要保温材料干燥，施工时不被水浸湿，它将较永久地发挥其保温功能。所以过去不考虑保温材料吸水率高低问题，只考虑施工时是否会被水浸湿，过去使用的保温材料吸水率都很高，如果施工时不遇雨或不被施工用水浸入，抹好找平层，立即铺贴卷材，保温层就发挥它的效果。实际施工时，施工作业是暴露的，如遇雨淋吸入大量水分，这时铺抹找平层，作防水层，保温层中吸入的水分就无法蒸发，一旦气温升高（太阳晒），水分气化，体积膨胀，会使防水层产生鼓泡、受拉破坏，保温层含水量增加，大大降低保温性能和效果。所以规范中出现了保温层一旦浸水，不管设计有否规定（因为设计时不能预料会不会遇雨），均要做排汽屋面，在找平层上每隔一定距离埋设带孔管，连通后在交接处设置排汽管，通过防水层向空气中排汽，以减少气压，不致损坏防水层，也能使潮湿气体排出（事实上气体交换需很长时间）。倒置式屋面，在结构层上先做防水层,在防水层上铺设保温层,这里保温层首要性能是不吸水(低吸水率),否则一旦吸水,性能大大降低,起不到保温功能,达不到要求效果。因此规范对倒置式屋面保温材料规定吸水率小于6%,这里还要注意它的湿热老化性能,老化过快,也不宜采用,其次它应有一定的强度,尤其是使用屋面上,虽然保温层上有刚性保护层,但强度过低时,易使刚性保护层破损而导致保温层的破坏,规范规定作为使用屋面的保护层强度应大于0.3MPa。如停车、行车屋面应更大些(不能以10%形变时的压缩强度作为指标),避免整体面层的破坏。

3.23 屋面保温层质量检验的主控项目有哪些?

屋面保温层质量检验的主控项目有:

1. 保温材料的堆积密度或表观密度,导热系数以及板材的强度、吸水率,必须符合设计要求。

检验方法:检查出厂合格证、质量检验报告和现场抽样复验报告。

屋面工程设计时,保温层的厚度是根据保温材料的导热系数和吸水率确定的,而保温材料的堆积密度或表观密度决定了保温层的重量,即保温层传递给结构层的荷载,影响到结构的安全使用。因此保温材料的质量必须符合设计要求,才能保证屋面工程的正常使用,并达到保温隔热的效果。

2. 保温层的含水率必须符合设计要求。

检验方法:检查现场抽样复验报告。

保温层的含水率大小,很大程度上影响保温层的使用效果,保温层含水率越大,传热性能越好,隔热效果越差。同时保温层含水率增加,屋面自重加大,加重屋面结构层的荷载,影响结构的安全使用。因此验收规范将其定为强制性条文。

3.24 屋面保温层质量检验的一般项目有哪些?

屋面保温层质量检验的一般项目有:

1. 保温层的铺设应符合下列要求：

(1) 松散保温材料：分层铺设，压实适当，表面平整，找坡正确。

(2) 板状保温材料：紧贴(靠)基层，铺平垫稳，拼缝严密，找坡正确。

(3) 整体现浇保温层：拌合均匀，分层铺设，压实适当，表面平整，坡度正确。

检验方法：观察检查。

2. 保温层厚度的允许偏差：松散保温材料和整体现浇保温层为+10%，-5%；板状保温材料为±5%，且不大于4mm。

检验方法：用钢针插入和尺量检查。

3. 当倒置式屋面保护层采用卵石铺压时，卵石应分布均匀，卵石的质(重)量应符合设计要求。

检验方法：观察检查和按堆积密度计算其质(重)量。

3.25 刚性防水屋面有哪些类型？

刚性防水屋面是我国南方地区的习惯作法。广西、福建沿海地区解放前在屋面上座浆勾缝，铺设大阶砖(粘土烧成的地砖)，水泥砂浆或混合砂浆抹面制作成刚性防水屋面，后来发展为以细石混凝土防水为主的刚性防水屋面，至20世纪80年代，刚性屋面的作法逐渐成熟，列入规范，形成"刚性防水屋面"。刚性防水屋面的类型见表3-10。

刚性屋面的类型　　　　表 3-10

种　类	类　型	种　类	类　型
混凝土类	普通细石混凝土防水	砂浆类	水泥砂浆多层作法
	补偿收缩细石混凝土防水		外加剂水泥砂浆防水
	外加剂细石混凝土防水		聚合物水泥砂浆防水
	预加应力细石混凝土防水	砖块体	大阶砖防水
	纤维细石混凝土防水		砖块体砂浆防水

20世纪50年代到60年代,南方潮湿地区将易开裂变形的水泥砂浆防水层采用配筋细石混凝土代替,在混凝土檩条上架设薄板,然后在薄板上抹水泥砂浆,使用不久,由于砂浆干裂和温差变形,裂缝增多而造成渗漏而被人们废止。后来在薄板上直接浇细石混凝土,抹平压光,质量确有提高,但使用几年后,在板端支承处出现有规则的裂缝或横向裂纹。经研究后采用直接在混凝土结构层上浇筑配筋细石混凝土,并在一定距离设分格缝,这样确有一定成效,裂缝减少了,但仍不能完全克服。在60年代后期杭州建筑工程公司提出"脱离"观点,结构层与细石混凝土防水层之间设置灰泥隔离层,在配筋细石混凝土板端设分格缝,使刚性防水层在每块分格缝之间成为自由体不受约束,从而基本上解决细石混凝土防水层开裂的严重现象。80年代以来,为了提高细石混凝土的抗裂性、抗渗性,对混凝土配合比进行研究,采用富裕砂浆混凝土,将微膨胀剂加入混凝土、对混凝土施加预应力、双向配筋、掺减水剂、密实剂、纤维等方法,使刚性细石混凝土防水层更完善,目前从南方地区一直到寒冷的哈尔滨都仍在使用。水泥砂浆防水多层作法,60年代前也曾普遍采用,但由于变形和干缩裂缝多,大面积屋面一直未予采用,后在砂浆中加入防水剂,以提高砂浆防水能力,减少收缩,目前加入聚合物或采用干粉砂浆,效果更好,但仍不能用于基层刚度差、面积大的工程。砖块体以大阶砖(300~400mm×300~400mm)为代表,在广东、福建某些地方曾用两层大阶砖应用于几千平方米的大型工程上,未发生渗漏,因而福建省曾发布平屋面薄砖刚性防水的标准图,后来人们受此启发,采用普通易得的红砖用防水砂浆铺砌,加上下防水砂浆抹面组成刚性块体防水屋面,由于粘土砖重量大、取土困难,块体屋面施工工序复杂、费工费时,目前已很少被采用。

3.26 刚性防水层不适用于什么屋面?

刚性防水层由于本身的重量大,韧性差,脆性大,与基层又不能粘结,需要脱离,因此在大跨度建筑,轻型构架,或有振动的建筑物上不被采用,坡度较大(超过15%)的建筑,为避免滑移也不被采用。过去由于北方干燥,温差大,对混凝土施工养护困难,容易出现干裂,影响防水效果,也很少采用。近来由于各方面技术的发展,加入了为适应其性能的外加剂,才逐步被采用。

目前刚性防水技术已逐步得到提高,设防技术和配套材料的完善,使刚性防水质量得到了保证,因此,常常被用于多道防水中的一道,符合"刚柔复合"设防的原则。因为刚性防水层强度高、耐久性强,紫外线、臭氧、冷热对它的老化和雨水的冲刷损害小,具有耐磨、耐穿刺的特点,常被结合用于其他防水层或倒置式屋面的保温层的保护层,既是防水层,又是保护层,一举两得,使用屋面、行车、停车、蓄水、种植屋面就少不了它。

3.27 普通细石混凝土防水层为何能防水?

混凝土是多种骨料的组合,石子间隙中填满砂子,砂子空隙中用水泥填满,使混凝土密实,密实的混凝土就不会漏水,但是在混凝土组成时,由于各骨料比例不同,在施工时又需用水拌和使它具有必要的流动性,水化后的多余水分蒸发产生毛细通道,容易成为渗水通道,因此应调整混凝土的配合比,利用高质量的富裕砂浆完全均匀包裹石子,用一定量的水泥完全包裹砂子,并尽量减少用水量,以得到密实的防水混凝土。所以规范规定,普通细石混凝土每立方米最少水泥用量不低于330kg,灰砂比宜为1:2~1:2.5、砂率35%~40%,水灰比不应大于0.55,强度等级不应低于C20。同时还规定宜掺入外加剂,施工采取机械捣固,使之密实,养护要充分,且不少于14d等规定。

细石混凝土的提高密实度、增加防水能力的措施主要有:调整配合比;掺加高效减水剂;减少用水量以减少水分蒸发后的毛细孔;掺加微膨胀剂以补偿混凝土干缩;掺加特细料增加密实性、减少混凝土收缩裂缝;混凝土中配置细钢筋或掺入聚丙烯短纤维,使之成为能抵抗开裂的防水混凝土。

3.28　细石混凝土防水层为什么要设分格缝？

　　细石混凝土为刚性材料，强度大，延伸率很小，受拉达到一定应力，很易脆裂，它的抗拉强度约为抗压强度的 1/10。而细石混凝土，在硬化过程中和使用时受到干燥收缩和气温变冷都会使混凝土产生受拉应力，当面积很大时，干缩和冷缩值也很大，这时混凝土就会被拉裂，因此在混凝土一定宽度内预先设置分格缝，使收缩变形在此得到释放，其他地方就不会再产生裂缝。规范规定配筋细石混凝土的间距不大于 4m，无配筋的细石混凝土间距不大于 1.5m，及在板的搁置端，应设置分格缝，以释放细石混凝土防水层的拉应力。规范还规定，细石混凝土防水层与山墙、女儿墙间要留缝填嵌密封材料，否则当气温升高时，细石混凝土防水层膨胀会顶裂山墙、女儿墙，也会造成雨水的渗漏。

　　分格缝的设置和密封是细石混凝土防水屋面质量的关键，根据过去对细石混凝土刚性防水屋面调查，80％的渗漏是由于分格缝的漏水所造成。首先缝的形成，过去采取木条预埋，将 20mm×40mm 木板条预先支好，再浇筑混凝土，木条还预先刨光浸水使之膨胀，待混凝土养护干燥再起出木条，既浪费木条（重复利用率很低），又不能保证浇筑混凝土时模板不损坏，所以分格缝表面质量很差。目前有采用钢板支模，间隔浇筑混凝土板块，待达到强度后，将钢模拆除，然后用（10～15）×40 聚苯乙烯泡沫板粘于刚拆模的缝侧表面上，再继续浇筑剩余的细石混凝土板块，待混凝土养护干燥后，将泡沫板上部 10mm 处用刀切除，下部留下做为密封材料的背衬材料，这样形成的分格缝表面坚固光滑平整，只要干燥，完全符合嵌密封材料的基层条件，保证了分格缝嵌填质量。也可采用整个浇筑后用电锯切割的方法，切出的缝（缝深 20mm 以上即可）表面坚固光滑平整，亦能保证质量。这时只要选择耐久性好的密封材料，分格缝的防水质量就可以保证，细石混凝土防水层的质量就可以大大地提高。

3.29 细石混凝土防水层为什么与基层间设隔离层？采用什么材料？

细石混凝土防水层直接浇筑在结构基层找平层上，虽然是分层做，但相互磨擦均很大，互相制约，当气温缓慢升高或降低时，结构及防水层温度高达50℃以上，一旦暴雨，细石混凝土表面温度骤降，而结构层则不会立即下降，有一段延迟时间，这样防水层收缩就会受到基层的约束，限制它的收缩，使防水层产生很大拉应力，在这种反复作用下，混凝土就开裂了。所以经过反复实践，20世纪60年代，杭州市建筑工程公司提出脱离式细石混凝土防水层的做法，即在结构找平层上抹上一层石灰黄泥作为隔离层，再浇筑配筋细石混凝土，结果获得很满意的效果，因此被命为脱离式刚性屋面。目前将此机理普遍应用，如刚性保护层与柔性防水层之间亦应做隔离层。隔离层可采用塑料膜、玻纤布、油毡、石灰砂浆、混合砂浆等多种材料。这样使细石混凝土防水层与结构基层的变形互不约束，互不影响。普通细石混凝土防水层，混凝土密实不开裂、不受结构基层约束、分格缝密封完善，就能成为一层优良的防水层。

3.30 为提高细石混凝土防水层的防水能力，应掺什么外加剂？

为提高细石混凝土的防水性能，除按规范调整其配合比外，目前普遍地掺加减水剂、微膨胀剂和超细矿物粉料。减水剂的品种很多，根据各地供应情况选择，一般选用萘系和磺胺系的高效减水剂。微膨胀剂采用UEA，以12%左右的掺量置换水泥用量，起到混凝土收缩的补偿作用，目前有些微膨胀剂中已掺入一定量的减水剂，可以不再掺减水剂。特细矿物粉料，如硅灰粉、磨细粉煤灰等，一般掺量在水泥用量的10%～20%之间，替换水泥，减少水泥水化收缩，也能获得较好效果。如在细石混凝土中掺入聚合物，使之成为聚合物混凝土，其韧性和抗裂能力大大提高，但成本过高，很少有人采用。

3.31 细石混凝土防水层中怎样配置钢筋？

细石混凝土防水层中，小块体分格的细石混凝土均不配钢筋。大块体，即在结构搁置端设置分格缝的，均配双向 $\phi 4$ 冷拔钢筋，间距 100～150mm，在分格缝处断开，钢筋网片应设置在中偏上的部位，保护层厚度不小于 10mm，这样可大大减少混凝土的开裂。目前也有掺加聚丙烯短纤维，配制成纤维混凝土，也能获得了良好的抗裂性能，即在每立方米细石混凝土中掺入 20mm 左右长度聚丙烯细纤维 0.8～1kg，它能均匀地分布在混凝土中，大大减少或消除混凝土的表面裂缝，提高了细石混凝土的质量，方便了施工，造价提高也不大，比配筋混凝土造价还低。

3.32 细石混凝土防水层的厚度怎么确定？

细石混凝土防水层厚度是根据经验确定的。屋面防水采用防排结合的方式，雨水又是间歇性的，下雨时有水，雨停则雨水排走，很快就可以干燥。长时间下雨时，雨水从表面流走，若积水也是非压力水，所以它只要有一定密实性，防水能力是足够的，因此主要考虑在一定荷载作用下会不会断裂，故规范规定细石混凝土防水层厚度不小于 40mm，如果兼为使用屋面时一般为 50～60mm，或通过计算确定。

3.33 怎么控制细石混凝土的表面质量？

细石混凝土防水层的表面处理极为重要，优良的表面质量将大大提高抗风化能力，延长防水层使用寿命。从实际工程调查分析，经完善的表面处理，使用 10 年尚不露石，而表面处理不善的二年就会露出石子，三五年水泥砂浆已会酥松。细石混凝土施工时要求混凝土收水后进行二次压光，使之密实，并不准再加浆，更不允许添加干水泥。表面处理后还应进行不少于 14d 的充分养护。这样才能确保混凝土表面质量，不会起砂、起皮、麻面或酥松。在混凝土中掺入聚丙烯短纤维，也会大大提高表面的耐风化、耐雨水冲刷能力。

3.34 细石混凝土防水层质量检验主控项目有哪些？

细石混凝土防水层质量检验主控项目为：

1. 细石混凝土的原材料及配合比必须符合设计要求。

检验方法：检查出厂合格证、质量检验报告、计量措施和现场抽样复验报告。

原材料质量和配合比的准确性是保证细石混凝土防水层不渗漏的基础，细石混凝土的原材料、配合比，包括外掺料、外加剂的质量均应符合设计和规范要求，同时要检查施工中计量措施是否能确保质量，并按要求对水泥和钢筋进行抽样复验，不合格的原材料严禁在建筑工程中使用。

2. 细石混凝土防水层不得有渗漏或积水现象。

检验方法：雨后或淋水、蓄水检验。

细石混凝土防水层的质量要求同其他防水层一样，都要求"防水层不得渗漏或积水现象"。这是作为防水层最基本的、也是最终的要求，否则就失去功能意义，为强调此功能的基本要求，将该条文定为主控项目中的强制性条文，如有渗漏即为细石混凝土防水层质量不合格，应进行修补后重新验收。

3. 细石混凝土防水层在天沟、檐沟、檐口、水落口、泛水、变形缝和伸出屋面管道的防水构造，必须符合设计要求。

检验方法：观察检查和检查隐蔽工程验收记录。

细部构造做法是保证防水层整体质量的关键，大量的防水工程调查表明，节点渗漏是造成屋面渗漏的主要因素，因此规范将细石混凝土防水层的所有节点的质量作为主控项目，检查其构造，用材是否符合设计要求，还要检查隐蔽工程记录。

3.35 细石混凝土防水层质量检验一般项目有哪些？

细石混凝土防水层质量检验一般项目为：

1. 细石混凝土防水层应表面平整、压实抹光，不得有裂缝、起壳、起砂等缺陷。

检验方法：观察检查。

混凝土表面极其重要，表面要求达到上述要求，防水层的防水能力强且耐久性高，混凝土表面耐风化、碳化和抗裂性能都会有很大的提高和保证。这是细石混凝土表面不渗漏的保证。

2. 细石混凝土防水层的厚度和钢筋位置应符合设计要求。

检验方法：观察检查。

确保细石混凝土防水层耐久性和抗裂性的主要技术是加配细钢筋和细石混凝土具有一定的厚度，所以施工中要检查配筋直径、数量、位置几个要素，而且在分格缝处钢筋还要断开。厚度除了与混凝土粗骨料和钢筋保护层有关外，还和它的抗裂性有关，混凝土防水层过薄，它不能完全保护钢筋，也容易断裂。

3. 细石混凝土分格缝的位置和间距应符合设计要求。

检验方法：观察和尺量检查。

细石混凝土防水层为避免开裂渗漏，应在防水层上设置分格缝，分格缝的防水质量也是细石混凝土刚性防水成败的关键，据调查细石混凝土防水屋面，80%的渗漏属于分格缝防水失效，这与分格缝设置位置、间距不正确，缝的质量差有关。

4. 细石混凝土防水层表面平整度的允许偏差为5mm。

检验方法：用2m靠尺和楔形塞尺检查。

细石混凝土表面平整度是保证表面不积水的重要项目。

3.36 屋面工程哪些部位应采用密封材料进行密封处理？

屋面工程的密封防水很重要。在屋面易变形开裂的节点均应采用密封材料进行密封防水。如刚性细石混凝土分格缝应采用密封材料严密设防，否则，该处渗漏率很高。刚性细石混凝土防水层与山墙、女儿墙交接处，水落口和伸出屋面管道与混凝土、找平层之间，由于温差变形，混凝土砂浆干缩，管道纵向伸缩均会在管道四周开裂形成渗漏水的缝，所以应留凹槽填嵌密封材料密封。卷材涂料防水层接头、收头、泛水收头，应用密封材料作密封处理。

屋面预埋件周边,设备基座周边等处也应用密封材料密封。

3.37 屋面用的密封材料应怎样选择？

密封材料是使用在两个刚性物体经常产生位移的部位,我们采用弹性、弹塑性、塑性材料将它连接起来是以柔克刚的典型表现,因此它必须具备：

1. 适应变形的能力,受拉伸时伸长,挤压时缩小,而不会破坏,因此应有足够的变形性能,即材料的延伸率。

2. 它是连接两侧刚性物体,即缝两侧,所以要有足够的粘结性,不但要粘结强度高,而且易施工,容易与基层全面粘结。

3. 要求密封材料的粘结强度要大于材料的内聚力,即材料本身的拉伸强度。如果拉伸强度大于粘结强度,在缝变形密封材料受拉伸时,粘结面被拉开,此处立即会漏水,同时,施工时由于受基面的质量、气候环境条件、施工人员的技术水平和责任心等诸多因素的影响,势必会使粘结强度较测试时的粘结强度大大降低,因此要求密封材料的粘结强度应大于材料的拉伸强度 2~3 倍以上,否则很容易在粘结面被拉开。

4. 耐温性,即耐高、低温性能。尤其在寒冷地区,气温下降时,两侧刚性材料均收缩,密封的缝变宽,此时要求密封材料仍具有柔性,可延伸变形而不会破坏。否则当气温下降,结构产生收缩变形、密封缝变宽时,密封材料变硬、变脆,没有柔性,就会出现开裂、渗漏现象,所以密封材料低温柔性很重要。耐高温性,一般满足高温时屋面温度,在 60℃ 不留坠即可以。

5. 防水性要好,被水长期浸泡不失效,因为密封部位常常是积水和常被水浸泡的部位。

6. 耐久性,耐久性是防水材料都需要的指标,要满足在耐用年限内不会老化。

7. 环保要求,要求密封材料对人身和环境不产生污染,不会挥发有毒物质。

3.38 屋面工程密封材料嵌缝质量检验的主控项目有哪些？

屋面工程密封材料嵌缝质量检验主控项目为：

1. 密封材料的质量必须符合设计要求。

检验方法：检查出厂合格证、配合比和现场抽样复验报告。

屋面密封嵌缝质量，材料是基础，它的拉伸粘结性、高低温性、施工性、耐水性和耐久性等，必须符合标准要求。拉伸粘结性，即要求粘结强度高，拉伸时不会从粘结面脱开。

2. 密封材料嵌填必须密实、连续、饱满，粘结牢固，无气泡、开裂、脱落等缺陷。

检查方法：观察检查。

密封材料嵌填质量不好，出现开裂、脱落等缺陷，会直接造成该部位的渗漏，造成使用功能上的缺陷。因此，规范将本条文列为强制性条文。

3.39 屋面工程密封材料嵌缝质量检验的一般项目有哪些？

屋面工程密封材料嵌缝质量检验一般项目为：

1. 嵌填密封材料的基层应牢固、干净、干燥，表面应平整、密实。

检验方法：观察检查。

嵌填密封材料的基层质量是密封材料嵌缝防水质量的另一关键，否则即使材料性能再好，密封材料也粘结不好。

2. 密封防水接缝宽度的允许偏差为±10%，接缝深度为宽度的 0.5～0.7 倍。

检验方法：尺量检查。

3. 嵌填的密封材料表面应平滑，缝边应顺直，无凹凸不平现象。

检验方法：观察检查。

3.40 卷材铺贴方向对防水工程质量有何影响？

屋面防水卷材的铺贴方向应根据屋面坡度和屋面是否受振动

来确定,当屋面坡度小于3%时,卷材宜平行于屋脊铺贴;屋面坡度在3%~15%时,卷材可平行或垂直于屋脊铺贴;屋面坡度大于15%或受振动时,沥青防水卷材应垂直于屋脊铺贴,高聚物改性沥青防水卷材和合成高分子防水卷材可平行或垂直屋脊铺贴,但上下层卷材不得相互垂直铺贴。

屋面卷材铺贴方向的上述规定,主要是在兼顾操作可能的条件下从屋面防水整体性和水密性来考虑的,即铺贴防水卷材后屋面能最大限度地达到不渗漏的目的。当屋面坡度在15%以内时,应尽可能地采用平行于屋脊方向铺贴卷材,这样做一幅卷材可以一铺至底,减少卷材接头,并且施工工作面大,有利于卷材的铺贴质量,能最大限度地利用卷材的纵向抗拉强度,在一定程度上提高了卷材屋面的抗裂能力,而且卷材的搭接缝与屋面的流水方向相垂直,使卷材顺流水方向搭接不易造成渗漏。

当屋面坡度大于15%时,由于坡度较陡,按平行屋脊方向铺贴操作困难,同时由于屋面的耐热度要求,坡度较大时,在夏季高温下沥青卷材产生流淌现象,因此采用垂直于屋脊方向铺贴更为有利,但合成高分子防水卷材和高聚物改性沥青防水卷材的温度敏感性低,可不受此限。

上下层卷材不允许相互垂直铺贴,是因为这样铺贴后卷材间的重叠缝较多,铺贴不可能平整,交叉处会出现四层重叠现象,很不平服,容易造成屋面渗漏水。

平行于屋脊铺贴卷材时,应先贴檐口,再往上铺贴到屋脊或天窗边墙。如有天沟,则应先贴水落口,再向两边贴到分水岭或往上贴到屋脊或天窗边墙。总之,卷材应由低标高处向高标高处铺贴,使卷材搭接缝顺着水流方向,不易被水冲开而渗漏。

3.41　卷材搭接多宽才能保证质量?

卷材是通过搭接在屋面上形成连续的防水层,搭接缝是卷材防水成败的关键,足够的搭接宽度是保证搭接缝防水质量的基础,卷材的搭接宽度越大,卷材接缝防水的可靠度越高,但卷材施工的损耗越大,因此卷材搭接宽度既要保证接缝防水的可靠性,同时又要兼顾经济性的要求。卷材的搭接宽度与卷材的种类、铺贴方法、接缝施工方法等因素有关,见表 3-11。

卷材搭接宽度(mm) 表 3-11

卷材种类	铺贴方法	短边搭接		长边搭接	
		满粘法	空铺、点粘、条粘法	满粘法	空铺、点粘、条粘法
沥青防水卷材		100	150	70	100
高聚物改性沥青防水卷材、自粘橡胶沥青防水卷材		80	100	80	100
合成高分子防水卷材	胶粘剂	80	100	80	100
	胶粘带	50	60	50	60
	单焊缝	60,有效焊接宽度不小于 25			
	双焊缝	80,有效焊接宽度 10×2+空腔宽			

以上参数,主要是根据我国各地多数作法及参考国外有关数据而制定。卷材搭接宽度越大,接缝粘结面越大,接缝产生漏粘、脱缝的概率越小,接缝质量越容易保证。卷材满粘时,即使接缝因各种原因产生开缝现象,雨水从接缝处渗入防水层,也不会产生串水现象,雨水被限制在局部区域,而空铺、点粘、条粘时,一旦雨水进入防水层,整个防水层下都会积水,使防水层完全失效,因此满粘法施工时搭接宽度可比空铺、点粘、条粘时小。

另外,高聚物改性沥青防水卷材和合成高分子卷材的搭接缝,应用材性相容的密封材料密封严密。之所以这样规定,是为了使卷材防水层具有良好的防止渗漏水能力,同时使相邻卷材之间有足够的粘结力和整体性,当遇到大风暴雨时,不致因搭接宽度不够而使卷材接缝处掀起、渗漏。另一方面,若卷材搭接宽度不够,在温差影响下,容易因卷材搭接收缩而引起接头开裂,这在沥青防水卷材中尤为重要。

实践证明,用密封材料将搭接缝口密封,将大大提高接缝防水可靠性。因沥青卷材采用叠层做法，卷材表面已有一层满铺沥青玛琋脂，故未另作要求。高聚物改性沥青防水卷材和合成高分子防水卷材多为单层使用，故接缝口密封就更为重要。

3.42 卷材防水屋面附加增强层应采用什么材料？

屋面防水构造设计，因要考虑结构变形、温度变形、干缩变形、振动等影响因素，需对易变形的部位如变形缝、分格缝、屋脊、檐口、天沟、水落口、出入口等关键部位设附加增强层。以增强防水层局部抵抗破坏和老化的能力，使整个防水层同步老化。

附加层用材料，可采用与防水层相同材料多作一层或几层，也可采用其他防水材料予以增强。一般需增设附加增强层的部位，基层形状较复杂，宜以防水涂料或密封材料涂刷或刮涂为主。

雨水冲刷频繁、行走磨损严重、局部变形较大等容易老化损坏的部位，如天沟、檐沟、檐口、水管口周围、设备下部及周围、出入口至设施间的通道，地下建筑和储水池底板与主墙交接部位，变形缝等处，可作一定厚度的涂料增强层或加贴1～2层卷材增强。加做的厚度要视可能产生损害的严重程度和大面积采用防水材料档次来决定。

结构变形发生集中的部位，如板端缝、檐沟与屋面交接处、变形缝、平面与立面交接处的泛水、穿过防水层管道等部位，除要求采取密封材料嵌缝外，还应做增强空铺层，空铺的宽度视材料的延伸率和抗拉强度来决定，一般在100～300mm之间选择。

3.43 卷材厚度应怎样选择？

为确保防水工程质量，使屋面在防水层合理使用年限内不发生渗漏，除卷材的材质外，厚度是最主要的因素。根据我国目前防水技术的水平，参考国外有关技术资料，《屋面工程质量验收规范》GB 50207—2002第4.3.6条规定卷材厚度选用应符合表3-12的规定。

卷材厚度选用表　　　　　　　表 3-12

屋面防水等级	设防道数	合成高分子防水卷材	高聚物改性沥青防水卷材	沥青防水卷材
Ⅰ级	三道或三道以上设防	不应小于 1.5mm	不应小于 3mm	—
Ⅱ级	二道设防	不应小于 1.2mm	不应小于 3mm	—
Ⅲ级	一道设防	不应小于 1.2mm	不应小于 4mm	三毡四油
Ⅳ级	一道设防	—	—	二毡三油

卷材的厚度在防水层施工、使用过程中,对保证防水工程质量起着关键作用,因为卷材在施工过程中要承受开卷、铺贴时拉压应力,及踩踏、机具的压扎、穿刺等,在使用过程中要承受自然的老化、上人屋面的使用荷载等的作用,因此卷材必须具有足够的厚度才能达到防水功能对卷材的要求。

3.44　平屋面为何要强调结构找坡,其优点是什么?

平屋面是以防为主、以排为辅的防水设防方式,因此必须在屋面上形成一个滴水不漏的整体防水层,防止雨水从屋面进入室内,同时排水也是必不可少的手段,如排水坡度不够,低洼处会形成局部积水,给霉菌繁殖创造了有利条件,防水层易被霉菌腐蚀,同时雨天积水、晴天逐步干燥,这种局部的干湿交替,会使积水部位表面产生龟裂现象,加速防水层的老化。为此,平屋面必须设计一定的排水坡度。

平屋面找坡分为材料找坡和结构找坡。材料找坡是在水平的结构层表面采用轻质材料做出排水坡度,目前所使用的找坡材料都具有较大的吸水率,施工时采用水泥作胶结材料,含水量较大,使用过程中,水分逐渐汽化,易使防水层产生鼓泡,与结构找坡相比,材料找坡增加了结构的荷载,尤其当建筑进深较大时,找坡厚度很大,荷载增加更多,因此规范将材料找坡的排水坡度定的较低,为不小于 2%。结构找坡即将屋面结构层表面制作成一定的斜坡,找平后就形成排水所需要的坡度,结构找坡具有屋面荷载轻、施工简便,坡度易于控制、省工省料、造价低等优点,因此,平屋面强调采取结构找坡,坡度不小于3‰。

3.45 卷材空铺、点粘、条粘适用于什么屋面?

铺贴卷材时,卷材与基层仅在四周800mm宽度内粘结,而其余部分不粘结的施工方法称为空铺法。点粘法铺贴卷材时,卷材或打孔卷材与基层采用点状粘结,点粘法要求每1m² 卷材粘结点不少于5点,每点面积为100mm×100mm。条粘法是每幅卷材仅在搭接缝部位与基层粘结150mm以上的宽度,其余部位不粘结的施工方法。空铺、点粘、条粘的方法适用于基层潮湿、而保温层或找平层干燥有困难时的屋面或地下室底板,也可以用于埋压法施工的屋面。而且空铺、点粘、条粘法可使卷材与基层间互不粘结,减少了基层变形对防水层的影响,有利于解决防水层的开裂、起鼓等问题。但由于减少了一道粘结材料,降低了防水功能,如一旦渗漏,会产生串水现象,不容易找到漏点。因此空铺、点铺工艺要求防水严密,防水层不得有一点破损。近来开发成功的蠕变性自粘卷材,用其铺粘防水层,则可以代替空铺、点粘、条粘工艺,又能解决防水层下串水问题。

采用空铺、点粘、条粘法铺贴卷材时,在檐口转角处、突出基面结构的连接处、阴阳角等部位,卷材与基层应满涂胶结材料,卷材与卷材的搭接缝应满粘,叠层铺设时,卷材与卷材之间应满粘。

3.46 采取空铺、点粘、条粘的优缺点是什么?

空铺、点粘、条粘法施工工艺是克服基层开裂而拉裂卷材防水层的一种有效措施,设计中应明确规定适用的工艺要求。

防水层基层(结构层和找平层)在结构允许范围内的沉降,结构受载后挠曲变形,结构因温差或混凝土干缩等引起屋面基层的变形裂缝是难以避免的,这就要求防水卷材有较大的延伸率来适应这种变形。防水层粘贴在基层上,当屋面基层开裂时,防水层产生如图 3-1 所示的拉力线,该拉力线水平方向的分力为拉应力使卷材受拉伸,垂直方向的分力为剥离力使卷材脱离基层,产生一定长度的剥离区。剥离区与裂缝宽度间的关系如图 3-2 所示。

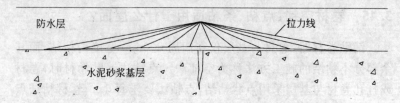

图 3-1 基层开裂时防水层的拉力线

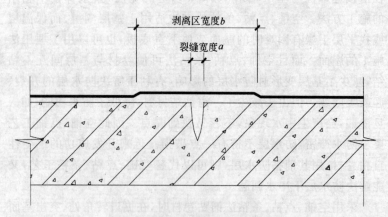

图 3-2 裂缝和剥离区关系示意图

此时防水层所需要的延伸率 λ 为:

$$\lambda = \frac{a}{b-a}$$

式中 λ——卷材需要的延伸率;
a——基层裂缝宽度;
b——卷材剥离区宽度。

当基层裂缝宽度一定时,剥离区长度愈长,则参加受拉伸的卷材长度也愈长,对卷材所需的延伸率就越小,如剥离区长度很短,参加受拉伸的卷材长度很小,那么卷材的延伸率需要很大才能适应基层开裂的要求。卷材剥离区的长度取决于卷材与基层的粘结强度和卷材的拉应力的大小,卷材粘结强度小、拉应力大,则剥离区长,反之,剥离区短。因此,卷材与基层粘结力过大是没有必要的,而且是有害的,它阻碍了防水卷材延伸性能的充分发挥,对延伸率低的卷材更容易发生拉裂。施工时,如采用空铺法、点粘法、条粘法工艺既能避免卷材拉裂,又能充分发挥卷材的延伸性能。

防水卷材与基层理想的胶粘剂,应当在平时与基层有一定的粘结强度,当防水层受拉时,随着拉力增大,粘结力随着减少,剥离区逐渐扩大,当变形回缩时,剥离区的胶粘剂又能产生弹性回复,维持一种若即若离、似粘非粘的状态。目前已开发成功的压敏型粘结胶、抗裂胶和具有蠕变性的密封胶带均具有这种效果,用于基层裂缝部位的处理或板端缝等预计基层会开裂的部位,能取得很好的抗裂效果。

防水层与基层的粘结力,对于平屋面来讲,只要保证使防水层不被大风掀起即可,并不需要防水层与基层粘结过分牢固。有刚性保护层的、倒置式屋面及地下建筑工程的防水层,采用空铺、点粘、条粘铺贴方法,使防水层与基层脱离是比较合理的。

从这个观点出发,也可以采取降低找平层表面强度的作法,或在基层上涂刷可降低粘结力的压敏型或蠕变性表面处理剂来减弱防水层与基层的粘结面积或粘结力,所以对于基层的要求不能千篇一律。对于屋面上预计可能产生开裂的部位,如板端缝、天沟檐口处、现浇结构与预制构件交接处,构件断面变化悬殊部位,均应做附加空铺条或卷材直接空铺(宜用抗拉强度高和延伸性好的卷材)处理。

3.47 什么是排汽屋面,其优缺点是什么?

当基层潮湿或正置式屋面的保温层含水率很高时,基层的潮气或保温层中的水分在夏季高温天气时气化,体积膨胀,会在防水层下产生很高的蒸气压力,据有关资料表明,当60℃时屋面内部的蒸气压力可达4.9MPa,当蒸气压力大于粘结力时,就在粘结力差的部位，造成卷材鼓泡。当外界热源减弱时，鼓泡内的气体胀力虽会降低或消失，但由于卷材是一种塑性材料，仍会在鼓泡部位留下残余变形。如果基层内的水分还很大，那么经过多次热胀冷缩的往复循环，卷材的鼓泡就会由小变大，逐步发展并随之引起卷材的开裂、破损、渗漏。

由于大多数鼓泡出现在基层与卷材层之间，为了防止产生鼓泡，一种办法是待基层干燥后再铺贴卷材，另一种办法是不等基层达到干燥的程度即铺贴卷材，而对基层材料中多余的水分采取"给出路"的办法。排汽屋面就是体现"给出路"办法的一种屋面形式，它使基层（包括保温层和找平层）中的多余水分，通过各种不同形式的排汽孔、排汽槽、排汽管、排汽罩等中排出。这些排汽孔道只要能与大气相连通，并在铺贴卷材时防止堵塞，底层卷材又采取部分空铺，就能收到一定的效果。通过全国各地区大量的工程实践证明，这种排汽屋面施工简便，保证质量，尤其是有隔热层的屋面，更有明显的优越性。

3.48 高低跨屋面设计有什么要求？

有高低跨屋面的建筑，高低跨间经常设置变形缝来满足结构设计的要求。而且高低跨屋面设计时，往往将高跨屋面的雨水通过低跨屋面排走，因此高低跨屋面设计应符合下列规定：

1. 高低跨变形缝处的防水处理，应采用有足够变形能力的材料和构造措施，必要时应严密封闭；

2. 高跨屋面为无组织排水时，其低跨屋面受水冲刷的部位，应加铺一层整幅卷材，上铺通长预制 300～500mm 宽的 C20 混凝土板材加强保护；

3. 高跨屋面为有组织排水时，水落管下应加设水簸箕。

3.49 卷材防水层为什么应有保护层？

卷材防水层上做保护层，能够保护卷材防水层免受大气臭氧、紫外线及其他腐蚀介质侵蚀，免受外力刺伤损害，降低防水层表面温度。实践证明,合理选择屋面卷材防水层保护形式,与无保护层防水层的使用寿命相比,一般可延长一倍至数倍。因此,在屋面卷材防水层上做保护层是合理的经济的必要的。

对卷材防水层进行保护的方法很多,如倒置式屋面,防水层被保温层覆盖保护;刚性防水层与柔性防水层结合的屋面,可将柔性防水层设置在刚性防水层下面,刚性防水层兼起保护层的作用,也可以采用其他材料设置在防水层上起保护作用。

3.50 卷材防水层的保护层有哪些种类,其优缺点是什么?

保护层的设计和选用材料与防水层材料的性能以及屋面使用功能(非上人屋面,上人屋面,使用屋面)有关,现按保护层种类优缺点分别阐述如下:

1. 浅色、彩色涂料保护层

在卷材或涂膜防水层上直接涂刷浅色或彩色涂料,可起到阻止紫外线、臭氧的作用,并具有反射阳光、降低防水层表面温度的作用。由于它施工方便、造价便宜、重量轻,常被非上人屋面采用。但浅色和彩色涂料寿命都不长,需每隔 3~6 年再次涂刷,而且对提高防水层耐穿刺能力和抵抗外力的破坏能力没有什么作用。

在选择浅色、彩色涂料的品种时要注意与防水层材性相容,否则会造成腐蚀防水层或粘结不良。

2. 反射膜保护层

反射膜主要有金属铝箔膜、镀铝膜或反射涂膜三种。铝膜或铝箔一般在生产卷材时直接覆于卷材表面,反射涂料则是采用涂料掺银粉现场涂刷,主要是起到反射阳光和隔热作用,降低防水层表面温度、阻止紫外线和臭氧老化的作用明显。根据测试,夏天太阳直晒时,有反射膜的防水层,表面温度一般可降低 30℃以上(与黑色卷材对比)。但保护膜寿命不长,短则 3~4 年,长则 5~6 年。因为重量轻,最宜用于非上人屋面和大跨度结构屋面。

3. 粒料保护层

粒料保护层指细砂、粒石及传统的绿豆砂。细砂用于涂膜或玛琋脂面层的保护层,在最后一次涂刷涂料或玛琋脂时随即铺撒均匀;粒石保护层一般在生产改性沥青卷材时直接覆于面层;绿豆砂是涂刷油毡面层热玛琋脂时立即铺撒的传统作法。这些保护层对延长防水层寿命是无疑的,但施工烦琐,粘结不牢,容易脱落,使保护效果减弱。

4. 蛭石、云母粉保护层

蛭石和云母粉都是作为涂膜防水层的保护层,既阻止阳光紫外线直接照射,也有一定反射隔热作用。由于蛭石和云母粉强度低,很容易被风雨冲刷,更经不住上人活动的踩踏,所以只能在非上人屋面上采用。

5. 卵石保护层

近年来发展起来的卵石保护层,主要铺设在卷材防水层上。卷材防水层作空铺处理后的,上面铺一层聚酯无纺布,再在上面堆放厚 30～50mm、直径 20～30mm 卵石,有人称之为"埋压式"屋面,它保护卷材免受阳光直射,雨水直接冲刷,卷材空铺后适应变形能力提高。一旦防水层有损坏,只要把卵石堆起就可以修理,与粘结类保护层或刚性保护层相比,施工方便,工艺简单。

6. 纤维纺织毯保护层

为配合空间美观要求,在一般屋面防水层上(有女儿墙)铺设一层玻纤、化纤、聚酯纺织毯,并做出各种颜色,铺放时只要四周与女儿墙粘结或钉压固定就可以了。这种屋面适用于宾馆低层屋面,可上人散步,似置身于草坪。它的优点类似卵石保护层。

7. 块体保护层

以水泥砂浆或混凝土预制块、缸砖、粘土薄砖、粘土砖、泡沫塑料板等块材组成的保护层。预制块体、缸砖、粘土薄砖座浆铺砌也可以作为上人屋面。它不但能阻止阳光紫外线的照射,避免风雨冲刷,而且更有效地避免外力穿刺和人为损害,能够较好地达到保护防水层的目的。但荷载较大,不宜在大跨度结构建筑上采用。采用块体保护层,应在防水层上设隔离层。地下建筑外墙防水层传统作法是砌筑粘土砖作保护层,它造价高,工序多,施工过程容易损坏防水层。目前采用泡沫塑料板等轻质材料粘贴获得良好效果,即使发生结构沉降也不致损害防水层。

8. 水泥砂浆保护层

采用水泥砂浆直接铺抹于防水层上作为保护层,在屋面和地下建筑墙面均适用。一般砂浆层厚度为15~25mm,兼为上人屋面时,砂浆层应适当加厚。由于砂浆干缩较大,铺抹后均作表面分格缝,间距一般为1.0~1.5m。地下建筑外墙防水层则要求在防水层表面先撒粘一层砂子,然后再抹水泥砂浆,以便粘结牢固,防止发生脱落现象。

9. 细石混凝土保护层

细石混凝土整体保护层是在防水层上铺设隔离层后直接浇筑细石混凝土,一般厚度为25~60mm,有时还配以钢筋作为使用面层。混凝土整体保护层均应作分格缝处理,间距不大于6m,宜设在板端缝处。目前细石混凝土保护层与细石混凝土刚性防水层合一,既起到柔性防水层的保护作用,又是多道防水中的刚性防水层,可谓一举二得。整体保护层的缺点是荷载增大,大跨度结构不能采用,而且对柔软性防水层的维修很困难,一旦维修,先要掀去细石混凝土保护层,给施工带来困难,还增加了费用。

10. 倒置式屋面兼为保护层

倒置式屋面在上节已述,它是将保温层做在防水层的上面,它不但能阻止阳光紫外线和大气的作用,以及风雨冲刷、外力穿刺,而且因防水层温度变化很小,大大减轻了热和冰冻对防水层的损害和老化,提高了耐用年限。但倒置式屋面设计时必须考虑防水层的可靠性,否则一旦出现渗漏,就要全面返修。另外倒置式屋面保温应采用憎水性或不吸水的保温材料,在保温层上还常再作一层刚性保护,使保温层免遭损坏。

3.51 柔性防水层与刚性保护层间为何要加隔离层?

隔离层是指卷材防水层与刚性保护层间铺设的、避免防水层受刚性保护层变形影响的一层隔离材料。

卷材或涂料防水层上设置刚性保护层或刚性细石混凝土防水层时，两者之间应设隔离层，其目的是在刚性保护层或防水层受温差或自身干缩变形时不致对埋压在它底下的防水层产生拉伸作用而影响或损害防水层。尤其在高温季节，刚性保护层和防水层直接在阳光的曝晒下，温度很高，当暴雨来临、温度骤降，刚性层立即收缩，但下部防水层和基层来不及降温变形，如果两者牢固粘结，防水层则会被拉伸，挠曲变形甚至拉断。所以隔离是必要的，隔离材料有多种，如加铺一层玻纤布、无纺布、油毡层，或加抹一道低强度等级的灰泥等。

3.52 板端处为什么应设空铺层？

结构板支承端处受各种作用力的影响，防水层最易在此处开裂，尤其是装配预制板的板端缝。如 6m 长的大型屋面板，在各种力作用下，最大变形量可达 8～10mm 宽，因此防水层在板端处如采取全粘，很容易在板端变形时被拉裂。因此规范规定，在板端处防水层应作空铺处理，即在板端 200～300mm 范围内，防水层不与基层粘牢，当板端缝产生宽度变化、防水层受拉伸时，有足够宽度的防水层参加延伸变形，避免防水层被拉裂。同时为保证板端缝处防水的可靠性，常常在板端处加铺一层防水层作增强处理。

3.53 卷材的铺贴方向是怎么规定的？

卷材的铺贴方向应根据屋面的坡度和屋面是否受振动来确定。《规范》规定：屋面坡度在 3% 以内时，沥青防水卷材宜平行屋脊铺贴；在 3%～15% 时，沥青防水卷材可平行或垂直屋脊铺贴；坡度大于 15% 或受振动的屋面，沥青防水卷材应垂直屋脊铺贴，高聚物改性沥青防水卷材和合成高分子防水卷材可平行或垂直屋脊铺贴；上下层卷材之间不应相互垂直铺贴。

对卷材铺贴方向作出上述规定的目的，是在防止卷材防水层产生流淌现象的同时，尽可能减少卷材防水层的搭接缝，以保证卷材防水层的整体性，减少可能出现渗漏水的概率。

当屋面坡度在15％以内（即缓坡屋面）时，平行屋脊方向铺贴卷材有以下几点好处：(1)一幅卷材可以铺到底，减少接头，节约原材料；(2)工作面大，提高施工速度，节省劳动力；(3)卷材的长边搭接缝都与屋面坡度的流水方向相垂直，这样最不易漏水；(4)能够最大限度地利用油毡的纵向抗拉强度，在一定程度上提高了卷材屋面的抗裂能力。

当屋面坡度大于15％（即陡坡屋面）时，考虑到坡度较陡，按平行屋脊方向铺贴卷材操作困难，同时屋面的耐热度要求较高，容易流淌，因而采用垂直屋脊方向铺贴卷材就更有利一些。至于高聚物改性沥青防水卷材和合成高分子防水卷材，因耐温性好，厚度较薄，不存在流淌问题，故对铺贴方向不予限制。

对于受振动的屋面，如采用平行屋脊方向铺贴沥青防水卷材，在振动影响下，容易使卷材防水层滑移。因而也应垂直屋脊方向铺贴。但粘结强度高的合成高分子卷材可不受此限制。

至于上下层卷材之间不允许相互垂直铺贴，其原因是这样铺贴后卷材重缝较多，而重缝是最易造成漏水的薄弱部位。

事物总是有两重性的。在南方地区，温度高，雨天多，给卷材铺贴带来了不少困难。很多地方经验指出，为了防止屋面流淌，下雨时便于卷材接缝，除了小于3％的屋面坡度外，其余坡度的屋面卷材宜采取垂直屋脊方向铺贴。

3.54 为什么平行于屋脊方向铺贴卷材时要从檐口铺向屋脊，垂直于屋脊方向铺贴卷材要从屋脊铺向檐口？

卷材屋面对卷材的铺贴方向与卷材屋面的防水质量至关重要。卷材防水层一般大面积不会出现问题，卷材在工厂里已经控制了它的质量。而整个屋面防水层是将工厂产品通过搭接施工制成工程产品，卷材搭接施工是施工单位的主要制造过程。卷材搭接缝质量是卷材屋面防水质量的重要控制项目。因此，卷材屋面防水必须强调在各种情况下卷材的铺贴要求。

平行屋脊方向铺贴卷材,每层卷材必须自坡度下方开始向上铺贴,即由檐口或天沟开始铺向屋脊。这种铺贴方法,使两幅卷材之间的长边能顺屋面坡度方向搭接。当下雨时,水能顺坡度方向迅速排走,而不致长期留在卷材的搭接缝上,有利于提高卷材屋面的整体性和水密性,延长工程使用年限。相反,若卷材由屋脊开始向檐口或天沟方向铺贴,则两幅卷材之间的长边就会逆流水方向搭接,容易造成渗漏。

垂直屋脊方向铺贴卷材时,每层卷材必须自屋脊开始向檐口或天沟方向铺贴,切不可由屋面坡度下方向上铺贴。否则容易造成卷材铺贴不平和出现皱折,铺好的卷材也易被工人踩坏。

天沟的排水,是将分水岭作为起始点,按设计坡度方向向两侧流水,并通过雨水口将水集中排出,为此在铺贴卷材时,应先铺贴雨水口周围的卷材附加层,然后分层从雨水口处向分水岭方向铺贴设计规定的天沟卷材层。这样,所有的搭接缝都能顺流水方向而不致渗漏。

3.55 怎样做好女儿墙防水?

屋面女儿墙防水包括泛水、泛水收头及压顶。

1. 泛水收头的提前破损和渗漏,是防水工程中出现较多的现象之一,出现破损和渗漏的常见原因是:收头粘贴不牢;固定方法陈旧,不牢固;端头开裂翘边、脱落、无保护措施,一旦破损开裂、脱开后就立即发生渗漏。针对泛水墙身的材料可以有不同的构造形式:

(1) 女儿墙泛水较低时,防水层做过墙顶,用压顶盖压。

(2) 墙身为混凝土时,不留槽和挑檐,墙身为砖墙时,只留凹槽。不留槽的将泛水收头直接粘牢(泛水立墙要求满粘),用金属压条钉压,钉距最大为800mm,收头用密封材料封严。在钉压的收头上部再用金属盖板或合成高分子卷材条钉压保护,端头用密封材料封严。目的是一旦金属或合成高分子卷材保护条损坏,不会立即发生渗漏事故。

(3) 采用砖砌女儿墙时,可在泛水收头部位留设凹槽,将防水层端头压入凹槽,金属压条钉压,密封材料将端头封固,待上部墙面抹灰时压过端头,水泥砂浆抹压,也可再用金属或合成高分子卷材泛水钉压保护。

2. 压顶

过去对压顶设计很轻视,只作砖砌抹水泥砂浆、预制混凝土块或现浇混凝土压顶。实践证明,砂浆抹面很快开裂剥落,混凝土压顶由于温差的干缩开裂,因而造成渗漏也是常见的。国外很多作法是采用不锈钢压顶配件扣装。因此,目前做金属的或柔性(合成高分子卷材)压顶增多,大大提高该节点的设防可靠性,是值得推行的。

3.56 卷材防水层的收头应如何处理?

1. 天沟、檐沟卷材收头,应固定密封,如图 3-3。

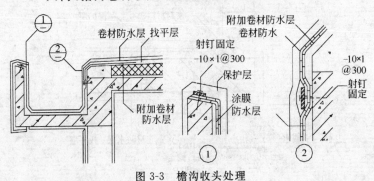

图 3-3 檐沟收头处理

2. 高低层建筑屋面与立墙交接处,应采取能适应变形的密封处理,如图 3-4。

3. 无组织排水檐口 800mm 范围内卷材应采取满粘法,卷材收头应固定密封,如图 3-5。

4. 伸出屋面管道卷材收头

伸出屋面管道周围的找平层应做成圆锥台,管道与找平层间应留凹槽,并嵌填密封材料,防水层收头处应用金属箍箍紧,并用密封材料封严,如图 3-6。

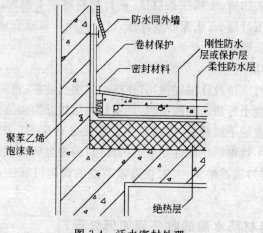

图 3-4 泛水密封处理

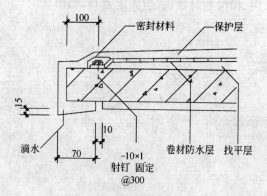

图 3-5 檐口收头密封

5. 出入口防水卷材收头

屋面垂直出入口防水层收头,应压在混凝土压顶圈下,如图 3-7;水平出入口防水层收头,应压在混凝土踏步下,防水层的泛水应设护墙,如图 3-8。

3.57 为什么要控制玛琋脂粘结层的厚度？

沥青玛琋脂在沥青卷材防水层中主要起粘结作用,从理论上

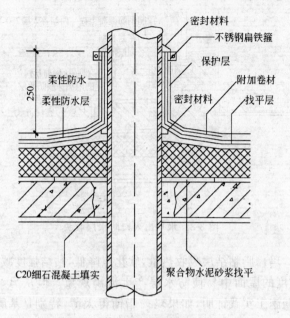

图 3-6 伸出屋面管道卷材收头

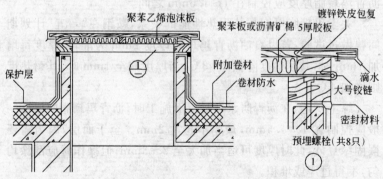

图 3-7 垂直出入口防水层收头

讲,沥青玛瑞脂与基层的粘结,是依靠沥青中的表面活性部分吸附在固体表面,形成一层粘结力很强的薄膜而获得的。这样,如沥青玛瑞脂过厚,不仅浪费材料,而且反而会影响粘结力,而且沥青的温度敏感性强、热传导性能偏高,且有一定热储能作用。当夏季温

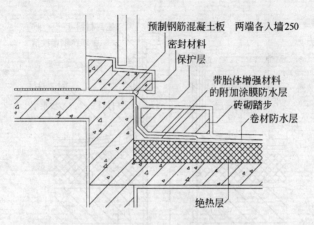

图 3-8 水平出入口防水层收头

度高时,玛琋脂粘结层吸收热量,软化点降低,粘结强度减小,在有一定坡度的屋面中易使防水层产生流淌现象。但从另一方面来看,长期施工实践证明,如果玛琋脂铺得太薄,特别是基层平整程度较差时,亦会影响玛琋脂与基层的粘结力。因此,对铺贴卷材的沥青玛琋脂厚度应控制在 1～1.5mm 之间。

关于玛琋脂厚度与其耐热性能的关系,鞍钢在"一五"计划期间曾做过试验:若以石油沥青玛琋脂厚度 2mm 为准,当厚度每增加 1mm 时,其耐热度降低 2～3℃;当厚度减至 1mm 时,其耐热度则增加 4℃。

综上所述,在沥青防水卷材屋面施工时,沥青玛琋脂的厚度一般应控制在 1～1.5mm,最厚不超过 2mm。至于面层,因为需要嵌固绿豆砂,此时厚度可适当加大至 2～3mm;但操作时应刮涂均匀,不得过厚或堆积。

3.58 卷材和涂膜为何发生鼓泡,怎么防治?

无压埋保护的柔性防水层(卷材和涂膜)常出现鼓泡现象,它一般发生在大面上和立面泛水处,虽不致于立即发生渗漏,但会使防水层过度拉伸疲劳、保护层脱落并加速老化,有时还会破裂而发生渗漏。

1. 鼓泡状况及成因

(1) 柔性防水层大面上鼓泡。这里有操作问题,如铺设卷材或涂料增强层与基层不实,裹有空气,或者胶粘剂中裹水分等。但更多的原因是由于基层(找平层、保温层)含水率过高引起的。

(2) 立面防水层鼓泡。立面泛水鼓泡往往跟卷材与基层粘结不良相伴产生,由于立面粘贴不牢,出现空隙,加上部分立面在背阴处,基层往往比大面上干燥慢,因含水率过高水分蒸发使立面防水层起鼓,起鼓后可能将收头拉脱发生进水,漏进的水蒸发使鼓泡逐渐扩大。

2. 防治对策

卷材或涂料增强胎体铺贴时应排净下部空气,采取刮挤手法将空气排出。使用的卷材以及增强胎体要干燥,沥青玛琋脂脱水要充分,更主要的是基层要干燥,含水率不得超过规定(一般要低于10%),如果基层干燥有困难,必须作排汽屋面。

3. 修补

如果鼓泡较小时,用针刺破一个小孔,排净空气,再用针筒注入胶粘剂,然后用力滚压与基层粘牢,针孔处用密封材料封口。如鼓泡较大,直径超过200mm,且还有继续扩展的趋势时,那就要将卷材对角切开翻起,先将基层用喷灯烤干,然后将卷材重新粘实,上面再用比切口每边大100mm的卷材覆盖铺粘,必要时留设排汽管。

3.59 卷材和涂膜防水层为何发生开裂,怎么防治?

防水层发生开裂的形式可分为轴裂和龟裂,常见的有板端缝的轴裂,大面积上的龟裂,管道周围基层收缩环形缝,屋面与立墙交接处和檐口与檐沟交接处的通缝、天沟、女儿墙和压顶横向裂缝等。

1. 裂缝状况及成因

(1) 板端缝轴裂。是因结构变形和屋面温差、混凝土干缩而在板支承处产生,预制装配板更为严重。防水层施工时,对板端缝未作处理,故结构变形导致防水层开裂。

(2) 龟裂。由于找平层质量差,干缩变形严重而产生龟裂,与基层粘结牢固的防水层同时被拉裂。刚性细石混凝土防水层如水灰比过大,表面处理不善,养护不周,均会产生龟裂。

(3) 穿过防水层管道、雨水管等,由于周边混凝土干缩和温差变形以及管道竖向伸缩,在管道四周产生环向裂缝。

(4) 屋面与突出屋面墙(女儿墙、高层墙体等)交角处(阴角)及屋面与檐沟交接处(檐口)由于构件刚度及变形的不同,常产生通缝,也使防水层开裂。

(5) 女儿墙、压顶、天沟的横向裂缝。目前防水工程设计常对天沟、女儿墙、压顶只作水泥砂浆抹面处理,由于温差和干缩变形,导致该部位横向裂缝。有时往往贯通,尤其在天沟较长时,开裂后立即发生渗漏。

2. 防治对策

(1) 板端缝、屋面与天沟及与突出屋面立墙交角处应采取增强附加层,并采取空铺法或留设分格缝填嵌密封材料。

(2) 女儿墙立面、压顶、天沟应柔性防水和刚性防水相结合,并留设分格缝。分格最大间距不超过6m,分格缝中填嵌密封材料,压顶采取合成高分子卷材铺贴覆盖。

(3) 穿过防水层管道及水落口四周应留20mm×20mm凹槽,填嵌密封材料。

(4) 为避免龟裂,水泥砂浆找平层水灰比要小,宜掺微膨胀剂。铺设的卷材或涂膜防水层采取空铺、点粘、条粘法施工。刚性防水层表面采取收水后二次压光,并加强养护。

3. 修补

(1) 板端缝及交角处开裂,应沿缝割开原防水层,将两边防水层掀起,缝中填嵌密封材料,再铺300mm宽卷材条空铺处理。

(2) 龟裂严重部位处理同上,一般情况可沿龟裂裂缝涂刷涂料并加增强胎体材料。

(3)天沟横向开裂,应沿缝凿开,清理干净后填嵌密封材料,上部涂刷涂料覆盖。压顶和女儿墙则应增做防水层,女儿墙宜用涂料修补,压顶采用彩色高分子卷材覆盖。

3.60 涂膜防水的优缺点是什么?

防水涂料通过现场刷、刮、抹、喷于基层,可固化形成具有防水能力的涂膜,称作涂膜防水。根据防水涂料的品种的不同,涂膜防水层可应用于屋面工程、地下防水、建筑室内工程和建筑外墙等的防水,其优缺点如下:

1. 优点

(1)使形状复杂、节点繁多的作业面操作简单、易行,防水效果可靠;

(2)可形成无接缝的连续防水涂膜层;

(3)使用时无需加热(热熔型涂料除外),便于操作;

(4)工程一旦渗漏,易于对渗漏点做出判断及维修。

2. 缺点

(1)受环境温度制约较大,尤其是水乳型涂料,其运输、贮存、堆放和施工作业都对环境温度有较高要求;

(2)膜层的力学性能受成型环境温度和湿度影响。反应固化型的产品的反应速度受环境温度和湿度的影响较大,温度高、湿度小,反应速度快,成膜质量好。水乳型或溶剂型涂料温度高、湿度小时,水分或溶剂挥发快,成膜快,湿度大时成膜速度慢,水乳型材料甚至不能成膜,但如果夏季温度太高,刚涂刷完毕的膜层表面失水太快,会产生起皱现象,影响成膜质量。因此施工应选择合适的环境温度与湿度条件,以保证得到较好的膜层质量。

(3)受基面平整度的影响,膜层有薄厚不均的现象。因为涂膜防水层的厚度是在施工现场形成的,涂刷时基层凹坑处涂料会堆积,凸块处涂料向四周流淌。因此涂料施工应根据涂料的品种、稠度、施工方法等因素综合确定膜层的涂布次数。

3.61 屋面工程对涂膜防水层的厚度有什么规定？

在过去较长一段时间内，对涂膜防水屋面的技术要求，主要以防水涂料的涂刷遍数和胎体增强材料的层数多少而定（如一布四涂、二布六涂等），而对涂膜厚度未作严格的规定。

由于屋面基层表面难以做到理想的平整，虽然涂刷遍数相同，但所形成的涂膜厚薄不均匀在所难免。如厚度太薄，其涂膜防水的整体性与防水性就难以保证，尚会减少涂膜防水屋面的抗渗、抗穿刺以及适应基层变形的能力。总之，防水涂膜的性能，必须在一定厚度的条件下，才能获得充分而持久的发挥。所以规范对屋面涂膜防水层的厚度作了明确的规定，见表 3-13。

涂膜厚度选用表　　　　　　表 3-13

屋面防水等级	设防道数	高聚物改性沥青防水涂料	合成高分子防水涂料
Ⅰ级	三道或三道以上设防	—	不应小于 1.5mm
Ⅱ级	二道设防	不应小于 3mm	不应小于 1.5mm
Ⅲ级	一道设防	不应小于 3mm	不应小于 2mm
Ⅳ级	一道设防	不应小于 2mm	—

3.62 涂膜厚度如何控制？

涂层厚度是影响涂膜防水质量的一个关键问题，但手工操作要准确控制涂层厚度是比较困难的。因为涂刷时每个涂层要涂刷几道才能完成，而每道涂层不能过厚，如果涂层过厚，就会出现涂膜表面已干燥成膜，而内部涂料的水分或溶剂却不能蒸发或挥发的现象，使涂膜难以实干而形不成具有一定强度和防水能力的防水膜。当然，涂刷时涂膜也不宜过薄，否则就要增加涂刷遍数，增加劳动力及拖延施工工期。

因此，涂膜防水施工前，必须根据设计要求的每平方米涂料用量、涂膜厚度及涂料材性，事先试验确定每遍涂料涂刷的厚度及每个涂层需要涂刷的遍数,如一布二涂,即先涂底层,再加胎体增强材料,再涂面层。施工时就要按试验的要求,每涂层涂刷几遍进行,而且面层至少应涂刷二遍或二遍以上,合成高分子防水涂料还要求底涂层有 1mm 厚才可铺设胎体增强材料。这样才能较准确地控制层厚,并且使每道都能实干,从而保证施工质量。

防水涂料每遍涂刷厚度和用量可参考表 3-14 和表 3-15。

水乳型或溶剂型涂料每遍(道)涂膜用量参考表(kg/m^2)　　表 3-14

层　次	一层作法	二　层　作　法		
	一毡二涂 (一毡四胶)	二布三涂 (二布六胶)	一布一毡三涂 (一布一毡六胶)	一布一毡三涂 (一布一毡八胶)
加筋材料	聚酯毡	玻纤布二层	聚酯毡、 玻纤布各一层	聚酯毡、 玻纤布各一层
胶料量(kg/m^2)	2.4	3.0	3.4	4.8
总厚度(mm)	1.5	1.8	2.0	3.0
第一遍(道)	刷胶料 0.7	刷胶料 0.6	刷胶料 0.7	刷胶料 0.7
第二遍(道)	刷胶料 0.5, 铺毡一层毡 面刷胶 0.4	刷胶料 0.5 铺玻纤布一层 布面刷胶 0.4	刷胶料 0.5 铺毡一层 毡面刷胶 0.5	刷胶料 0.7
第二遍(道)	刷胶料 0.8	刷胶料 0.5 铺玻纤布一 层刷胶料 0.5	刷胶料 0.5 铺玻纤布一层 毡面刷胶 0.5	刷胶料 0.5 铺毡一层 刷胶料 0.5
第三遍(道)		刷胶料 0.5	刷胶料 0.7	刷胶料 0.5 铺玻纤布一层 布面刷 0.5
第四遍(道)				刷胶 0.7
第五遍(道)				刷胶料 0.7

反应型涂料每遍(道)涂膜用量参考表(kg/m^2)　　表 3-15

层　次	纯涂层		一层做法
	二胶	三胶	一布二涂(一布四胶)
加筋材料			
胶料总量(kg/m^2)	1.2～1.5	1.8～2.1	2.5～3.0
总厚度(mm)	1.0	1.5	2.0
第一遍(道)	刮胶料 0.6～0.7	刮胶料 0.6～0.7	刮胶料 0.6～0.7
第二遍(道)	刮胶料 0.6～0.8	刮胶料 0.6～0.7	刮胶料 0.5～0.6 铺玻纤布一层 刮胶料 0.4～0.5
第三遍(道)		刮胶料 0.6～0.7	刮胶料 0.5～0.5
第四遍(道)			刮胶料 0.5～0.5

3.63　胎体增强材料设在涂膜什么位置最合理？如何铺贴？

胎体增强材料可提高涂膜防水层的物理力学性能，如铺设位置和铺设方法不当，会影响使用效果，不但不能对涂膜防水层起增强作用，反而会出现起皱、涂料浸润不透的露白等缺陷。施工时应引起重视。

胎体增强材料的铺设位置应根据涂料品种、涂布次数和每遍涂布用量和成膜厚度等确定，一般可在涂料第二遍涂刷完毕或第三遍涂刷前，加铺涂膜增强材料。

由于涂料与基层粘结力较强，涂层又较薄，涂膜增强材料不容易滑移，因此，涂膜增强材料应尽量顺屋脊方向铺贴，以加快施工速度、提高劳动效率。

涂膜增强材料可采用湿铺法或干铺法铺贴。

湿铺法就是边倒料、边涂刷、边铺贴的操作方法。施工时，先在已干燥的涂层上，用刷子将涂料仔细刷匀，然后将成卷的涂膜增强材料平放在屋面上，逐渐推滚铺贴于刚刷上涂料的屋面上，用滚刷滚压一遍,务必使全部布眼浸满涂料,使上下层涂料能良好结合,确保其防水效果。这里必须注意,铺贴涂膜增强材料时,应将布幅两边每隔1.5～2.0m间距各剪15mm的小口,以利铺贴平整。铺贴好的涂膜增强材料不得有皱折、翘边、空鼓等现象,也不得有露白现象。如发现露白,说明涂料用量不足,应再在上面蘸料涂刷,使之均匀一致。

由于涂膜增强材料质地柔软、容易变形,铺贴时不易展开,经常出现皱折、翘边或空鼓情况,影响防水涂层的质量。为了避免这种现象,有的施工单位在无大风情况下,采用干铺法取得较好的效果。

干铺法就是在上道涂层干燥后,边干铺胎体增强材料,边在已展平的胎体表面涂刷或满刮一道涂料,也可将涂膜增强材料按要求在已干燥的涂层上展平后,先在边缘部位用涂料点粘固定,然后再在上面涂刷或满刮一道涂料,使涂料浸入网眼渗透到已固化的涂膜上。采用干铺法铺贴的胎体增强材料如表面有部分露白时,即表明涂料用量不足,就应立即补刷。由于干铺法施工时,上涂层是从涂膜增强材料的网眼中渗透到已固化的涂膜上而形成整体,因此当渗透性较差的涂料与比较密实的涂膜增强材料配套使用时不得采用干铺法。

涂膜增强材料可以是单一品种的,也可采用玻纤布和聚酯毡混合作用。如果混用时,一般下层采用聚酯毡,上层采用玻纤布。铺布时切忌拉伸过紧,因为涂膜增强材料和防水涂膜干燥都会有较大收缩。经验证明,涂膜防水屋面出现转角处受拉脱开、布面错动、翘边或拉裂等现象就是由于收缩所造成的。铺布也不能太松,过松时布面出现皱折,使网眼中的涂膜极易破损而失去防水能力。

涂膜增强材料铺设后,应严格检查表面是否有缺陷或搭接不足等现象。如发现上述情况,应及时修补完整,使它形成一个完整的防水层。然后才能在其上继续涂刷涂料,面层涂料至少涂刷两遍以上,以增加涂膜的耐久性。如面层做粒料保护层,可在涂刷最后一遍涂料时,随时撒铺面层粒料。

3.64 涂膜防水层对胎体增强材料有何要求？

在涂膜防水屋面中，胎体增强材料可以改变涂膜防水层的物理力学性能。目前在建筑防水中常用的胎体增强材料有聚酯无纺布、化纤无纺布或玻纤网格布等，其材料的质量要求如表 3-16 所示。

涂膜增强材料质量要求　　　　　表 3-16

项　目		质　量　要　求		
		聚酯无纺布	化纤无纺布	玻纤网格布
外　观		均匀，无团状，平整无折皱		
拉力(宽50mm)	纵向	≥150N	≥45N	≥90N
	横向	≥100N	≥35N	≥50N
延伸率	纵向	≥10%	≥20%	≥3%
	横向	≥20%	≥25%	≥3%

在涂膜防水层铺设胎体增强材料可提高涂膜的抗裂能力，延长防水层的作用年限。胎体增强材料的选择，既要考虑施工操作性，更应考虑铺设胎体后涂膜防水层的受力性能，从表 3-16 可以看出，玻纤网格布的拉伸强度优于化纤无纺布，而不及聚酯无纺面；但化纤无纺布、聚酯无纺布的延伸率分别要比玻纤网格布高 3～7 倍（纵向）及 7～8 倍（横向），由此可见，玻纤网格布铺设在防水层中会严重影响涂膜防水层的延伸性；另外有关试验已证实，无纺布增强的涂膜防水层，抗裂性不仅远比玻纤网布增强的涂膜防水层好，而且比未铺设胎体材料的纯涂膜防水层抗裂性好。此外，无纺布类涂膜防水层的不透水性、亲和性等均大大优于玻纤网格布的涂膜防水层，使用时应优先选用。

这里有必要指出，因为涂料有阴离子型、阳离子型之分，所以选择胎体增强材料时，除应满足涂膜防水层的抗裂性设计要求外，还应考虑胎体材料对涂料酸碱值的适应能力及对涂膜防水层性能的影响，即各种涂料的酸碱（pH）值对胎体材料的浸透性与腐蚀性。在选用胎体增强材料时,应注意与涂料性质相匹配,使用前最好进行小样试验。

综上所述,在涂膜防水屋面中,宜选用无纺布类特别是聚酯无纺布胎体增强材料;如选用玻纤网格布时,则应选用无碱玻纤网格布。

3.65 涂膜防水层中胎体增强材料铺贴方向和搭接宽度怎么确定?

屋面坡度小于15%时,考虑到施工的方便程度,胎体增强材料一般平行于屋脊铺设;屋面坡度大于15%时,为防止胎体增强材料下滑应垂直于屋脊铺设。平行于屋脊铺设时,必须从最低标高处开始向屋脊方向铺设,使胎体增强材料顺着流水方向搭接,避免呛水;胎体增强材料铺贴时,应边涂刷边铺贴,避免两者分离。为确保涂膜防水层的完整性和工程质量,《屋面工程质量验收规范》规定,胎体增强材料的长边搭接宽度不小于50mm,短边搭接宽度不小于70mm;当采用两层胎体增强材料时,上、下层不得垂直铺设,以避免使用时两层胎体材料同方向的延伸性能不一致;上、下层的搭接缝应错开不小于1/3幅宽,避免上、下层胎体材料产生重缝,使防水层厚薄不匀。

3.66 怎么掌握涂膜固化时间?

各种防水涂料都有不同的干燥时间,干燥有表干和实干之分。后一遍涂料的施工必须等前遍涂料干燥后才可进行,即涂膜层涂刷后需要一定的间隔时间。因此,在施工前必须根据气候条件,经试验确定每遍涂刷的涂料用量和间隔时间。

薄质涂料施工时,每遍涂刷必须待前遍涂膜实干后才能进行,否则单组份涂料的底层水分或溶剂被封固在上涂层下不能及时挥发,而双组份涂料则尚未完全固化,从而形不成有一定强度的防水膜,而且后遍涂刷时容易将前一遍涂膜刷皱起皮而破坏。一旦遇雨,雨水渗入易冲刷或溶解涂膜层,破坏涂膜的整体性。

薄质涂料每遍涂层表时实际上已基本达到了实干，因此，可用表干时间来控制涂刷间隔时间。涂膜的干燥快慢与气候有较大关系，气温高，干燥就快、湿度小，且有风时，干燥也快。一般在北方常温下2～4h即可干燥，而在南方湿度较大的季节，二、三天也不一定能干燥。因此涂刷的间隔时间应根据气候条件来确定。曾有不少工程为了抢进度，未待前遍涂膜干燥就进行后遍涂层施工，或任意加厚每道涂层的厚度而造成渗漏。

3.67 水乳型涂料在潮湿基层上能施工吗？

水乳型防水涂料施工时，基层含水率也应严格符合设计要求，千万不要认为水乳型防水涂料本身含有相当的水分，所以对基层的干燥程度可以不作严格要求。因为水乳型涂料的水分是均匀分散在防水涂料中的。如果基层表面有多余水分（或水珠），会局部改变防水涂料的配合成分，在成膜过程中，必然会影响涂膜的均匀性和整体性。因此，不管采用何种涂料，基层含水率必须符合规定要求，若只是基层表面有潮气，水乳性涂料可以施工。

3.68 目前瓦屋面的种类有哪些？

人们常说我国秦砖汉瓦，事实上汉代以前已有瓦片防水出现，古老的瓦随着时代和材料的发展，如今有许多种，但有些瓦在现代建筑中已很少使用。

冷摊瓦是最常用的，一正一反，张张重叠，每张错1/3～1/5，这是一种以排水为主、防水为副的防水设防方式；冷摊瓦中筒瓦和仰瓦较为平坦，俯瓦为半圆形，搭接处为企口，可避免雨水流入。如将这种粘土瓦采用陶土加色料烧制就成为琉璃瓦，过去大量用于宫庭、廊宇、殿堂。彩色水泥平瓦（或筒瓦）、装饰陶土平瓦（波浪式）是近年来新出现的屋面瓦型式，曾很普遍地使用过。波形水泥石棉瓦、玻璃钢波形瓦、金属波形瓦是大尺寸(1.8×0.9m)的瓦。

最近几年应用较为广泛的金属压型夹心板、合金压型板，在屋面工程中也暂时归到瓦屋面中，它是更大型的板面型式。油毡瓦也是近年在别墅或多层建筑中常用的瓦的一种,它是在玻纤无纺布上浸渍沥青玛琋脂,表面撒布彩砂后裁剪成瓦片状的防水材料。

还有仿瓦形式的铜瓦,美观、高雅、耐久,是瓦片防水中的佼佼者。

3.69 平瓦和油毡瓦屋面的排水坡度多少为宜?

平瓦屋面的排水坡度宜在40%～50%,油毡瓦的排水坡度宜大于40%。瓦屋面应以排水为主,防水为副,因此不能排水不畅,应有足够的排水坡度使雨水迅速排走。但平瓦也不能太大,过大时,瓦片固定就困难了。过去庙宇、宫殿屋面瓦片均有复杂的固定方法,而且还有多道防水设防。现代坡屋面大部分均改为钢筋混凝土斜坡屋面,当坡度低于上述规定时,在屋面上应有一道对温度不敏感、与基层粘结力大的柔性防水层,以确保坡屋面不渗漏。另外如瓦屋面搭接密封不善,台风或大风雨时,雨水会随风渗到瓦下造成渗漏,因此瓦屋面最好与柔性防水层复合使用,以提高防水设防的可靠性。坡度过大时或有大风地区、地震地区,瓦片应有固定措施。

3.70 平瓦屋面的节点应采取什么方法防水?

平瓦屋面的节点有檐口、檐沟和天沟、山墙泛水、屋脊等。

檐口:檐口瓦头挑出封檐板的长度宜为50～70mm,过短会产生尿檐或雨水随风飘入檐口内的现象,过大瓦片固定困难。

檐沟和天沟:檐沟和天沟的深度和宽度应根据当地雨量计算确定,沟底排水坡度正确,与水落口之间用密封材料密封;檐沟和天沟的防水层应伸入瓦内,宽度不小于150mm;瓦伸入檐沟、天沟的长度为50～70mm。

山墙泛水:瓦片与山墙泛水间过去均规定用1:2.5水泥砂浆做出坡水线,将瓦封固,泛水用1:1:4并加1.5%麻刀抹面。由于材料的发展,现在宜采用掺抗裂纤维的聚合物防水砂浆(或防水干粉砂浆),从泛水抹至沿山墙一行瓦,并将瓦嵌入砂浆中。为防止砂浆变形开裂,在抹灰面上涂刷防水涂料到瓦面。

屋脊:屋脊的脊瓦下端距坡面瓦的高度不宜大于80mm,脊瓦在两坡面瓦上的搭盖宽度,每边不应小于40mm。并用掺抗裂纤维的聚合物水泥砂浆,将脊瓦与坡面瓦之间的缝隙和脊瓦间的缝隙填实抹平,勾好缝。

3.71 平瓦屋面质量检验的主控项目有哪些?

平瓦屋面质量首先是瓦的质量应符合设计要求,检查瓦的强度、尺寸、边缘整齐、光滑、无裂纹和砂孔等最基本的要求。另外,当地震设防地区或坡度大于50%屋面时,应采取固定加强措施,检查固定加强措施是否有效、耐久,又是强制性条文,必须做到。目前许多瓦屋面在较大坡度下,不但无固定加强措施,还采用温感性很大的沥青类材料,结果造成整个瓦片下滑或瓦片移动而渗漏,这是值得吸取的教训。

平瓦屋面质量检验主控项目如下:

1. 平瓦及其脊瓦的质量必须符合设计要求。

检验方法:观察检查和检查出厂合格证或质量检验报告。

2. 平瓦必须铺置牢固。地震设防地区或坡度大于50%的屋面,应采取固定加强措施。

检验方法:观察和手扳检查。

3.72 平瓦屋面质量检验的一般项目有哪些?

平瓦应铺摆平整、行列整齐、搭接严密,尤其瓦榫要落槽、瓦脚应挂牢,檐口、屋脊、斜脊要平直,不弯曲、不起伏。这就要求有挂瓦条的屋面,挂瓦条分档要均匀,铺钉平整、牢固。座浆铺瓦要垫实,垫稳。再者,瓦片与山墙泛水要结合严密,不得渗漏,并要顺直、平整。挑出檐口长度要符合设计要求,屋脊勾缝要严密。

平瓦屋面质量检验一般项目如下:

1. 挂瓦条应分档均匀,铺钉平整、牢固;瓦面平整,行列整齐,搭接紧密,檐口平直。

检验方法：观察检查。

2. 脊瓦应搭盖正确，间距均匀，封固严密；屋脊和斜脊应顺直，无起伏现象。

检验方法：观察或手扳检查。

3. 反水做法应符合设计要求，顺直整齐，结合严密，无渗漏。

检验方法：观察检查和雨后或淋水检验。

3.73 油毡瓦屋面防水工程质量的关键是什么？

油毡瓦是采用玻纤无纺布浸渍沥青玛琋脂或改性沥青胶料，表面覆盖矿物料，经剪切而成，一般尺寸为长×宽×厚＝1000mm×333mm×3.5(4.5)mm，使用时将油毡瓦像鱼鳞般搭压铺在屋面上进行防水。

油毡瓦的玻纤毡必须完全用沥青浸透和涂盖，不露胎体，不应有孔洞和边缘切割不齐、裂缝、断裂等缺陷。表面矿物料粘结牢固不脱落，嵌入均匀一致，覆盖紧密。物理性能达到材料标准的要求，见表3-17。

油毡瓦物理性能 表 3-17

项 目	性 能 指 标	
	合 格 品	优 等 品
可溶物含量(g/m²)	≥1450	≥1900
拉 力 (N)	≥300	≥340
耐 热 度 (℃)	≥85	
柔 度 (℃)	10	8

因为油毡瓦要求屋面坡度大，所以油毡瓦固定是关键，固定方法有钉子固定和沥青粘结，每片瓦应正确错缝，上下层覆盖严密，搭接尺寸准确。坡度大于15％时每片油毡瓦不少于4个钉子，钉帽严禁外露。屋面坡度小于40％时基层还应作一道防水层。

在山墙泛水处应将油毡瓦上铺不小于250mm，或用其他材料结合防水，密封严实，不得有渗漏。必要时可在立墙及突出屋面结构交接处作附加增强处理。

3.74 油毡瓦屋面质量检验项目有哪些？

油毡瓦屋面的质量检验主控项目有两条，一是油毡瓦及配套的材料（粘结冷玛琋脂）和配件（如专用水泥钉）应符合设计要求，材料进场后必须检查出厂合格证和现场抽样检验报告。二是要求固定的钉子必须钉平钉牢，严禁钉帽外露，钉帽外露说明油毡瓦搭接方法错误或搭接宽度不够，未被第二层油毡瓦覆盖，这样雨水将会从钉孔漏入室内。油毡瓦屋面质量主控项目如下：

1. 油毡瓦的质量必须符合设计要求。

检验方法：检查出厂合格证和质量检验报告。

2. 油毡瓦所用固定钉必须钉平、钉牢，严禁钉帽外露油毡瓦表面。

检验方法：观察检查。

油毡瓦铺设时每张瓦搭接尺寸要准确，瓦之间的对缝上下层要错开不得重合，这很关键，对缝重合就会产生顺缝渗雨。同时每张瓦要钉平、钉牢或用玛琋脂粘牢在基层上，与基层紧密贴实，保证瓦片平整，顺直。这些都是油毡瓦屋面质量检验所必需的。油毡瓦质量检验一般项目如下：

1. 油毡瓦的铺设方法应正确；油毡瓦之间的对缝，上下层不得重合。

检验方法：观察检查。

2. 油毡瓦应与基层紧贴，瓦面平整，檐口顺直。

检验方法：观察检查。

3. 泛水做法应符合设计要求，顺直整齐，结合严密，无渗漏。

检验方法：观察检查和雨后或淋水检验。

3.75 金属板材屋面防水的技术关键有哪些？

金属板材屋面主要有金属压型夹心板和单层金属压型板。金属压型夹心板由于具有重量轻、跨度大、结构和防水一体化、施工简便快速等独特的优点,近年来,在厂房、仓库等屋面上使用非常广泛;单层金属压型板则主要用于无保温隔热要求或要求不高的厂房、仓库。金属板材每块面积大,两板在波峰上搭接、铆钉连接,与基层钢结构用螺钉固定,施工方便快捷。为了提高防水可靠性,在两板顺向搭接处应放置一根连续的橡胶密封条,上下两块搭接缝则应放置二根连续的橡胶密封条。在屋脊扣板下及山墙扣板、檐沟与屋面交接等处也均应放置连续橡胶密封条。金属板材的板面作为防水层,是绝对不可能渗漏的,但接缝部位由于材料翘曲变形、安装紧密程度等的误差,会产生缝隙,使雨水随风渗入室内。因此金属板材防水技术的关键是橡胶密封条,不但要放置橡胶密封条,而且要求橡胶密封条耐热老化好,经久耐用,在合理使用年限内不会老化;同时还应强调橡胶密封条要连续搭接粘牢,避免在使用后期橡胶密封条收缩而拉开或拉断。

3.76 金属板材屋面施工的要求有哪些?

金属板材屋面施工时,首先要注意构架安装牢固、平顺、尺寸准确;金属屋面板在运输、吊装过程中方法要正确,堆放支点上下要对齐,避免板面变形;安装时每块板位置应正确,搭接尺寸准确;施工前缝上先顺直向放置橡胶条,为避免安装时移动橡胶条,宜松弛状粘于板面,切忌拉紧,橡胶条要用胶粘连成连续整体。每板块放置平稳后应即用螺钉固定。如发现板块搭接缝"张嘴",应采取措施整平,使两层钢板搭接严密。螺钉部位除垫好橡胶垫圈外,还应在帽上用密封材料封嵌严密。屋脊扣板、山墙扣板、泛水和檐沟在搭接处均应有橡胶密封条封严。

3.77 金属板材屋面质量检验项目有哪些?

金属板材屋面使用的板材和配套材料,包括螺钉、铆钉、橡胶密封条、密封胶等均必须符合设计要求,尤其对配件及配套材料,更要认真检查其质量。金属板材的连接和密封处理要符合设计要求,屋面不能有渗漏现象,这是金属板材屋面的关键。金属板材屋

面质量检验主控项目如下:

1. 金属板材及辅助材料的规格和质量,必须符合设计要求。

检验方法:检查出厂合格证和质量检验报告。

2. 金属板材的连接和密封处理必须符合设计要求,不得有渗漏现象。

检验方法:观察检查和雨后或淋水检验。

金属板材要求安装平整,固定方法正确,排水坡度符合设计要求,檐口平直,整个坡度板面平整、无起伏现象。这也是保证金属板材屋面质量所必需的。金属板材屋面质量检验一般项目如下:

1. 金属板材屋面应安装平整,固定方法正确,密封完整;排水坡度应符合设计要求。

检验方法:观察和尺量检查。

2. 金属板材屋面的檐口线、泛水段应顺直,无起伏现象。

检验方法:观察检查。

3.78 什么是架空隔热屋面?其质量要求如何?

架空隔热屋面起源于我国闽南和两广沿海炎热地区。为了避免夏天阳光直射到屋面,减少热量传到室内,在屋面上架起架空的大阶砖(粘土烧制的大块砖),砖下留空,起到通风作用,使空气流通带走热量;尤其傍晚后,风将白天的余热很快带走,使室内温度迅速下降,达到降温的效果。解放后逐渐往北推广使用。

由于架空隔热屋面仅起隔热和通风散热的作用,无保温效果,因此这种屋面只适用于不设制冷、暖气设施的建筑;并要求架空隔热板两端要开敞,不能有女儿墙等阻挡通风,失去空气流通的效果。对于有制冷、取暖设施的建筑,就不能作成架空隔热屋面了。

架空隔热屋面,首先要求板的质量如强度、尺寸、平整度等均应符合设计要求,目前采用配筋细石混凝土板,用砖墩或混凝土块在板四角设支点,使板架空100~300mm,因此砖墩或混凝土块支架要砌垫平稳,铺板亦应有砂浆垫平,填实;板缝间用砂浆勾缝;当屋面宽度大于10m时,应设置通风屋脊。

3.79 架空隔热屋面质量检验项目有哪些？

目前由于大部分架空隔热屋面是非上人屋面，所以对架空板不作严格要求，造成粗制滥造。板的混凝土强度低、配筋少，几年后断裂破碎，完全失去应有作用。因此在质量主控项目中首先强调"架空隔热制品的质量必须符合设计要求，严禁有断裂和露筋等缺陷"，并定为强制性条文，必须执行。架空隔热屋面的质量检验主控项目如下：

架空隔热制品的质量必须符合设计要求，严禁有断裂和露筋等缺陷。

检验方法：观察检查和检查构件合格证或试验报告。

架空板铺设应平整、稳固，相邻两板不得有很大的高差。架空板间应用混合砂浆勾缝密实，架空板下应清理干净，不得堵塞；架空高度符合设计要求；架空板距女儿墙、山墙一定距离，以避免架空板受热膨胀顶裂女儿墙、山墙，并有利于通风。架空隔热屋面的质量检验一般项目如下：

1. 架空隔热制品的铺设应平整、稳固，缝隙勾填应密实；架空隔热制品距山墙或女儿墙不得小于 250mm，架空层中不得堵塞，架空高度及变形缝做法应符合设计要求。

检验方法：观察和尺量检查。

2. 相邻两块制品的高低差不得大于 3mm。

检验方法：用直尺和楔形塞尺检查。

3.80 蓄水屋面对防水层有何要求？

蓄水屋面是在屋顶上采用砖砌体或混凝土将屋面制作成若干个连通的蓄水池，池内常年蓄深度为 200～500mm 的水，通过水的蒸发和隔热作用，起到阻止夏季日晒高温从屋面向室内传递的目的。并可在水池中种植浮萍等水生植物，达到更好的隔热效果。为方便管理，可在水池中部及四周铺设走道板。

蓄水屋面的防水层宜采用刚柔结合的方案，柔性防水层应采用具有一定强度和延伸率,较强的耐腐蚀、耐霉烂、耐穿刺性能力和一定的厚度的卷材或涂料;并应全面设防,覆盖整个屋面。表面应有细石混凝土保护层,也可以将细石混凝土做成细石混凝土防水层,其分格缝间距可适当放大至6m左右,不大于10m,并将分格墙也设于此;细石混凝土可按刚性细石混凝土防水层的要求进行配筋、厚度控制和施工。

蓄水屋面还应按设计要求设置溢水口和溢水管,在大雨时使多余水能排入天沟水落管,各分隔墙底部还应有连通管,屋面最低处应设排水管,便于长期积水后清洗蓄水池。

3.81 蓄水屋面质量检验项目有哪些?

蓄水屋面防水层上长期蓄水,所以首先要求不得有渗漏现象,保证防水层在合理使用年限内完好使用,并耐水的长期渗透,在允许的结构变形等作用下不会破坏。其次是屋面上留置的溢水口、溢水管、过水孔的大小、位置和标高必须符合设计要求。蓄水屋面质量检验的主控项目如下:

1. 蓄水屋面上设置的溢水口、过水孔、排水管、溢水管,其大小、位置、标高的留设必须符合设计要求。

检验方法:观察和尺量检查。

2. 蓄水屋面防水层施工必须符合设计要求,不得有渗漏现象。

检验方法:蓄水至规定高度观察检查。

3.82 种植屋面对防水层有哪些要求?

种植屋面的防水层不但要满足一般屋面防水层的要求,还应具有耐腐蚀、耐霉烂、耐穿刺的要求,因为种植屋面常处于潮湿环境,当温度适当时,微生物、细菌生长会使防水层霉烂,植物生长时,根系会穿刺防水层,所以防水层应是耐穿刺能力强,并有足够厚度的材料,如PVC卷材、PE卷材等,并采取焊接搭接使接缝完善可靠,如采用合成高分子橡胶类卷材,应有保证接缝可靠性的措施。为了保证防水层的耐久性,柔性防水层上还应设置一道细石混凝土的保护层。

种植屋面应具有足够的排水坡度,在四周挡墙下设置泄水孔,当雨水过多时,将水迅速排除,以免植物烂根。在泄水孔内部还应做好滤水装置,避免种植介质被水冲走。

3.83 种植屋面的质量检验项目有哪些?

种植屋面防水层不得渗漏,完成防水层后应先进行蓄水试验,证明无渗漏,质量完全合格后才可以进行保护层的施工。另外,种植屋面挡墙泄水孔位置的应留设正确、标高准确,滤水层不堵塞,多余水经排水孔能完全排出。种植屋面质量检验的主控项目如下:

1. 种植屋面挡墙泄水孔的留设必须符合设计要求,并不得堵塞。

检验方法:观察和尺量检查。

2. 种植屋面防水层施工必须符合设计要求,不得有渗漏现象。

检验方法:蓄水至规定高度观察检查。

3.84 天沟、檐沟的防水构造怎样才能防止渗漏?

天沟、檐沟是雨水最后流经的部位,被水流频繁冲刷,容易积水,而且天沟、檐沟的结构较薄,变形较大,阴阳角多,基面不平整,因此应遵照多道设防、附加增强、节点密封的原则。首先在雨水口、阴阳角、整个沟底、侧部作不同厚度要求的附加增强层。由于天沟、檐沟的基面转角多,宜采用涂膜增强,在屋面与沟交接处宜采取空铺方法,空铺宽度不小于200mm,且涂膜收头应用涂料多遍涂刷或密封材料密封。如天沟、檐沟采用卷材时,宜顺沟铺设,减少搭接缝,提高施工可靠率;并从沟底上翻至沟外檐顶部,卷材收头应用水泥钉固定,并用密封材料封严。如果屋面层为刚性细石混凝土防水层时,在与檐沟、天沟交接处应留凹槽,填嵌密封材料。

3.85 檐口的防水构造怎样才合理？

檐口是水流集中的部位，也是容易被大风掀刮的部位，由于端部需增强或密封，容易使檐口加厚，因此，檐口处的排水坡要准确，不能有倒坡现象。檐口应采取涂膜增强，檐口端部在找平层上应预留凹槽，将涂膜、卷材压入凹槽，用金属压条牢固钉压，密封材料封严。为避免檐口受大风的损害，在檐口800mm范围内，不管采取何种施工工艺，在此处的涂膜，卷材均应全面牢固粘结。为了避免檐口倒爬水，挑出的檐口下部应做成有效的滴水形式。

3.86 水落口的防水构造应符合什么要求？

水落口是屋面雨水集中通过的部位，水落口与结构混凝土间会由于线膨胀系数不同造成的温差变形、水落管的受力变形等产生开裂，导致水落口周围渗漏；同时水落口安装标高应为沟底最低处，否则会造成积水。因此水落口周围500mm范围找平层应抹成5%坡度，并在水落口与结构混凝土间预留20mm×20mm凹槽，填嵌密封材料；再用配套涂料涂刷2mm厚的附加增强层，来增强该部位的防水能力。

旧式的铸铁水落口，天沟防水层卷材收头只能压到水落口沿上，如将卷材伸入水落口内，会造成水落口直径缩少，水流量减少造成积水，排水不畅。涂料可薄涂到水落口内，因为涂膜能紧贴水落口杯壁，不会影响排水的顺畅。新型水落口为橡塑或塑料制品，水落口有槽，防水层的卷材或涂膜可延伸至槽内，再用密封材料封口。

3.87 变形缝的防水构造应采用什么做法？

变形缝是屋面变形集中的部位，温差变形、建筑物合理沉降变形都会使变形缝的宽度不断变化，所以不管屋面采用哪种防水材料，变形缝的构造和设防是一致的，即需要多道设防，并在缝的宽度变化时,不会造成防水层的破坏。

变形缝有高低变形缝和等高变形缝两种,等高变形缝又分为高出屋面等高变形缝、与屋面平齐变形缝和双天沟变形缝等。

高低变形缝的一边为立墙(高层),另一侧为屋面。这时屋面防水层如为卷材时,卷材应钉压在高层立墙上,并向缝中下凹,上部采用合成高分子卷材一边钉压在高层立墙上,一边直接粘到屋面防水层上,同时在表面用金属板单边固定予以保护。如屋面为涂膜防水层时,也应采用与卷材防水层相同的处理方法,并做好涂膜防水层与合成高分子卷材的搭接。

等高变形缝的高出屋面变形缝或双天沟变形缝,防水层均应做到高出屋面矮墙或天沟侧壁的顶面,然后在上部用合成高分子卷材覆盖,卷材中间下凹到变形缝内 20～30mm,在凹槽内垫聚乙烯泡沫条,两边与屋面上翻的防水层搭接,宽度不少于 100mm,然后再在顶部铺一层合成高分子卷材,两边应覆盖住前一层合成高分子卷材的搭接缝;上部再用细石混凝土或不锈钢盖板盖压。

3.88 伸出屋面管道的防水构造应符合什么要求?

伸出屋面管道,由于管道与结构层混凝土及找平层砂浆的材性不同,温差变形不同,混凝土或砂浆干缩,易使管道周围开裂;同时管道纵向温差变形伸缩也会造成管道四周出现缝隙,所以伸出屋面管道周围应作密封防水处理。

首先在施工找平层时,应将管道周围堆高,从管道向四周形成较大的排水坡度,在管道周围根部留置 20mm×20mm 凹槽,先填嵌密封材料,然后在找坡层上涂刷增强涂膜防水层,必要时铺胎体增强材料,涂料应上涂到管道上不小于 100mm。施工屋面防水层时,卷材防水层延伸至管道上,高度不小于 250mm,上部用金属箍或铁丝扎紧绑牢,然后再用密封材料封口;如屋面是涂膜防水层时,将涂料涂到 250mm 高后,端头用密封材料封口,这样的构造和施工才能确保该节点在合理使用年限内不会发生渗漏。

3.89 屋面工程细部构造质量检验有哪些？

细部构造往往是结构变形较大、雨水冲刷频繁的部位,渗漏经常先在这些部位发生,所以是防水的重点部位。因为细部构造的重要性和个体性,要求每个细部构造均应达到设计要求,所以就不能采取抽样检查的方法,而应逐个进行质量检验。屋面细部构造由于屋面类型、型式的不同,细部构造的内容也有所增减,但天沟、檐沟、檐口、泛水、水落口、变形缝、伸出屋面管道等是绝大部分建筑的屋面工程都有的,其防水设防做法应符合设计要求,符合多道设防、柔性密封的原则。天沟、檐沟的排水坡度,必须符合设计要求,排水坡度不符合要求,会造成天沟、檐沟的积水;长期积水或经常干湿交替会大大加速防水层老化,因此应该使排水通畅。屋面工程细部构造质量检验的主控项目如下:

1. 天沟、檐沟的排水坡度,必须符合设计要求。

检验方法:用水平仪(水平尺)、拉线和尺量检查。

2. 天沟、檐沟、檐口、水落口、泛水、变形缝和伸出屋面管道的防水构造,必须符合设计要求。

检验方法:观察检查和检查隐蔽工程验收记录。

3.90 屋面工程的子分部工程和分项工程怎么划分？

屋面工程在整个建筑工程中按部位划分是一个分部工程,为了便于工程质量的检验,主要按照材料种类、施工特点、专业类别划分为卷材防水屋面、涂膜防水屋面、刚性防水屋面、瓦屋面和隔热屋面五个子分部。这样分类的目的主要是为了能够检验屋面工程质量的最终效果,卷材防水为主的屋面,作为卷材防水屋面子分部,划分成保温层、找平层、卷材防水层和细部构造五个分项工程。如还有涂料、密封材料、刚性材料组成,则相应作为一个分项工程,但以卷材为主,即按卷材防水屋面子分部验收。若以涂料为主时,则按涂膜防水屋面为子分部。屋面工程各子分部和分项工程划分见表 3-18。

屋面工程各子分部和分项工程划分　　　表 3-18

分部工程	子分部工程	分 项 工 程
屋面工程	卷材防水屋面	保温层,找平层,卷材防水层,细部构造
	涂膜防水屋面	保温层,找平层,涂膜防水层,细部构造
	刚性防水屋面	细石混凝土防水层,密封材料嵌缝,细部构造
	瓦屋面	平瓦屋面,油毡瓦屋面,金属板材屋面,细部构造
	隔热屋面	架空屋面,蓄水屋面,种植屋面

3.91 屋面工程各分项工程怎么划定检验批量？

质量检验批是按同一生产条件或按规定的方式汇总起来供检验用的,由一定数量样本组成的检验体,是工程验收的最小单位,是分项工程乃至整个建筑工程质量验收的基础。屋面工程施工质量检验批量是指分项工程验收时抽样检验的数量,对屋面工程的各个分项工程,在施工过程中条件基本相同的前提下,规定施工质量检验批量如下：

1. 卷材防水屋面、涂膜防水屋面、刚性防水屋面、瓦屋面或隔热屋面工程,应按屋面面积每 $100m^2$ 抽查一处,每处 $10m^2$,且不得少于三处；

2. 接缝密封防水,每 $50m$ 应抽查一处,每处 $5m$,且不得少于三处；

3. 细部构造是防水工程的重点部位,在历次的屋面工程渗漏情况调查中,屋面渗漏绝大部分是细部构造渗漏引起的,故细部构造应根据分项工程的内容进行全数检查。

3.92 屋面工程质量验收的程序与组织如何？

屋面工程质量应按工序或分项工程进行验收,建立各道工序的自检、交接检和专职人员检验的"三检",工序检验后应有完整的检查记录以备存档。每道工序完成后,应由监理单位(或建设单位)检查验收,合格后方可进行下道工序施工。

1. 屋面工程质量应先将屋面工程划分成若干检验批,进行验收批验收,一个分项工程的验收批全部合格后,进行分项工程的验收,所有分项工程验收完毕后进行子分部工程验收,所有子分部工程验收完毕后再进行分部工程验收。

2. 施工质量检验批可根据施工及质量控制和专业验收的需要进行划分,一般按变形缝、施工段等进行划分,如面积较大时,可按 $1000m^2$ 左右面积作为一个检验批。

3. 检验批应由监理工程师(建设单位项目技术负责人)组织施工单位项目专业质量(技术)负责人等进行验收。检验批合格质量应符合下列规定:

(1) 主控项目和一般项目的质量经抽样检验合格;

(2) 具有完整的施工操作依据、质量检查记录。

4. 分项工程应由监理工程师(建设单位项目技术负责人)组织施工单位项目专业质量(技术)负责人等进行验收。分项工程质量验收合格应符合下列规定:

(1) 分项工程所含的检验批均应符合合格质量的规定;

(2) 分项工程所含的检验批的质量验收记录应完整。

5. 屋面工程子分部和分部工程应由总监理工程师(建设单位项目负责人)组织施工单位项目负责人和技术、质量负责人等进行验收。子分部或分部质量验收合格应符合下列规定:

(1) 子分部工程所含分项工程的质量均应验收合格;分部工程所含子分部工程的质量均应验收合格;

(2) 质量控制资料应完整;

(3) 屋面工程功能检验应符合有关规定要求。

6. 如屋面工程分部中的防水分项工程由防水专业施工队伍分包施工时,分包单位对所承包的防水工程分项应按验收程序进行检查评定,总包单位应派人参加。分包工程完成后,应将工程有关资料交总包单位。

3.93 屋面工程验收文件和记录有哪些?

屋面工程验收按国家规定应准备的文件和记录应符合表

3-19 要求。

屋面工程验收的文件和记录　　　　　表 3-19

序号	项　目	文　件　和　记　录
1	防水设计	设计图纸及会审记录、设计变更通知单和材料代用核定单
2	施 工 方 案	施工方法、技术措施、质量保证措施
3	技术交底记录	施工操作要求及注意事项
4	材料质量证明文件	出厂合格证、质量检验报告及试验报告
5	中间检查记录	分项工程质量验收记录、隐蔽工程验收记录、施工检验记录、淋水或蓄水检验记录
6	施工日志	逐日施工情况
7	工程检验记录	抽样质量检验及观察检查
8	其他技术资料	事故处理报告、技术总结

屋面工程隐蔽验收记录应包括：

1. 卷材、涂膜防水层的基层。

2. 密封防水处理部位，如嵌填密封材料的基层、背衬材料等。

3. 天沟、檐沟、泛水和变形缝等细部做法，如附加增强层，密封处理，以及完工后已覆盖部位等。

4. 卷材、涂膜防水层的搭接宽度和附加层。

5. 刚性保护层与卷材、涂膜防水层间设置的隔离层。

6. 刚性防水层的配筋。

7. 瓦屋面的固定措施，如油毡瓦的钉压、金属板材的橡胶密封条等。